Auswirkungen der virtuellen Mobilität

Reihenherausgeber: ifmo – Institut für Mobilitätsforschung

Springer-Verlag Berlin Heidelberg GmbH

ifmo
Institut für Mobilitätsforschung (Hrsg.)
Eine Forschungseinrichtung der BMW Group

Auswirkungen
der virtuellen Mobilität

Mit 53 Abbildungen und 9 Tabellen

 Springer

Herausgeber
Institut für Mobilitätsforschung
Eine Forschungseinrichtung der BMW Group
Charlottenstraße 43
10117 Berlin
www.ifmo.de

ISBN 978-3-662-31223-0   ISBN 978-3-540-76793-0 (eBook)
DOI 10.1007/978-3-540-76793-0

Bibliografische Information der Deutschen Bibliothek.
Die Deutsche Bibliothek verzeichnet diese Publikation in der Deutschen Nationalbibliografie;
detaillierte bibliografische Daten sind im Internet über http://dnb.ddb.de abrufbar.

Umschlaggestaltung: deblik Berlin
Satz: medio Technologies AG, Berlin

Gedruckt auf säurefreiem Papier   68/3020/M – 5 4 3 2 1 0 –

Geleitwort

Wie wirkt sich das Internet mit seinen Möglichkeiten der virtuellen Mobilität auf die physische Mobilität aus? Das Institut für Mobilitätsforschung (ifmo) hat im Jahr 2000 das Fraunhofer-Institut für Systemtechnik und Innovationsforschung ISI, Karlsruhe, mit einer repräsentativen Befragung von deutschen Internetnutzern beauftragt. Die weitere Entwicklung und die möglichen Auswirkungen ausgewählter Internetanwendungen sollten erfasst werden. Dabei standen für uns als Institut für Mobilitätsforschung die Auswirkungen auf die physische Mobilität im Zentrum des Interesses. Die Ergebnisse dieser Studie liegen bereits in der Buchreihe des ifmo vor (Zoche, Kimpeler, Joepgen 2002).

Ein solches Thema aber nur aus deutscher Sicht zu behandeln, wäre kurzsichtig gewesen. So war es ein konsequenter nächster Schritt, die gewonnenen Erkenntnisse zur Diskussion zu stellen und sie mit den Erfahrungen anderer Wissenschaftler zu vergleichen – vor allem aus den USA, einem Land, das uns in der Entwicklung von Trends immer einen Schritt voraus ist.

Mit der internationalen Konferenz „Auswirkungen der virtuellen Mobilität" brachte das ifmo Wissenschaftler verschiedener Fachdisziplinen sowie Praktiker zusammen, die bereits konkrete Erfahrungen mit den bisherigen Auswirkungen von Internetanwendungen gemacht haben und vor diesem Hintergrund ihre Erwartungen an künftige Entwicklungen formulierten.

Im Mittelpunkt standen dabei immer Auswirkungen der verschiedenen Internetanwendungen auf Mobilität und Verkehr. Die häufig geäußerte Vermutung, dass das Internet die physische Mobilität nicht reduziert oder gar ersetzt, sondern im Gegenteil zusätzliche Verkehrsnachfrage schafft, scheint sich immer wieder zu bestätigen. Es gibt nur wenige Anzeichen dafür, dass ein Weg entfällt, weil er durch Bits und Bytes ersetzt werden kann, ohne dass im Gegenzug irgendwo neue Mobilität ausgelöst wird.

Das vorliegende Buch gibt den derzeitigen Stand der Diskussion zum Thema virtuelle Mobilität wieder und bezieht dabei Erfahrungen aus den USA mit ein. Wir hoffen, damit einen Beitrag zur Versachlichung der Auseinandersetzung geleistet zu haben, auch wenn nur wenig darauf hindeutet, die Hoffnung könne sich bewahrheiten, dass die virtuelle Mobilität dem Zuwachs an realer Verkehrsnachfrage Einhalt gebieten wird.

Bamberg, Berlin, im November 2003

Prof. Dr. Dietrich Dörner

Institut für theoretische Psychologie
Otto-Friedrich-Universität Bamberg
Mitglied des Kuratoriums des Instituts für Mobilitätsforschung

Dr. Walter Hell

Leiter des Instituts
für Mobilitätsforschung

Inhaltsverzeichnis

Spezifische Anwendungsbereiche und ihre verkehrlichen und umweltrelevanten Auswirkungen

Mobilitätswirkung von E-Commerce und Online-Banking
(1. Arbeitsgruppe)

Zur Einführung
Virtuelle Mobilität – Ein Phänomen mit physischen Konsequenzen?

Peter Zoche
Fraunhofer-Institut Systemtechnik und Innovationsforschung ISI, Karlsruhe

The future of travel will undoubtedly come more and more to include travels that people will make in cyberspace
Jeffrey Shaw, Medienkünstler

Zum Hintergrund

Mit der Veranstaltung in der Berlin-Brandenburgischen Akademie der Wissenschaften bietet das Institut für Mobilitätsforschung (ifmo) einen historisch-repräsentativen Veranstaltungsort als internationalen Treffpunkt für einen Diskurs über mögliche *Auswirkungen der virtuellen Mobilität.* Die Thematik der Virtualität hat Teilnehmer nach teils weiten Anreisen physisch in Berlin zusammengeführt – vermutlich hat aber auch die zentral in der Mitte Berlins am Gendarmenmarkt gelegene Tagungsstätte daran ihren Anteil. Halten wir also gleich zu Beginn dieses Paradoxon fest: Virtualität und virtuelle Mobilität können eine Anziehungskraft ausüben, die über die Beschäftigung mit ihnen über sie zurückführt in die gegenständliche Materialität: Virtuelle Mobilität vermag also physische Mobilität hervorzubringen.

Das ifmo hat sich mit Beginn seiner Institutionalisierung dem Wechselspiel zwischen Virtualität und Materialität zugewandt. Zunächst mit der Vergabe des Forschungsauftrages *Virtuelle Mobilität privater Haushalte* an das Fraunhofer-Institut für Systemtechnik und Innovationsforschung ISI. Anlässlich eines Kolloquiums zur

offiziellen Einweihung des Instituts wurden einige konzeptionelle Überlegungen zu diesem Thema vorgestellt
(ifmo 1999). Unter dem Eindruck von Zukunftsstudien,
die eine zunehmende Bedeutung virtueller Aktivitäten
prognostizierten, wurde im Rahmen des genannten
Projekts unter anderem eine repräsentative empirische
Befragung von Internetnutzern in Deutschland durchgeführt. Auf deren Grundlage sollte ermittelt werden,
welche Konsequenzen eine zunehmende Orientierung
an bzw. die Nutzung von elektronischen Angeboten für
das physische Mobilitätsverhalten hat. Diese Fragestellung wurde beispielhaft am Online-Banking, an der
Nutzung von Online-Reiseangeboten und dem Online-
Chat untersucht. Die Ergebnisse dieser Studie liegen seit
Sommer 2000 vor, zwischenzeitlich ist eine systematisch
angelegte Dokumentation der Untersuchung in der
Buchreihe des ifmo erschienen (Zoche, Kimpeler, Joepgen 2002).

Das ifmo hat die wissenschaftliche Auseinandersetzung mit den Erscheinungsformen und den physischen
Konsequenzen der virtuellen Mobilität aber auch über
dieses Projekt hinaus gefördert. Vortragsveranstaltun-
gen und Fachdiskurse boten eine Kommunikations-
plattform für die Beschäftigung mit verschiedenen
Aspekten dieser Thematik (ifmo 1999; 2000; 2003). Mit
der heutigen Veranstaltung wird das Thema in interdis-
ziplinärem Diskurs und in größerer Breite behandelt.
Dabei werden medienwissenschaftliche Informationen
zur aktuellen und künftigen Internetnutzung auf Erkenntnisse der verkehrswissenschaftlichen Forschung
bezogen. Die Leitfrage lautet, welche mobilitätsbezoge-
nen Substitutions- und Komplementaritätseffekte aus
der fortschreitenden Nutzung elektronischer Onlinedienste erwachsen. Im Mittelpunkt stehen dabei
Aspekte und Herausforderungen, die mit dem elektronischen Handel verbunden sind sowie mit dem durch
diesen vorangetriebenen Wandel von Logistik und Organisation der Wertschöpfungskette. Bevor die thematischen Schwerpunkte der Konferenz in Grundzügen um-
rissen werden, sollen zunächst noch einmal die begriff-
lichen Bezugspunkte der Diskussion in Erinnerung
gerufen werden.

Mobilität und Raumüberwindung

Der Begriff der *Mobilität* wird unter Bezugnahme auf eine gesellschaftliche Beweglichkeit als ein Potential der Bewegung von Individuen zum Zweck ihrer Teilhabe an sozialen Prozessen gefasst. Dieses Verständnis beinhaltet eine Dualität, ein Spannungsverhältnis zwischen individueller und kollektiver Orientierung bzw. Wahrnehmung. So wird Mobilität einerseits verstanden als Möglichkeitsraum und andererseits als Bewegung in konkreten Räumen. Nach dieser Sichtweise kann Mobilität durch die Entwicklung neuer Technologien in ihren Möglichkeitsformen erhöht werden, indem neue virtuelle Fortbewegungsarten verfügbar und genutzt werden. Dadurch können vorhandene Instrumente der Gewährleistung von materieller Mobilität in Frage gestellt werden. Insofern tragen die Entwicklung innovativer Informations- und Kommunikationstechnologien (IuK-Technologien) und die Nutzung von Telekommunikationsangeboten zur Neuregelung des Mobilitätsgeschehens bei. *Virtuelle Mobilität* kann hierfür als Sammelbegriff herangezogen werden und solche Formen verkehrsrelevanter Mobilität bezeichnen, die zwanglos ohne physische Mobilität auskommen. Ausgangspunkt ist demnach die mit Hilfe der informations- und kommunikationstechnischen Unterstützung ermöglichte virtuelle Kommunikation. Diese umfasst raumüberwindende Op- tionen der zeitsynchronen Kommunikation mit anderen Personen bzw. mit deren Repräsentanten an entfernten Orten, *virtuelle Raumüberwindung*, wie sie beispielsweise beim elektronischen Einkauf im Internet praktiziert wird.

Eigenständige Kommunikationsräume im Internet

Raumüberwindung mit Hilfe von technischen Hilfsmitteln ist im Grunde nicht neu. Schließlich dient alle Technik quasi als Prothese, als Hilfsmittel zur Erweiterung von vermeintlich oder tatsächlich unzulänglichen körperlichen Funktionsmöglichkeiten des Menschen. *Peter Weibel* wird diese These in seinem Beitrag ausführen und vor allem die Zukunft der Technologieentwicklung von Internet und virtueller Realität darlegen, in der neben visuellen und auditiven allmählich auch haptische Eindrücke realisiert werden können. Auch die quasi-reale Einbindung von Geruchs- und Temperaturempfinden in interaktive synchrone Kommunikationsprozesse, heute nahezu ausschließlich der experimentellen Forschung und Kunst vorbehalten, erscheint als eine alltagstaugliche Anwendung der künftigen elektronischen Massenmedien schon längst nicht mehr als abwegig.

Von bisherigen Techniken, die eine raumübergreifende Kommunikation und Vergesellschaftung forcierten, unterscheidet sich das neue Medium Internet durch den Umstand, dass es selbst *eigenständige Kommunikationsräume* hervorbringt, und dies in „unendlicher Vielfalt". Die schier grenzenlose Vermehrung virtueller Räume schafft neuen Raum, um moderne Kommunikations- und Interaktionsmöglichkeiten zu erkunden und diese in Beziehung zum konventionell Gewohnten zu setzen. Und so entstehen unabhängig vom physischen Raum neue soziale Räume, deren realräumlicher sozialer Kontext allerdings nicht außer Kraft gesetzt werden kann. Denn „soziale Beziehungen [sind] in der Regel physikalisch räumlich rückgebundene Beziehungen" (Stegbauer 2002: 347), die zumindest auf logistischer, sozialer und zeitlicher Ebene einer Realraumbindung bedürfen – medial vermittelte Kommunikation allein stellt Vergesellschaftung in Frage (Stegbauer 2002; Stegbauer und Rausch 1999). So betrachtet, sind komplementäre Mobilitätswirkungen der virtuellen Mobilität inhärent. Eine bloße Substitution vorhandener physischer Mobilitätsformen durch virtuelle Bewegungen im Raum erscheint hingegen zweifelhaft.

Raumbezogene Funktion der neuen Medien

An dieser theoretischen Position mangelt es vielen Arbeiten zur raumbezogenen Rolle und Funktion der neuen Medien. Bislang jedenfalls ist die raumwirksame Delokalisierung wohl eher überschätzt worden; die Annahme von einer weitgehenden Raum*un*gebundenheit der neuen Informations- und Kommunikationsmedien und der hierdurch für periphere Regionen nach Belieben nutzbaren Dezentralisierungsoption ist weitverbreitet. Die neuen raumbezogenen und mobilitätsverändernden Auswirkungen der neuen Medien stellen sich allerdings als wesentlich komplexer heraus. Substitutions- und Komplementaritätseffekte bedingen sich wechselseitig, sie sind in gesellschaftliche Handlungs- und Regulationsprozesse eingebunden. Zur Untermauerung dieser These werden viele Vorträge dieser Konferenz mit Ergebnissen aus neueren empirischen Studien beitragen. Das Ausmaß der langfristig greifenden quantitativen Effekte virtueller Mobilitätsformen ist eng mit der alltäglichen, der gewohnheitsbedingten Nutzung des Internet in der Gesellschaft verbunden. Diese ist abhängig von der technologischen Weiterentwicklung und der nutzerseitigen Ausbildung von Präferenzstrukturen für einzelne der angebotenen Applikationen.

Nutzung und Verhaltensänderung

Aus diesem Grunde werden in einem ersten Themenblock *Von der Onlinenutzung zur Verhaltensänderung: Ein Vergleich zwischen Deutschland und den USA* einzelne Facetten dieses Entwicklungsprozesses diskutiert. *Thomas Pauschert* ruft die Entwicklung der Internetnutzung in Deutschland in Erinnerung, die zu Beginn der 1990er Jahre in rasantem Tempo vor allem von jüngeren akademisch gebildeten Männern mit überdurchschnittlichem Einkommen getragen wurde. Seit einigen Jahren verändert sich diese Struktur zugunsten einer breiteren Teilhabe weiblicher Nutzer, älterer Menschen und zunehmend auch von Gruppen mit geringerer Formalbildung. Für die Einschätzung der Mobilitätswirkung ist aufschlussreich, dass mit zunehmender Interneterfahrung die Nutzungshäufigkeit mobilitätsrelevanter Angebote zunimmt. *Carsten Ascheberg* projiziert diese Entwicklung der Internetnutzung in verschiedene Cluster europäischer Konsumentenkulturen. Dabei gelangt er zu der Einschätzung, dass substantielle Teile der Bevölkerung weit davon entfernt sind, sich für das Angebot vernetzter Onlinedienste zu interessieren und diese in ihren Alltag zu integrieren; aus seiner Kenntnis der Mediennutzung ist dieser „digital divide" für lange Zeit in Europa nicht überwindbar.

Jeffrey Cole, Initiator des World Internet Report, präsentiert die jüngsten Daten der US-amerikanischen Erhebung. Dieses ambitionierte Projekt einer in vielen Ländern der Welt vergleichend durchgeführten Längsschnitterhebung beabsichtigt, in jährlichen Intervallen Informationen über die Effekte der Internetnutzung sowohl bei Nutzern als auch bei Nichtnutzern zu gewinnen. Die Daten belegen eindrucksvoll, wie innerhalb weniger Jahre die Onlinenutzung weltweit in die Bereiche des täglichen Lebens eingedrungen ist. Für die Zukunft gilt: „Not a business or activity that will not be affected. Most business and activity will be transformed." Besonders aufschlussreich für den Kontext der Mobilitätswirkung ist der Befund, dass Nutzergruppen, die das Netz für ihre professionellen Bedürfnisse erschließen, in wachsendem Maße einen breitbandigen Access bevorzugen, der eine schnellere Datenübertragung ermöglicht und weitaus mehr immaterielle Aktivitäten gestattet als ein schmalbandiger Internetzugang. Die Ergebnisse von Cole bestätigen auch, dass über die Jahre hinweg aus Onlinebeziehungen zunehmend häufiger persönliche Face-to-Face-Treffen resultieren.

Ruby Roy Dholakia erläutert am Beispiel haushaltsbezogener Geschlechterrollen den Befund einer empirischen Erhebung, der zufolge tradierte Verhaltensmuster, wenn überhaupt, nur langwierig verändert werden. Stereotype Verhaltensweisen der physischen Welt werden durch das Internet nicht aufgebrochen, sondern vielmehr in die virtuelle Sphäre hinein verlängert. Dieser Befund wurde in einer von *Peter Glotz* moderierten Podiumsdiskussion *Von der kognitiven Struktur zur individuellen Verhaltensänderung und zu den gesellschaftlichen Auswirkungen* kontrovers debattiert, vor allem im Hinblick auf die gesellschaftlichen Herausforderungen der Netzkultur. Einige Beiträge und Kurzstatements dieser Gesprächsrunde sind in diesem Band dokumentiert, ebenso wie der anlässlich der Abendveranstaltung gehaltene Vortrag von *Miriam Meckel* über die neuen Techniken der Mobilkommunikation und deren gesellschaftliche Auswirkungen. Pointiert legt Meckel dar, wie sich technologischer Wandel mit gesellschaftlichen Veränderungen verschränkt. In dieser Allianz werden den

modernen Ausdrucksformen der Virtualität neue Spiel-
räume eröffnet, durch die auch die traditionellen Beziehungen von Öffentlichkeit und Privatheit unter Druck
geraten.

Nachhaltigkeitswirkungen

Die Entwicklung moderner IuK-Technologien und ihrer
Einsatzmöglichkeiten wurde bereits früh unter norma-
tiven Gesichtspunkten betrachtet und an die Leitvision
eines nachhaltigen Ressourceneinsatzes gebunden (Huber 1987). Der Ausgangspunkt hierfür kann im „Öl-
Schock" des Jahres 1973 gesehen werden, der die (auto-)
mobile Industriegesellschaft tief erschütterte. Insofern
wurden in den Auseinandersetzungen über Substituti-
onsmöglichkeiten bei der Erzeugung und Verwendung
von Energie, Siedlungsfläche und Verkehrsmitteln vor
allem Alternativen im Einsatz der Telekommunikation
gesehen. Insbesondere die Möglichkeiten, die das Teleworking für die Vermeidung von physischem Verkehr
bietet, wurden im Allgemeinen als positiv eingeschätzt.
Mit der Frage „Telecommunicate or Travel?" (Pye, Tyler,
Cartwright 1974) wurde diese Zielorientierung pointiert
in den öffentlichen Dialog eingebracht.

Nach wie vor ist diese Debatte aktuell und von gesell-
schafts- und wirtschaftspolitischer Brisanz. Insofern
wurde der zweite Teil der Konferenz *Spezifische Anwen-
dungsbereiche und ihre verkehrlichen und umweltrele-
vanten Auswirkungen* mit einem Beitrag von *Klaus Fichter* vom Borderstep Institut für Innovation und Nachhaltigkeit eröffnet, der einen theoretischen Bezugsrah-
men für die Analyse umweltrelevanter Auswirkungen
von IuK-Technologien skizziert und auf einen Weg zu
einer „schwerelosen" Ökonomie verweist. Für die Evalu-
ierung dieses Prozesses zeigt Fichter zentrale Kriterien
auf, anhand derer eine Orientierung bzw. Überprüfung
des Erfolgs gelingen kann. Er gelangt zu dem Schluss,
dass vor allem die Dematerialisierung physischer Produkte und Verkehre durch eine digitale Substitution im
Bereich der Logistik, der Ladungsverfolgung und -opti-
mierung chancenreich ist und den Modal Split positiv
nachhaltig verändern könnte. Allerdings sind sowohl

die methodischen Grundlagen als auch die zur Verfügung stehende Datenlage noch unbefriedigend und stellen eine Herausforderung für entsprechende verkehrswissenschaftliche Untersuchungen dar. Unzulänglich ist der Forschungsstand insbesondere dann, wenn es um Informationen zu Rebound-Effekten und möglichen indirekten Wirkungen der eingesetzten informations- und kommunikationstechnischen (System- und Geräte-) Hardware geht und diese bei einer Nettobilanzierung zu berücksichtigen sind. Die Komplexität der Fragestellung erfordert zunächst Detailanalysen einzelner Anwendungen, wie *H. Scott Matthews* am Fallbeispiel umweltbezogener Effekte des elektronischen (Buch-)Einkaufs demonstriert. Seine Analyse klassischer und moderner E-Commerce-Buchkäufe identifiziert sowohl eine höhere Kosteneffizienz als auch einen höheren Umweltnutzen der virtuellen Mobilität, insgesamt also eine positive Nettobilanzierung des elektronischen Buchhandels.

Entsprechend dem Ablauf der Konferenz ist in der vorliegenden Publikation dann eine Reihe von Kurzbeiträgen zwei parallel verlaufenden Workshops zugeordnet, in denen die virtuelle Mobilität in den Bereichen E-Commerce und Online-Banking sowie Distance Learning, Telearbeit und E-Government (elektronische Bürgerdienste) vorgestellt und mit Bezug auf die verkehrlichen Effekte bilanziert wird.

Mobilitätswirkungen von E-Commerce und Online-Banking

Die in der Arbeitsgruppe zu den Mobilitätswirkungen von E-Commerce und Online-Banking vorgestellten Beiträge konzentrieren sich schwerpunktmäßig auf die Darstellung und Analyse der komplexen logistischen Lösungen, die durch elektronischen Handel hervorgebracht werden bzw. ohne die ein elektronisches Handelsgeschäft nicht erfüllt werden könnte. *Florian Eck* vom Deutschen Verkehrsforum e.V. erläutert die Einsicht, dass die Anforderungen des Konsumenten an die gebotene Dienstleistung als Ausgangspunkt eines erfolgreichen E-Business-Konzepts zu betrachten sind. Um die verkehrlichen Wirkungen von E-Business ab-

schätzen zu können, müssten deshalb das Verhalten des
Konsumenten und seine Logistikpräferenzen ermittelt
werden. Aus den von Eck dargelegten Daten einer repräsentativen Befragung lassen sich Ansatzpunkte für eine
Steuerung von Bündelungseffekten logistischer Leistungen ableiten.

Am Beispiel der Lebensmittelversorgung beschreibt
Alexander Pflaum die gegenwärtigen Schwierigkeiten
und Probleme von Praktikern bei der Umsetzung logistischer Systeme. Daraus entwickelt er einen systemati-
sierten Überblick zu Lösungsansätzen und skizziert ein
Zukunftsszenario, für das er umweltbezogene Effekte
detailliert und quantitativ abschätzt. Er gelangt zu der
generalisierten Einschätzung, dass auch bei einem E-
Commerce-Anteil von zehn Prozent in der Lebensmitteldistribution keine gravierenden quantitativen verkehrlichen Effekte zu erwarten sind.

Im Grundsatz werden solche Einschätzungen von
Service- und Logistikdienstlern geteilt, wie *Christina Ulbricht* von der Hermes General Service GmbH ausführt.
Insbesondere bei Kurier-, Express- und Paketdiensten
(KEP-Markt) wurden durch den E-Commerce enorme
Wachstumssteigerungen ausgelöst. Allerdings entstehen
vor allem im Endkundengeschäft Probleme, die nachhaltige Effekte vielfach zunichte machen. Dazu zählt
etwa das „Problem der letzten Meile", also die Zustellung an Bewohner von Privathaushalten, die immer sel-
tener allzeit vor Ort sind, um Sendungen entgegenzu-
nehmen. Vor diesem Hintergrund wird den *PaketShops*,
von denen *Hermes* bundesweit bereits mehr als 6.000
betreibt, eine Schlüsselrolle zugewiesen. Schließlich
werden schon mehr als 600.000 Sendungen über diese
Einrichtungen abgewickelt, die insbesondere bei der Retournierung von Warensendungen eine umweltfreundli-
chere Alternative zu klassischen Paketdiensten anbieten.

Der Beitrag von *Simone Kimpeler* nimmt Bezug auf
die empirischen Ergebnisse der eingangs erwähnten,
vom ifmo geförderten Studie (Zoche, Kimpeler, Joepgen
2002). Darin gelingt der repräsentativ abgestützte empirische Nachweis, dass sowohl das Online-Banking als
auch die Inanspruchnahme von Onlineangeboten im

Reisesektor zu äußerst widersprüchlichen Substituti-
ons- *und* Komplementaritätseffekten führen. In der
Summe aller physischen Verkehrswege findet mittelfristig voraussichtlich keine wesentliche Reduzierung der
gesamten Wegstrecke, wohl aber eine partielle Substitution der Anzahl der Wege statt. Zweckorientierte Besuche im Reisebüro werden beibehalten und das Internet
wird primär als Medium zur besseren Vorinformation
und Vorauswahl einzelner Angebote, weniger zur Buchung von Reisen genutzt. Die im Netz angebotenen
Reisen steigern allerdings das Interesse am Reisen und
führen so zu verkehrssteigerndem Mobilitätsverhalten.

Vergleichbare Prozesse vollziehen sich im Bereich des
Online-Banking, das eine große Vielzahl unterschiedlicher Aktivitäten umfasst. Insgesamt ist ein vollständiger
Wechsel der Nutzer zu Online-Banking nicht zu erwarten, viele Dienstleistungsangebote einer Bank werden
lieber persönlich in Anspruch genommen. Zudem sind
Bankbesuche häufig mit anderen mobilen Alltagshandlungen verknüpft. So ist mittelfristig im Zusammenhang mit einer neuen adaptiven Onlinenutzung zu rechnen, die neue Verhaltensmuster wahrscheinlich werden
lässt. Die Ausführungen von *Dirk Wölfing* bestätigen
diese Befunde. Wölfing sieht Anzeichen dafür, dass bei
einer weiteren Modernisierung der Kundenschnittstelle
einerseits mit einem höheren virtuellen Online- und Te-
lefonkontakt zwischen Kunde und Bank gerechnet werden könnte. Andererseits betont er, dass aus Gründen
der Kundenbindung die persönliche Beratung zukünftig
häufiger beim Kunden zu Hause stattfinden wird. Beide
Aspekte werden seiner Ansicht nach noch durch eine
größere Spezialisierung und Internationalisierung
verstärkt, da die Kundenberatung vermehrt durch zentrale Einheiten erfolgen und zu einem Anwachsen virtueller *und* physischer Mobilität vor allem für Bankmitar-
beiter führen wird.

Mobilitätswirkungen von Distance Learning, Telearbeit und E-Government

In der Arbeitsgruppe Mobilitätswirkungen von Distance
Learning, Telearbeit und elektronischen Bürgerdiensten/

neuen Verwaltungsaufgaben werden eingangs von *Patricia Mokhtarian* die methodischen Überlegungen und die Ergebnisse eines weltweit einzigartigen verkehrswissenschaftlichen Forschungsprojekts vorgestellt. Dieses Forschungsvorhaben ermittelt auf Grundlage mehrjähriger Aggregatdaten für die Vereinigten Staaten von Amerika den Nachweis eines Nettoeffekts der zunehmenden Telearbeit. Dieser beläuft sich nach vorsichtigen Schätzwerten auf eine Größenordnung von einem Prozent aller Verkehrsleistungen. Anhand von qualitativen Pilotstudien unter Telearbeitern bei der BMW Group durch *Marcus Niggl* und *Peter Kreilkamp* und unter studentischen Teilnehmern von onlinebasierten Lehrveranstaltern (so genanntem Distance Learning) an der University of Rhode Island durch *Norbert Mundorf* werden diese Befunde illustriert. Fernangebote können nicht allein unter dem Aspekt des Substituts betrachtet werden, die enge Kooperation und die notwendige Einbindung in betriebliche oder universitäre Prozesse macht sie zwar zum ergänzenden, jedoch durchaus wettbewerblich nutzbaren Werkzeug. Vor allem sind es Flexibilitätsgewinne, ein höheres Maß an Eigenständigkeit und auch die Erzielung von Kostenvorteilen, die eine Teleleistung für den Nutzer attraktiv machen. Verkehrliche Effekte wie Fahrtenreduktion oder Wandel des Mobilitätsmusters erwachsen allein hieraus, sie können allerdings durch Anreizsysteme noch gezielt verstärkt werden.

Rainer Thome stellt die Perspektiven verkehrsbeeinflussender Effekte der neuen Medien in einen Zusammenhang mit dem Konzept des lebenslangen Lernens. Er schlägt vor, in künftigen Untersuchungen die durch die Entwicklung von mobilen Medien im Wandel begriffenen technologischen Möglichkeiten differenzierter auf ihre Unterstützungsfunktionen für Lernprozesse hin zu analysieren, wozu nach seiner Einschätzung eine Unterscheidung von *Lernwirkung* und *Gedächtniswirkung* der neuen Medien hilfreich ist. So werde die Gedächtnisfunktion des Mediums tendenziell eher einen Verzicht auf bestimmte Lerninhalte erlauben, während unterstützende Lernwirkungen eine Ortsgebundenheit des Lernens infrage stellen könnten. Die Wirkungen auf das Mobilitätsverhalten dürften sich entsprechend konträr

zueinander verhalten, ein Aspekt, der in bisherigen
Analysen der Mobilitätswirkungen noch nicht aufgegriffen wurde. Forschungsdefizite werden von *Holger
Floeting* auch für mögliche Mobilitätswirkungen des E-
Government konstatiert, das die Schnittstellen zwischen
Verwaltungen und Bürgern und zwischen Verwaltungen
und Unternehmen neu organisiert und damit elektronische Transaktionen und eine Ausweitung bürgerschaft-
licher Partizipation ermöglicht. Im Hinblick auf das
Mobilitätsgeschehen vermutet Floeting vor allem bei In-
termediären und Wirtschaftsbürgern erhebliche Veränderungen, die zu verringertem Verkehrsaufwand führen
könnten. Insgesamt sei allerdings weniger der Personenverkehr als der Dokumentenverkehr betroffen. Jedoch könnten aus einer im Rahmen des E-Government
verwirklichten grundlegenden Reorganisation der Verwaltung erhebliche strukturelle Effekte mit Verkehrs-
wirkung hervorgehen.

Von den Auswirkungen der Telearbeit auf das Verkehrsverhalten berichten *Wilhelm R. Glaser* und *Walter
Vogt* in ihrem Beitrag, der die wichtigsten Ergebnisse einer Wegebuchuntersuchung von Telearbeitern zusammenfasst. Der Gesamteindruck der Studie ist, dass die
Befragten den Übergang zur Telearbeit in langsamen,
gleitenden Übergängen vollziehen. Sie bauen die Telearbeit in ihre alltägliche Lebensgestaltung gleichsam
nach dem Prinzip der kleinsten Veränderungen ein. Telearbeit bedeutet eine erhebliche Verbesserung der Lebensqualität, die aber ohne große Sprünge und Umstellungen stattfindet. Im Verkehrsverhalten der Telearbeiter zeigt sich eine durchgängige Verringerung der Entfernung und der Anzahl der Wege. Bei der Nutzung des
eigenen Pkw als Fahrer ergibt sich eine gesicherte durchschnittliche Ersparnis von gut 2.500 km im Jahr pro
Telearbeiter, verbunden mit einer Abflachung der Verkehrsspitzen. Bei den Haushaltsangehörigen bleiben die
Fahrgewohnheiten erstaunlich konstant.

Neue Herausforderungen und Chancen für die Mobilitätsforschung

In einer die Konferenz abrundenden Podiumsdiskussion wurde der Versuch gewagt, aus der Thematik der virtuellen Mobilität neue Impulse zu gewinnen, um aktuelle Herausforderungen und Chancen für die Mobilitätsforschung aufzuzeigen. Die Beiträge von Teilnehmern dieser Diskussionsrunde sind im vorliegenden Band dokumentiert.

Literatur

Huber, J. (1987): Telearbeit. Ein Zukunftsbild als Politikum. Opladen.

ifmo – Institut für Mobilitätsforschung (Hrsg.) (1999): Auftakt in Berlin – Forschung für eine mobile Zukunft. 28./29. Januar. Eigenverlag, Berlin.

ifmo – Institut für Mobilitätsforschung (Hrsg.) (2000): Freizeitverkehr. Aktuelle und künftige Herausforderungen und Chancen. Berlin.

ifmo – Institut für Mobilitätsforschung (Hrsg.) (2003): Erlebniswelten und Tourismus. Berlin.

Pye, R., Tyler , M. und Cartwright, B. (1974): The Description and Classification of Meetings. Long Research Paper 53 of the Communications Studies Group, University College London.

Shaw, J. (2000): Virtuell um die Welt: Neue Formen der Vergnügungsreise im Cyberspace. In: ifmo – Institut für Mobilitätsforschung (Hrsg.): Freizeitverkehr. Aktuelle und künftige Herausforderungen und Chancen. Berlin, S. 155–162.

Stegbauer, C. (2002): Die Gebundenheit von Raum und Zeit im Internet. In: Sozialwissenschaften und Berufspraxis, 25(4), S. 343–352.

Stegbauer, C. und Rausch, A. (1999): Ungleichheit in virtuellen Gemeinschaften. In: Soziale Welt, 50(1), S. 93–110.

Weibel, P. (1994): Intelligente Wesen in einem intelligenten Universum/Intelligent Beings in an Intelligent Universe. In: K. Gerbel und P. Weibel (Hrsg.): ARS ELECTRONICA 94. Intelligente Ambiente, Bd. 1. Wien, S. 6–26.

Zoche, P., Kimpeler S. und Joepgen, M. (2002): Virtuelle Mobilität: Ein Phänomen mit physischen Konsequenzen? Zur Wirkung der Nutzung von Chat, Online-Banking und Online-Reiseangeboten auf das physische Mobilitätsverhalten. Hrsg.: ifmo – Institut für Mobilitätsforschung. Berlin.

Von der Onlinenutzung zur Verhaltensänderung: Ein Vergleich zwischen Deutschland und den USA

1 Der typische deutsche Onlinenutzer

Thomas Pauschert
ENIGMA GfK, Wiesbaden

Was das Internet mit Mobilität zu tun hat

Beim elektronischen Handel wird ein großer Teil des Jahresumsatzes mit dem Endverbraucher im Weihnachtsgeschäft gemacht, also erst in den letzten Wochen des Geschäftsjahres. Das kann man als Indikator dafür werten, dass der elektronische Handel im Internet immer noch von nur wenigen Produktbereichen bestimmt wird: Bücher, CDs, Computerspiele und ähnliche Produkte werden offenbar gern verschenkt.

Wer sich jemals bei typischem Vorweihnachtswetter in deutsche Innenstädte und Fußgängerzonen gewagt hat, um Geschenkideen endlich in konkrete Käufe beim stationären Handel umzusetzen, der ahnt, welche Vorteile ein elektronischer Kauf am Bildschirm und in der warmen Stube bieten kann.

Die elektronischen Händler haben in den letzten Jahren die Chance be- und ergriffen, die ihnen das Weihnachtsgeschäft bietet. Unter erhöhtem Weihnachtsstress stehende Konsumenten werden in der „Not" eher einmal ihre Hemmungen fallen lassen und einen Kauf online tätigen. Wird dieser vom Händler dann reibungslos abgewickelt, dann wird der Käufer auch bei anderen Gelegenheiten und unter dem Jahr zur Maus greifen, um Produkte am Bildschirm zu kaufen.

Das Weihnachtsgeschäft-Einstieg in den elektronischen Handel?

Neben reinen Onlinehändlern wie Amazon oder eBay, die in ihren Segmenten mittlerweile als Synonym für ihr Geschäftsmodell stehen, sind in Deutschland mit Otto und Quelle vor allem solche Häuser erfolgreich, die über Jahrzehnte hinweg Erfahrungen im Versandhandel gesammelt haben. Hieran zeigt sich durchaus auch eine besondere Affinität der deutschen Verbraucher zum Distanzhandel.

Der Branchenverband HDE geht davon aus, dass der Anteil des Onlineumsatzes am gesamten Einzelhandelsvolumen von 1,6 % im Jahr 2002 auf 2,1 % in 2003 wachsen wird (<e>Market-Newsletter vom 11.11.02 unter http://www.emar.de/emar/news/archiv/1/a11673/index.html). Ein anhaltendes Wachstum in dieser Höhe dürfte Mobilitätsstrukturen zumindest verschieben: weg von öffentlichen Verkehrsmitteln, überbelegten Parkhäusern in der Innenstadt oder den Zubringern zu den Verbrauchermärkten auf der grünen Wiese und hin zum gigantischen Fuhrpark der Logistikbranche. Die Frage, wie sich das Internet und seine Nutzerstrukturen entwickeln, impliziert also immer auch Effekte für das Mobilitätsverhalten in Deutschland.

Internetverbreitung in Deutschland

„Die Hälfte der Deutschen ist im Internet", war eine der Schlagzeilen des Jahres 2002 zur Entwicklung der Internetverbreitung. Von den vorliegenden Studien wird diese Zahl nicht immer bestätigt; abhängig davon, welche Befragungsmethode und definitorische Abgrenzung verwendet wurde, lagen die Werte etwas niedriger. So weist die ARD/ZDF-Online-Studie für die Welle 2002 aus, dass 44 % der deutschen Bevölkerung ab 14 Jahren Onlinenutzer sind. Bedeutsamer für die Diskussion erscheint die Frage des jährlichen Zuwachses. Das Wachstum im Vergleich zum Vorjahr betrug 2002 immerhin noch 13 %. 2001 bezifferte es sich dagegen auf 34 %, in den Jahren 2000 und 1999 sogar jeweils auf etwa 70 % (ARD/ZDF-Online-Studie, Erwachsene ab 14 Jahren, Durchführung: ENIGMA-Institut). Ein klarer Befund ist also, dass trotz der anhaltenden Marktbereinigung und des Niedergangs von Internetfirmen an der Börse der Zuspruch seitens der Nutzer bislang stetig gestiegen ist.

Dass sich die Wachstumsdynamik abschwächt, liegt in erster Linie daran, dass die Early-Adopters seinerzeit

aus Bevölkerungsgruppen stammten, in denen heute
der weitaus größte Teil bereits online ist und die daher
kaum noch Potential bieten: akademisch gebildete junge
Erwachsene vorwiegend männlichen Geschlechts.
Quelle für weiteres Wachstum sind also Bevölkerungs-
segmente, die unter den Internetnutzern bislang eher
unterrepräsentiert waren: Frauen, ältere Menschen, formal niedriger Gebildete und Arbeiter. Da das Internet
hier weiterhin Verbreitungszuwächse erzielt, kann bislang von einem sich ausdehnenden Graben zwischen
Onlinern und Nicht-Onlinern nicht gesprochen werden.

Neben der Entwicklung der Verbreitung erscheint ein
anderer Wendepunkt bedeutsam. Im Jahr 2000, also auf
dem Höhepunkt des Verbreitungszuwachses, ist der
Glaube an die Widerstandskräfte der klassischen Medien gegenüber dem Eroberungsdrang des Internet zum
letzten Mal zurückgegangen. Mit 54 % sank die Zustimmung zur Aussage, dass andere Medien neben dem Internet unverändert weiter bestehen können, auf den
vorläufig niedrigsten Wert. Schon im Jahr danach betrug die Zustimmung wieder 65 % (ARD/ZDF-Online-
Studie, Erwachsene ab 14 Jahren). Mit der sich gegen
Ende 2000 entwickelnden Krise der Internetwirtschaft
ist das Internet also offenbar auch von seinen Nutzern
anders bewertet worden: nicht mehr so sehr als Bedrohung für, als vielmehr als Ergänzung zu den klassischen
Medien.

> Das Internet nicht als
> Konkurrenz, sondern als
> Ergänzung zu den
> klassischen Medien ...

Als treibende Kraft hinter der Internetverbreitung
hat sich in den letzten Jahren die heimische Nutzung erwiesen. Inzwischen haben nur noch 16 % der Nutzer
keinen Internetzugang zu Hause. Noch im Jahr 1999 waren dies 36 % und im Jahr 1997 gar 59 %. Bereits ab etwa
14 Uhr greifen heute mehr Nutzer von zu Hause als vom
Arbeitsplatz zu. Die Internet-Primetime von 17 bis 21
Uhr fällt mittlerweile in eine Tageszeit, die deutlich von
der Nutzung zu Hause bestimmt wird und die der etwas
späteren TV-Primetime immer näher rückt. Doch selbst
in der reichweitenstärksten Zeit am frühen Abend ist
nicht mehr als jeder sechste Onliner im Netz zu finden
(ARD/ZDF-Online-Studie, Erwachsene ab 14 Jahren).

> ... und immer öfter von
> zu Hause aus genutzt

Mit einer täglichen Nutzungsdauer zu Hause von
knapp 50 Minuten an durchschnittlich etwa zwölf Tagen

im Monat gehören die deutschen Onliner im Vergleich
zu ihren europäischen Nachbarn in Großbritannien und
Frankreich zu den aktiveren Surfern (Quelle: Jupiter
MMXI, Personen gesamt, Internet zu Hause, Dezember
2001, unveröffentlichte Daten). Der Abstand zum Fernsehen, das in Deutschland immer noch das Vier- bis
Fünffache an täglicher Zeit auf sich vereinigen kann, ist
immer noch immens. Hier wird zu beobachten sein, in-
wiefern das Internet diesen Abstand mit wachsender
Verbreitung von breitbandigen Internetzugängen ver-
kürzen kann.

Der deutsche Markt im Umbruch

Marktkonzentration

Das Internet wird
zusehends zum
Massenmedium

Nicht erst seit der Internetwirtschaft an den Kapital-
märkten ein kalter Wind entgegenbläst, lässt sich über
nationale Grenzen hinweg ein Trend zur Marktkonzentration beobachten. Früher vielfach als das „demokra-
tischste" aller Medien gerühmt, da jeder Einzelne jederzeit zugleich Sender und Empfänger sein kann, bewegt
sich das Internet inzwischen kontinuierlich in die Ge-
genrichtung und wird immer mehr zum Massenmedium, in dem – wie z. B. auch beim Fernsehen – immer
weniger Inhalteanbieter immer mehr Nachfrage auf sich
vereinigen.

Neben der wachsenden Verbreitung lässt sich dies
auch daran erkennen, dass die führenden Unternehmen
sich ein immer größeres Stück vom Aufmerksamkeits-
kuchen abschneiden. Die zehn reichweitenstärksten Unternehmen in Deutschland vereinigten Ende des Jahres
2001 43 % der gesamten Internet-Nutzungsdauer auf
sich – ein Jahr davor waren es noch 39 % (Jupiter
MMXI, Personen gesamt, Internet zu Hause, Dezember
2001). Hierbei handelt es sich um einen andauernden
Prozess, der sich z. B. auch in Großbritannien und
Frankreich beobachten lässt. Je entwickelter ein Markt
ist, desto höher ist der Anteil der am weitesten verbrei-
teten Angebote. An dieser Stelle drängt sich natürlich
der Vergleich mit den USA auf. Dem Anteil von 43 % an
der Nutzungsdauer, den die zehn führenden Internet-

unternehmen Ende 2001 in Deutschland hatten, standen zum gleichen Zeitpunkt in den USA schon 52 % für die dortigen zehn bestplatzierten gegenüber. Auch Deutschland wird also im Zuge der fortschreitenden Entwicklung höchstwahrscheinlich eine Fortdauer der Marktkonzentration erleben. An zwei Beispielen wollen wir einen Blick auf die unterschiedlichen Mechanismen dieser Konzentration werfen.

Strategische Partnerschaften

Die klassischen Medien in Deutschland, insbesondere die Printmedien, haben das Internet lange Zeit als einen zusätzlichen Vertriebsweg ihrer gedruckten Titel begriffen und betrieben. Die Macht der etablierten (Offline-) Marke in Verbindung mit dem großen Fundus an vorhandenen redaktionellen Inhalten waren die Zutaten zu einem Geschäftsmodell, das eher defensiv darauf ausgerichtet war, den eigenen Offlinemarkt nicht an die Newcomer der reinen Onlinekonkurrenz zu verlieren, die mit völlig neuen Marken auftrat.

Vom defensiven Geschäftsmodell der klassischen Medien …

Im Ergebnis ist diese Strategie nicht wirklich aufgegangen. Sämtliche Onlineauftritte von Axel-Springer-Verlag, Gruner+Jahr, ProSiebenSAT.1, RTL und Tomorrow Network zusammengenommen hatten im Mai 2001 kaum mehr Nutzungsdauer pro Nutzer und Monat als Microsoft allein mit der Summe seiner Websites. Bei der Reichweite lagen sie mit zusammengenommen 45 % sogar noch acht Prozentpunkte unter der Reichweite der Microsoft Sites (Jupiter MMXI, Personen gesamt, Internet zu Hause, Mai 2001). Und unter den Vertretern der „nicht-klassischen" Medien hatte Microsoft bei weitem nicht den Spitzenplatz inne. Dies gilt insbesondere bei der Nutzerbindung, abzulesen an der durchschnittlichen monatlichen Nutzungsdauer. AOL und T-Online waren in dieser Disziplin wesentlich besser.

Inzwischen spiegelt diese Bestandsaufnahme den aktuellen Markt schon nicht mehr wider. Die Verlagsableger haben sich großenteils in Partnerschaften begeben, mit dem Ergebnis, dass ihre Inhalte nur noch sehr vermittelt unter den verlagseigenen Offlinemarken anzutreffen sind:

… zum Zusammenschluss mit Onlinemarken

- Axel-Springer-Verlag und das ZDF bieten die Inhalte ihrer Flaggschiffe „Bild" und „heute" unter T-Online an
- Die zwischenzeitlich fusionierten Angebote von Tomorrow (Milchstraße) und Focus (Burda) bieten ihre Offlinemarken wie z. B. Max, Amica oder Focus unter Microsoft MSN an

Die klassischen Medien überlassen die Onlineverbreitung ihrer Inhalte anderen, deren vormals als unzureichend empfundene Kompetenz für Inhalte dadurch nachhaltig gestärkt wurde. Diese anderen kommen aus Bereichen wie Softwareentwicklung (Beispiel: Microsoft) oder Telekommunikation (Beispiel: die Telekom-Tochter T-Online).

Erfolgskomponenten Software und Infrastruktur

Microsoft Internet Explorer und T-Online

Als Beispiel dafür, wieso die Generierung großer Nutzerschaften allein mit attraktiven Inhalten und dem Markenerbe aus der Offlinewelt gegenüber einer Strategie mit Technik-Unterstützung unterlegen sein kann, soll hier die Einführung einer aktualisierten Version des Microsoft-Browsers Internet Explorer (IE) im Spätsommer 2001 in Deutschland dargestellt werden.

In der neuen Version des IE nutzte Microsoft konsequent die Möglichkeiten, die sich für einen Weltmarktführer bei Anwendersoftware bieten, dessen Onlinedienst Microsoft Network (MSN) den eigenen Erfolgsansprüchen bis dahin nicht unbedingt gerecht wurde. Mit der neuen Version des Browsers wurden Internetnutzer, die den Domainnamen der gewünschten Website nicht korrekt in die Adresszeile eingetippt hatten, automatisch auf die Suchmaschine des hauseigenen MSN umgeleitet. Auf diese Weise konnte diese zwischen Juni und September 2001 ihre Reichweite in etwa verdreifachen. Dies bedeutete für das werbefinanzierte MSN insgesamt einen Zuwachs an wertvollen Werbeträgerkontakten von 27 % – allein in Deutschland (Jupiter MMXI, Personen gesamt, Internet zu Hause, 2001 nach Monaten). Keine noch so gute und teure Kampagne hätte dies in so kurzer Zeit wohl zu leisten vermocht.

Auch T-Online als langjähriger Marktführer im Zugangsgeschäft hat stets darauf gesetzt, seinen Abonnenten eigene Softwareprodukte zur Verfügung zu stellen und damit die Bindung an die Marke zu stärken. Ob E-Mail, Online-Banking, Instant Messaging oder auch nur das Surfen im Web mit einem Browser: Alle Elemente werden genutzt, um den Nutzern so häufig und so lange wie möglich das eigene Logo zu präsentieren.

Mobilitätsrelevante Nutzungen

Als „mobilitätsrelevante Nutzungen" sollen hier Einsatzmöglichkeiten des Internet gelten, die direkt oder mittelbar Einfluss auf das Mobilitätsverhalten der Nutzer haben können. So erspart Online-Banking den Gang zur Filiale oder die Reisebuchung im Internet eine Parkplatzsuche vor dem Reisebüro. Kann das Internet also auf das Gesamtvolumen an Mobilität einen Einfluss entwickeln?

Online-Banking und Reisebuchung

Verbreitung und Nutzungsintensität des Internet steigen inzwischen moderater als noch vor wenigen Jahren. Als Begleitumstand der Boom-Jahre 1999 und 2000 hat sich jedoch ein riesiges Reservoir an Neu-Onlinern gebildet, das inzwischen seine Erfahrungen gesammelt hat – und möglicherweise seine Gewohnheiten verändern wird.

Eine Analyse der ARD/ZDF-Online-Studie 2002 zeigt, welchen Einfluss eine längere Interneterfahrung haben kann. Während etwa ein Drittel der gesamten Internet-Nutzerschaft erklärt, wöchentlich Online-Banking zu betreiben, wächst dieser Anteil bei Personen mit fünf und mehr Jahren Interneterfahrung auf mehr als die Hälfte.

Dies ist nur eines von vielen Beispielen mit gleicher Tendenz: Ohne ausreichende Erfahrung fällt es offenbar schwerer, das für sensible Anwendungen wie Online-Banking oder Onlinekauf notwendige Vertrauen aufzubringen. So erfreuen sich sämtliche in Abb. 1 dargestellten Einsatzmöglichkeiten bei erfahreneren Nutzern eines größeren Zuspruchs. Allen Einsatzmöglichkeiten gemeinsam ist, dass sie mobilitätsrelevante Alltagsabläufe effizienter gestalten helfen, wenn denn die Nutzer

Mit steigender Interneterfahrung wächst das Vertrauen in mobilitätsrelevante Nutzungen

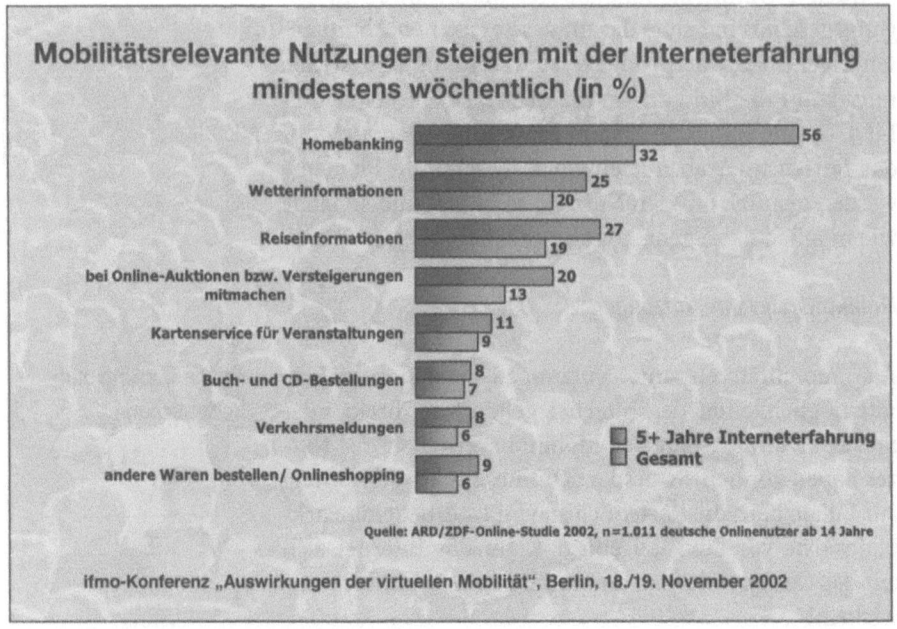

Abb. 1. Online-Einsatzmöglichkeiten nach Interneterfahrung (Quelle: ARD/ZDF-Online-Studie 2002, n = 1.011 deutsche Onlinenutzer ab 14 Jahren)

trainiert und couragiert genug sind, sie auch konsequent einzusetzen.

Der Anteil erfahrener Internetnutzer wird freilich stark ansteigen – und damit das Potential für mobilitätsrelevante Nutzungen. Für den stationären Handel ist dies eine Herausforderung, zumindest bei einer Reihe von Produktsegmenten. Potential für den elektronischen Handel erwächst zur Zeit wohl sogar eher aus der Verschiebung von Erfahrungsstrukturen als aus dem sich verlangsamenden Wachstum der Nutzerschaft insgesamt.

Hoffnungsmarkt Mobile Datendienste:
Eine Bestandsaufnahme[1]

39 Mio. Handy-Besitzer in Deutschland verfügen über durchschnittlich 1,3 Mobiltelefone. 7,4 Mio. Personen planen die Anschaffung eines neuen Handys in den kommenden sechs Monaten. Dabei führt MMS[2] unter den neu eingeführten Diensten die Liste der gewünschten Ausstattungen an.

Die Auswirkungen von mobilen Zusatzdiensten auf die Mobilität ist noch ungewiss

Allerdings werden nur 20 % oder 1,5 Mio. der 7,4 Mio. anstehenden Handy-Anschaffungen von Neu-Einsteigern geplant. Damit dienen die anderen 5,9 Mio. geplanten Anschaffungen als Ersatz für zurzeit noch genutzte Geräte. Über zwei Drittel dieser bald zu ersetzenden Handys sind ein bis unter drei Jahre alt, das Durchschnittsalter beträgt 22 Monate.

Für die Erschließung dieses Potentials müssen die Geräte- und Netzanbieter berücksichtigen, dass selbst bei der Gruppe der 7,4 Mio. anschaffungsbereiten Personen noch große Wissenslücken bestehen. So ist immerhin noch einem Drittel dieser Gruppe der Begriff „i-mode"[3] unbekannt. Mit „MMS" wissen sogar 46 % nichts anzufangen und bei „GPRS"[4] steigt die Zahl auf ganze 53 %.

Für das Marketing der Anbieter eine Aufgabe, der man sich im Weihnachtsgeschäft 2002 an erster Stelle dadurch gestellt hat, dass zahlreiche Werbespots mit Anwendungsbeispielen für Handys mit eingebauter Kamera geschaltet wurden. Ein Foto nach dem Knipsen unmittelbar als MMS zu verschicken stellt allerdings ei-

---

1 Quelle für sämtliche Daten dieses Kapitels: ENIGMA Mobildienste Trend, Sommer 2002, Erwachsene 14 bis 64 Jahre.
2 Multimedia Messaging Service (MMS) ist ein multimedialer Mitteilungsdienst der Mobilkommunikation. Dieser Mittelungsdienst bildet die Erweiterung des Kurznachrichtendienstes (SMS) und kann zum Versenden von Text-, Bild- und Tondokumenten genutzt werden.
3 Der japanische Mobilfunkanbieter NTT DoCoMo führte 1999 das i-Mode-Protokoll ein, das vergleichbar ist mit der europäischen WAP-Technologie. I-Mode ist ein standardisiertes Protokoll, das vormals nur in Japan für die mobile Datenübertragung eingesetzt wurde, zwischenzeitlich aber auch in den europäischen Mobilfunksystemen eingesetzt wird. Mit i-Mode können Inhalte aus dem Internet auf das Mobiltelefon übertragen werden.
4 Beim General Packet Radio Service (GPRS) handelt es sich um eine Datenübertragung mit Paketvermittlung über GSM.

nen bisher nur rudimentär entwickelten Multimedia-Service dar.

Bei der Nutzung von mobilen Zusatzdiensten liegt ohnehin Kommunizieren weit vor Surfen. Etwas mehr als drei Viertel derjenigen, die über die entsprechende Ausstattung verfügen, tippen und lesen Kurznachrichten. Und das nicht gerade selten: Kurznachrichten erreichen mittlerweile knapp 9 Mio. Nutzer täglich. Der mobile Zugang zum Internet wird dagegen nur von 25 % derjenigen genutzt, die es könnten – bei überdies sehr niedriger Nutzungsfrequenz.

Die problematischen Erfahrungen mit dem Surfen per WAP sind noch frisch und Nachfolgedienste bislang kaum verbreitet. Wer jedoch auf einer Zahlentastatur Milliarden von kurzen Textbotschaften zu tippen gelernt hat, der wird in Zukunft auch Hürden beim mobilen Surfen überwinden – die passenden Inhalte vorausgesetzt.

Für die Marketingstrategen und Produktentwickler birgt die aktuelle Situation eine erhebliche Herausforderung: Ein neues Handy wird überdurchschnittlich häufig von zwei Gruppen mit ganz unterschiedlichen Anforderungsprofilen gewollt: einerseits von Jugendlichen, andererseits von Führungskräften.

Die anschaffungsbereiten Jugendlichen von 14 bis 19 Jahren kennen sich eher mit MMS und i-Mode aus, nutzen häufiger SMS und haben eher ein Nokia-Handy mit Prepaid-Karte von Vodafone. Führungskräfte mit Anschaffungsabsicht, also leitende Angestellte und höhere Beamte, kennen sich eher mit GPRS aus, gehen überdurchschnittlich häufig mit dem Handy ins Internet und haben eher ein Siemens-Gerät mit Vertragsbindung an T-Mobile.

Da ist schnell klar, dass sowohl der Zuschnitt von mobilen Diensten als auch das Marketing nicht nach dem „Gießkannenprinzip" funktionieren können. Mit Blick auf mögliche Implikationen der neuen Datendienste auf das Mobilitätsverhalten ist erstaunlich, dass eine der am häufigsten genannten Innovationen die „Location Based Services" sind, bei denen die verfügbaren Inhalte von der Lage der Funkzelle abhängen, in der sich der Handy-Nutzer gerade befindet.

Bemerkenswert erscheint dies deshalb, weil wir bei diesen Diensten offenbar wieder davon ausgehen, dass wir den Konsumenten zum Angebot lotsen müssen und nicht – wie beim computerbasierten Internetzugang – das Angebot zum Konsumenten. Ob der Erfolg solcher Dienste sich einstellt, werden wir erst in einiger Zeit wissen, auch, ob dadurch mehr Mobilität entstehen wird. Mehr Daten zur Mobilität wird es aber in jedem Falle geben.

Hightech-Hype: Sackgasse oder Königsweg zum Kunden?
Innovationsverständnis in den transnationalen Schlüssel-Zielgruppen der Automobilindustrie

Carsten Ascheberg
SIGMA-Institut, Mannheim

Repräsentativuntersuchungen des SIGMA-Instituts zum Mobilitätsverhalten der wichtigsten Industrienationen zeigen für alle großen europäischen Märkte eindeutige Befunde. Bei allen erfragten Mobilitätszwecken des Alltags – von der Fahrt zur Arbeit, über Geschäftsreise, Einkaufen, Freizeit, Wochenendausflug, bis hin zur großen Urlaubsreise – liegt immer das Auto an der Spitze der gewählten Verkehrsmittel, und das zumeist mit deutlichem Abstand.

> Das Auto als Spitzenreiter unter den Verkehrsmitteln…

Mehr noch: Während in einer Anfang dieses Jahres abgeschlossenen Untersuchung unseres Instituts jeder zweite Autofahrer in Frankreich, Deutschland, Großbritannien, Italien und Spanien ohne jede Einschränkung bekannte, dass ihm das Auto ein Gefühl von Freiheit und Unabhängigkeit vermittle, behaupteten lediglich etwas mehr als 10 %, Autofahren bereite ihnen überhaupt keinen Spaß. Für zwei von drei europäischen Autofahrern wäre der Gedanke an ein Leben ohne Auto „eine schreckliche Vorstellung".

Jenseits einer von Umweltthemen, Verkehrsaufkommen und Transportlogistik geprägten öffentlichen Debatte hat sich der Pkw nicht nur zu einem immer unverzichtbareren Element der Lebensweise der meisten Menschen in modernen Konsumgesellschaften entwickelt. Für viele ist er gar Teil der eigenen Identität geworden, Projektionsfläche für sehr verschiedenartige sinnliche, kommunikative und ästhetische Selbstverwirklichungssehnsüchte. Genau genommen ist die Automobilindustrie längst Teil der Unterhaltungsindu-

> … und als Teil der eigenen Identität

strie geworden und konkurriert mit deren Angeboten.
Dies ist keine Schande.

Vor diesem Markthintergrund vollzieht sich im Auto-
mobilbau eine Entwicklung, die in immer stärkerem
Maße von Elektronik, Sensorik, Telematik und Assi-
stenzsystemen jeder Art bestimmt wird. „Bald wird der
Fahrer ohnehin zum Passagier – Chips und Stellmoto-
ren übernehmen das Regiment", prophezeit ein deutscher Motorjournalist. Ganz so weit ist es glücklicher-
weise noch nicht.

Das Netzwerk-Automobil

Die Prognosen mit Blick auf das Netzwerk-Automobil
der Zukunft sind jedoch euphorisch: Allein für Europa
wird angenommen, dass sich der Umsatz mit Pkw-bezo-
genen Telematiksystemen und -diensten von 500 Mio.
Mark im Jahr 1998 auf bis zu 6 Mrd. Euro im Jahr 2010
erhöhen wird. „Menschen ist Intelligenz angeboren",
frohlockt Nokia mit einer Spur von Übertreibung, „Autos wird sie jetzt eingebaut!"

Akzeptanz von telematischen Anwendungen im Pkw ...

Trotz oder gerade wegen dieser Hightechbegeiste-
rung haben wir kritisch zu fragen, ob die Kunden überhaupt an telematischen Anwendungen interessiert sind
und wenn ja, in welchem Maße und an welcher Art von
Technologie. Unsere Daten ergeben für die großen europäischen Märkte, aber auch für die USA und Japan, ein
vergleichsweise klares Bild: Anwendungen und Dienste,
die die Fahrsicherheit erhöhen, das Verkehrsmanagement erleichtern oder dem Autofahrer in Notsituatio-
nen beistehen, treffen auf relativ hohes Interesse, wie
Abb. 1 zeigt:

Ein knappes Drittel der europäischen Autofahrer
zeigt sich beispielsweise an telematischen Systemen, die
im Notfall automatisch Hilfe herbeirufen „sehr interessiert", an Pkw-basiertem Internetzugang mit personali-
sierter Informationsversorgung rund um die Uhr oder
an TV-Unterhaltung für die Fondspassagiere hingegen
lediglich 6%. In diesen Zahlen schlagen sich ohne Zwei-
fel individuelle Nützlichkeitserwägungen nieder. Entscheidender für den Zugang zu automobilen Hightech-
innovationen sind aber weniger individuelle Nützlich-

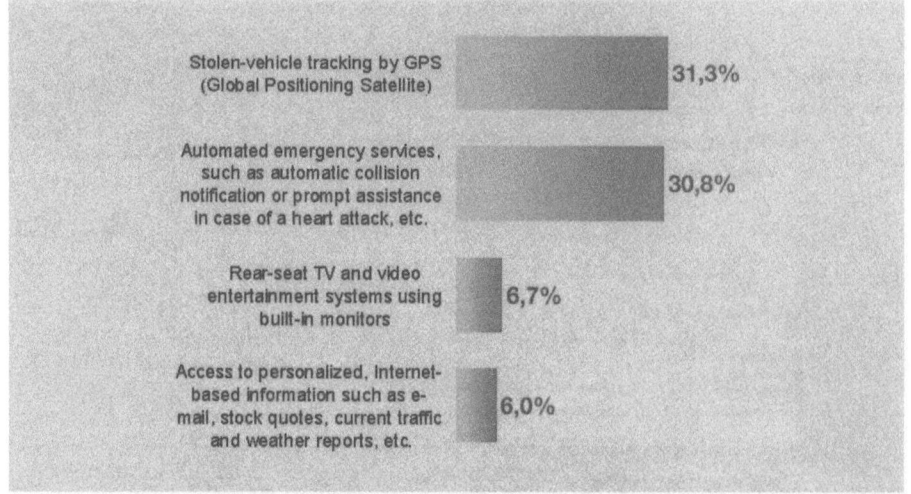

Abb. 1. Interesse an neuen telematischen Anwendungen

keitserwägungen als vielmehr soziokulturelle Besonderheiten der wichtigsten Zielgruppen im Markt, die wir
mit Hilfe länderübergreifender Milieuanalysen transpa-
rent machen können.

Soziale Milieus als Zielgruppen im Automobilmarkt

Betrachtet man quer durch Europa die Alltagswelten
vieler verschiedener Menschen vergleichend miteinander, so ist festzustellen, dass Menschen mit ähnlichen
Werten, Lebenszielen und Lebensweisen in jedem Land
zu Gruppen zusammengefasst werden können. Diese
Gruppen bezeichnen wir als *Soziale Milieus*. Soziale Milieus umfassen also Menschen, die einander in Lebens-
lage, Lebensauffassung und Lebensstil ähnlich sind.

Auf diese Weise entsteht ein markantes Bild der so-
zio-kulturellen Landschaft eines Landes, das Milieumodell. Die Milieumodelle der großen europäischen Länder sind zwar nicht gleich, weisen aber ausgesprochen
verwandtschaftliche Ähnlichkeiten auf. Wir können die
sozial und kulturell miteinander verwandten Milieus

... nach Milieus
gestaffelt

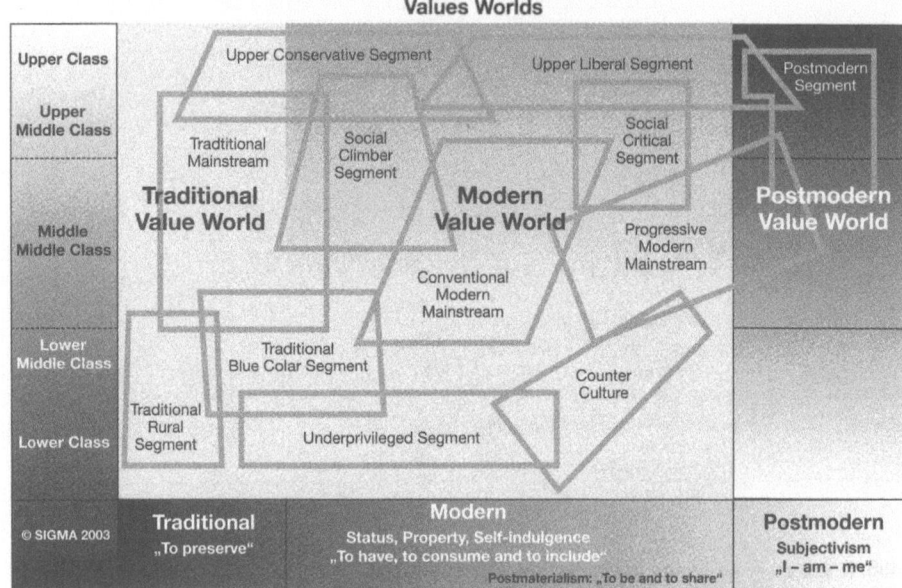

Abb. 2. Das europäische Milieumodell

der verschiedenen Länder zu nationenübergreifenden Milieugruppen zusammenfassen, den *SIGMA Transnational Consumer Cultures*.

Die Transnational Consumer Cultures bilden bedeutsame Marktsegmente für das Pkw-Marketing. Sie ermöglichen die Ausrichtung aller Marketingmaßnahmen an realen Zielgruppen im europäischen Markt.

Betrachten wir nun das europäische Milieumodell (Abb. 2).

In diesem Modell sind zwölf transnationale Milieugruppen entsprechend ihrer sozialen Lage und ihrer Wertorientierungen positioniert. Die vertikale Achse gibt die soziale Lage oder den Sozialstatus wieder, von den unteren Schichten bis hin zur Oberschicht. Auf der horizontalen Achse sind die grundlegenden Wertorientierungen eingetragen, die Lebensziele und Lebensstile der einzelnen Milieugruppen prägen. Auf der linken Seite des Modells befinden sich Soziale Milieus mit eher traditionellen oder konservativen Werten und Lebensstilen. Im Zentrum der europäischen Gesellschaften ste-

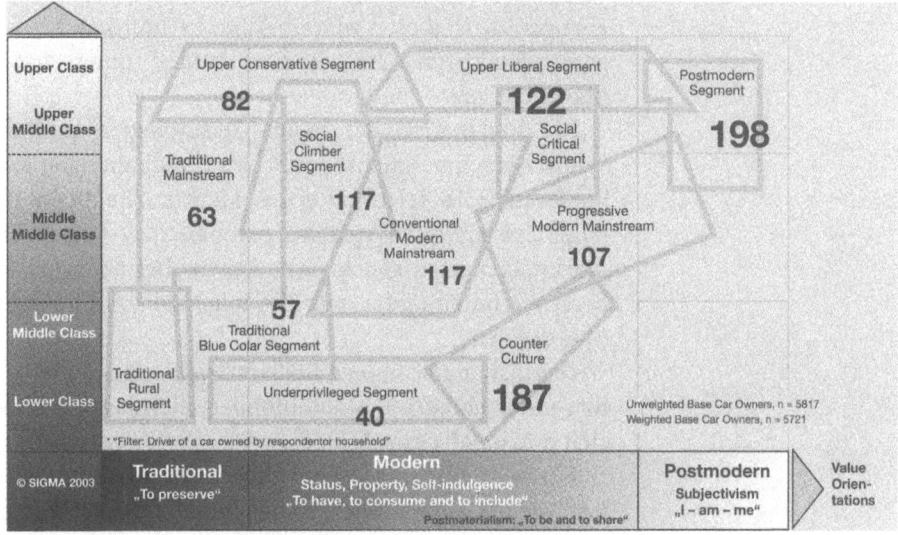

Abb. 3. Interesse am internetfähigen Pkw

hen die Modernen Milieus, von den statusorientierten *„Social Climbers"*, über den konsumfreudigen und technologieorientierten *„Progressive Modern Mainstream"*, bis hin zum modernen Upmarket der *„Upper Liberals"*, die gerne postmateriellen Genusswerten frönen. Am rechten Rand schließlich findet sich die hochgebildete junge Lifestyle-Avantgarde der europäischen Metropolen, die Postmodernen Milieus, denen die eigene ästhetische Identität das Maß aller Dinge ist.

Analysiert man nun das Interesse an neuen telematischen Anwendungen am Beispiel des internetfähigen Pkw vor dem Hintergrund dieser Zielgruppenlandschaft, so zeigen sich markante Unterschiede (vgl. Abb. 3).

Die auf der Grafik für die einzelnen Milieusegmente eingetragenen Indexwerte weisen auf ein beträchtliches Gefälle zwischen traditionellen Lebenswelten auf der einen und modernen wie postmodernen auf der anderen Seite hin. Bei Letzteren liegt das Interesse am Netzwerk-Pkw um das Vierfache höher als im Traditionellen Mainstream.

Wie wir aus zahlreichen Untersuchungen wissen,
steht hinter dem Desinteresse der durchaus kaufkräfti-
gen traditionellen Milieusegmente an derartigen Innovationen die Angst vor technologischer Überforderung,
eine gerade in diesen weit überdurchschnittlich neuwa-
genmarktaktiven Zielgruppen häufig unterschätzte
Marktbarriere.

Die Faszination der neuen Technologien und der
Wunsch nach möglichst einfachen Handhabungen sind
heute zentrale Triebkräfte des Marktes. Beide Motiv-
komplexe erweisen sich im europäischen Automobil-
markt als nahezu gleich stark, liegen aber noch im Wi-
derstreit miteinander, wie die folgenden Abbildungen
(4–6) zeigen.

Das bisher gewonnene Bild zur Hightechakzeptanz in
den unterschiedlichen automobilen Zielgruppen bildet
sich präzise ab (Abb. 5, 6).

Ein weit überdurchschnittliches Interesse an möglichst leicht verständlicher und handhabbarer Technik
bei den Traditionellen Milieus – verbunden mit entsprechender Skepsis gegenüber manchen neuen Technolo-

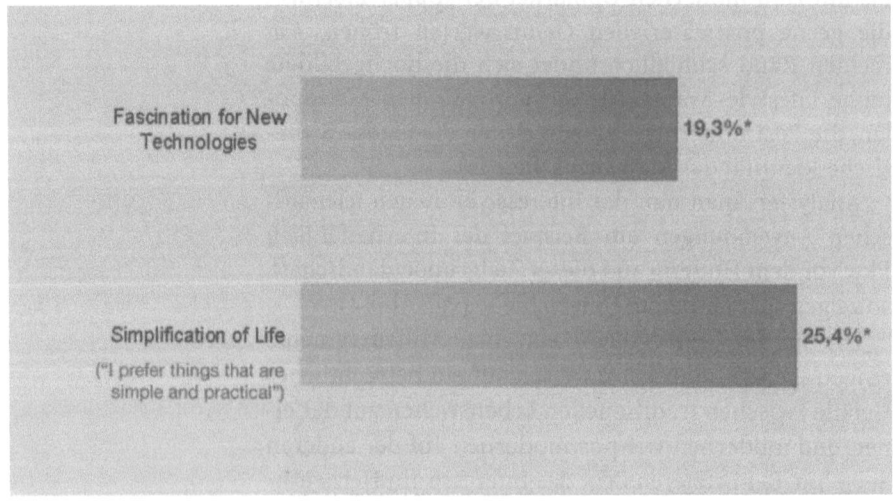

Abb. 4. Faszination der neuen Technologien und der Wunsch nach einfachen Handhabungen

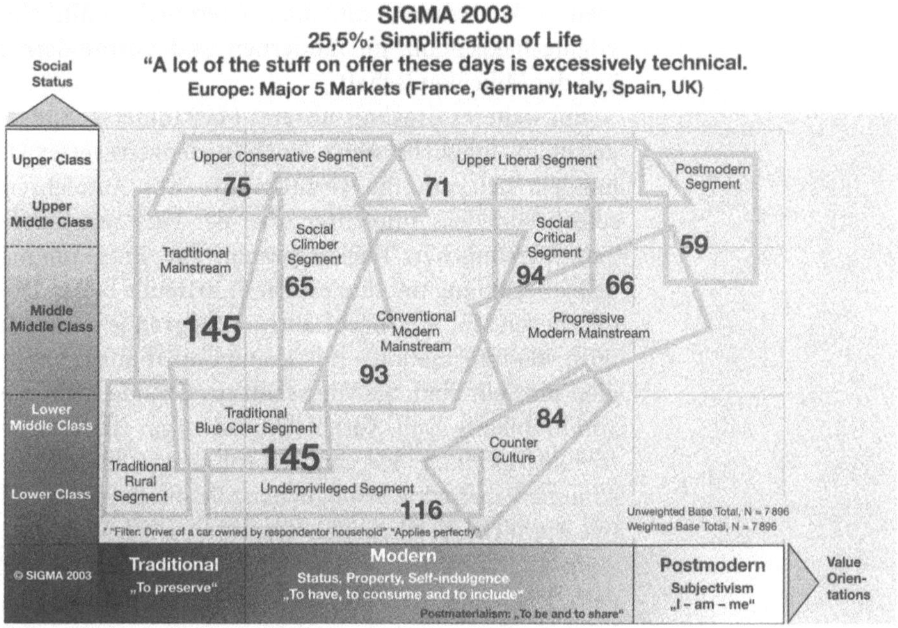

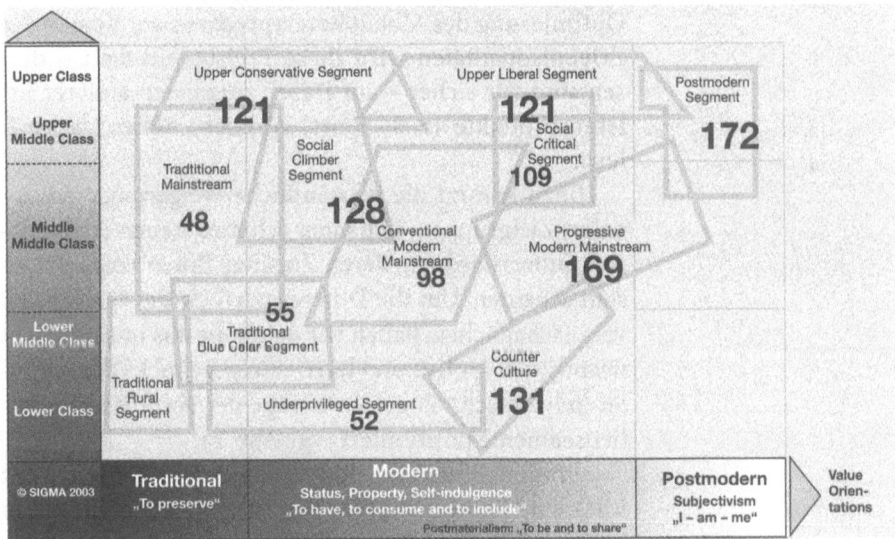

Abb. 5. Einfache Handhabungen

Abb. 6. Faszination der neuen Technologien

gien – kontrastiert mit weit überdurchschnittlicher Hightechakzeptanz im modernen und postmodernen Teil der Milieulandschaft.

Ein weiteres Ergebnis unserer Marktuntersuchungen erscheint möglicherweise noch bedenkenswerter. Es handelt sich um die Grundmotive des Autofahrens selbst: Für viele Autofahrer wird der Pkw zunehmend zum persönlichen Rückzugsraum, der Entspannung, Selbstbesinnung und ungestörte Fahrfreude bietet. Dies gilt besonders für berufsaktive Zielgruppen, die im Büro von Informations- und Kommunikationstechnologien umstellt sind. Sie wünschen im Grunde nicht den kommunikativ voll vernetzten oder gar telematisch *fremdbestimmten* Pkw, sondern Fahrzeuge, die *selbstbestimmte* Fahrfreude ermöglichen, die durch mannigfaltige sinnliche Erfahrungen vermittelt wird. Voraussetzung für das Erlebnis der Selbstbestimmung ist aber ganz zweifellos der Eindruck, die Maschine in allen Fahrsituationen zu beherrschen.

Mobilitätsversprechen versus Erlebnisqualität des Autos

Die Automobilindustrie sollte nie vergessen, dass die vergleichsweise hohe Preisbereitschaft vieler Kunden beim Automobil nicht alleine aus dem Mobilitätsversprechen des Produkts Auto resultiert, sondern auch aus dem ästhetisch-sinnlichen Erlebnisversprechen des Fahrzeugs. Die noch so technologisch beeindruckende Optimierung des Mobilitätsversprechens auf Kosten der Erlebnisqualitäten wird diese Preisbereitschaft – dessen sind wir sicher – auf Dauer zugunsten anderer Erlebnisprodukte (z. B. Sport, Wohnen, Reisen) schmälern.

Hinzu kommt die verständliche Weigerung traditioneller Zielgruppen, sich einer schönen neuen Hightechwelt unterzuordnen, deren Zugänge ihnen versperrt zu sein scheinen. Um die Differenziertheit des Marktes zu veranschaulichen, haben wir daher die aus unserer Sicht wichtigsten Motive und Barrieren gegenüber automobiler Spitzentechnologie im Gefüge der europäischen Milieusegmente positioniert (vgl. Abb. 7).

Automobilindustrie und Zulieferer sollten sich mit Blick auf Hightech im Pkw der Zukunft jedenfalls schon heute auf die hochpersonalisierten Anforderungsprofile sehr unterschiedlicher Kundengruppen einstellen.

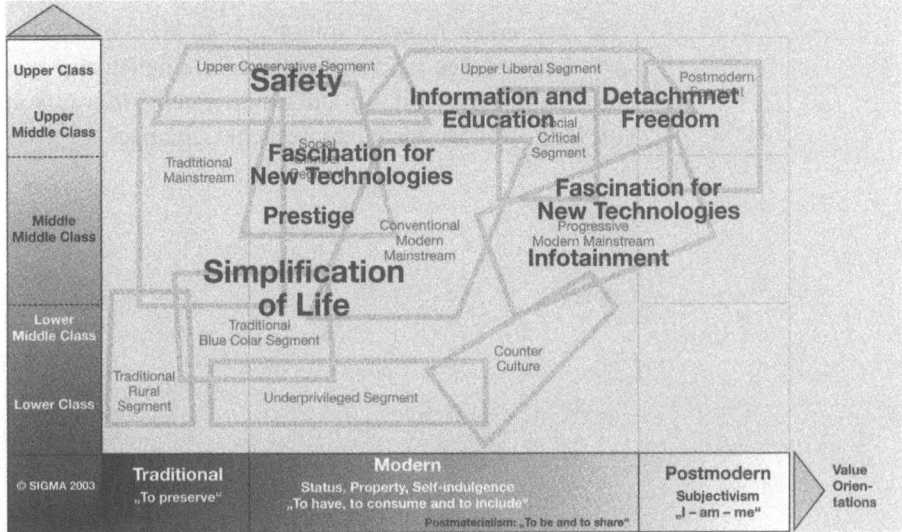

Abb. 7. Motive und Barrieren gegenüber automobiler Spitzentechnologie

Ich möchte dies anhand einer Erfahrung verdeutlichen, die ich vor nicht allzu langer Zeit in Tokio gemacht habe: Ein großer Automobilhersteller hatte 15 Zugminuten von Tokio City entfernt einen riesigen Showroom eröffnet. Neben allen aktuellen Modellen des Herstellers wurden dort insbesondere zwei Attraktionen geboten:

1. Auf einem so genannten „e.com-drive" konnte man sieben Minuten lang im vollvernetzten Automobil fahren. Das Fahrzeug übernahm dabei alle Funktionen des Fahrers – Anfahren, Beschleunigen, Steuern, Bremsen, Ausweichen usw. Sie mussten nur per Knopfdruck das Ziel eingeben und den Zündschlüssel drehen.

2. In einem gigantischen, hydraulisch gelagerten Fahrsimulator mit perfekter hochauflösender Computeranimation und -simulation konnten Sie als Testfahrer binnen fünf Minuten zunächst eine luxuriöse Limousine im Eiltempo zum Flughafen steuern, dann einen hochmotorisierten Sportwagen auf engen Bergstras-

sen zum Gipfel jagen, um abschließend einen Geländewagen durch die Wüste zu den Pyramiden von Gizeh zu treiben.

Vor dem einen Angebot musste ich 45 Minuten warten, vor dem anderen fand sich außer mir lediglich eine weitere Person ein. Und nun dürfen Sie raten: Wo war wohl die lange und wo die kurze Besucherschlange?

3

Surveying the Digital Future in the USA: A Longitudinal International Study of the Individual and Social Effects of PC/Internet Technology

Jeffrey I. Cole
University of California, Los Angeles

Using a combination of well-accepted scientific survey methods and techniques for the analysis of social science data, a research team at the UCLA Center for Communication Policy is currently conducting a long-term longitudinal study on the impact over time of computers, the Internet and related technologies on families and society. Funded by the National Science Foundation and some of America's leading corporations, the project is based at UCLA and is also being run in Singapore, Italy, Sweden, Finland, Germany, France, Hungary, China, Hong Kong, Taiwan, Japan, Korea, India, Iran and Israel as well as a growing list of additional countries. The results from the first year of the project were released to nationwide acclaim in October 2000, and year two results were released in November 2001. Year three results were released in early December 2002.

The research team became interested in this project while doing extensive work over the past five years on television and its content. In 1998, television viewing by children under the age of 14 in the United States dropped for the first time in the 50-year history of television. For the very first time, children had found something more appealing than television: computers and the Internet. While television has had an unprecedented influence on American culture (witness the debate after the April 1999 Colorado school shootings), television has been primarily about entertainment and leisure. It is now becoming clear that computers and especially the

Computers displacing television

Internet are producing effects comparable to those of television on work, school and play.

Based upon the assumption that the importance and influence of computer technology and the Internet will dwarf that of television, this is a project designed to do the important research that should have been conducted into television in the 1940s. The research plan calls for a truly random and representative American sample of 2,000 households, comprising both users and nonusers of computer and Internet as these occur in the national **Research methods** population. Each year, the project will conduct an extensive survey of these households and then, using standard longitudinal methods for retention, watch as the nonusers become users and as the users become more advanced and more comfortable users. The study is based on the belief that the use of the Internet will continue to grow (though probably through wireless and television devices rather than computers) until it reaches television-type levels (98.3 percent).

This project will be able to determine why nonusers do not participate and what their sense is of the connected world. We will then learn what it is that compels many of them to become users and how their already established patterns of media use, child-rearing policies, economic and political behavior, and other activities change. If penetration of the Internet into homes reaches 90 percent, the study will be able to determine who the remaining 10 percent are, why they remain **Spread of Internet usage:** nonusers (economic or psychological issues) and how **user and non-user** they do offline what most of the nation is doing online. **profiles** In short, this project will look at the hundreds of things that are likely to change as well as remain vigilant to examine the thousands of things that cannot be predicted to change. In addition to providing reliable information about who is online and how and why, the project will trace whether a situation of information-haves and have-nots develops and the ways in which our social, political and economic lives are changing.

The relationship between households and business is changing, and those changes will be an important part of the study. Are consumers willing to purchase goods online? When they do so, does computer shopping make them become more conservative shoppers, purchasing only "what they came for," or do they spend more money? Can small retail stores compete with Internet business? What goods and services lend themselves to computer commerce (we know that book sales do), and which goods and services will consumers be unlikely to buy online? What are the consequences of more and more shoppers purchasing online out of state, where they do not presently (in most instances) pay sales tax? What implications does this have for the nation's businesses and the economy?

Consumption patterns: implications for business

In recognition of the fact that this spread of technology is not merely an American phenomenon, the project began at its inception with partners in Singapore and Italy and added more than 24 countries during the second and third years. The objective is to coordinate a truly international effort over the long term so as to understand how both industrialized and non-industrialized countries are affected by the use of information technology.

Information technology internationally

The project is being undertaken by the UCLA Center for Communication Policy, which is based in the Anderson Graduate School of Management. The Center conducts and facilitates research, courses, seminars, working groups and conferences designed to have a major impact on policy at the local, national and international levels.

4 Shoppers in Cyberspace: Gender and the Transformation of Household Roles in the U.S. and the Likely Impact on Travel Behaviors

Ruby Roy Dholakia
University of Rhode Island, Kingston

Introduction

In the industrial and postindustrial economies of the West, sex and gender developed such that "feminine (female) was the consumer: located in the home, the private domain. Masculine (male) was the producer: located in the workplace, the factories, the offices, the political arena, the public domain" (Firat and Dholakia 1998). As a result, the woman has become the primary shopper for the household (Dholakia 1999; Hawfield and Lyons 1998), and shopping is categorized as a "female-typed" task (South and Spitze 1994). A recent study found that in an average household, women are responsible for over 80 percent of purchasing decisions (Nua Internet Surveys 1999).

Shopping is "female"

In addition to shopping contexts, individual motives and orientations also influence household-shopping behaviors. For instance, many see shopping as a leisure-time activity, recreational in nature and providing positive, hedonic benefits. It can be an experience that evokes enjoyment and fun, a value which is subjective and personal, not associated with task completion, and including enjoyment, captivation, escapism and spontaneity (Bloch and Richins 1983; Hirschman 1983; Holbrook and Hirschman 1982). This orientation is more evident in particular shopping contexts such as shopping for clothes, where "it is an opportunity for self-expression, fantasy, a break from the normal routine of shopping and perhaps a little self-indulgence" (Buttle 1992).

Shopping as pleasurable recreation

Shopping as pleasure-
less chore

Men and women:
sharing the shopping

Yet shopping can also be a pleasureless chore. Many repetitive activities become dull and boring, and certain types of shopping activity seem to become a chore faster than others. Shopping for groceries may be seen as a chore, while shopping for gifts may be endowed with more pleasurable attributes. Shopping during busy holiday seasons may be more stressful than at other occasions, leading consumers to cope with shopping responsibility in many different ways (Thompson 1996). Some individuals may also find shopping to provide less pleasure than other activities, and the shopper's sex seems to be one of the influential characteristics. Alreck (2000), for instance, found that men were more likely than women to say: "I really don't like to shop," "I shop as quickly as I can to get it over with," "I prefer to have a family member do my shopping for me," etc.

Other researchers have found shopping to be one household activity likely to be shared by men (Zhang and Farley 1995). A survey of shopping behaviors (Dholakia, Pedersen and Hikmet 1995) found this to be particularly true for married men with working wives and married men who are retired. For instance, joint responsibility for shopping for household groceries is lowest among those households where the wife is not employed outside the home (cf. Table 1). In shopping for personal clothing, there is similar role specialization, although in households where the wife is either employed or the homemaker, it is a more shared activity than is grocery shopping, perhaps because of its recreational

Table 1. Shopping context and shopping responsibility

Employment status of spouse	Shopping for household groceries	Shopping for personal clothing
	Joint responsibility	Joint responsibility
Homemaker	18.0%	23.6%
Employed	29.9%	33.5%
Retired	34.9%	30.5%
Total	29.9%	29.2%

(Source: Dholakia 1999)

nature. However, Fischer and Arnold (1990) conclude that "even when attitudinal, role-demand and trait-based explanations have been taken into account – it still appears that women are more involved [in shopping] than men."

Gender and Shopping Technology

The evolution of retail formats has led to many changes in retail alternatives for household shoppers. Brick-and-mortar stores are well established and require little learning of new skills for most consumers. Even catalog shopping has become part of an existing repertoire of consumer behaviors, requiring familiarity only with use of postal and telephone services. The introduction of e-commerce, however, has increased the role of technology in consumers' shopping behaviors. Since e-shopping requires computer access and use, supplementary consumer skills and resources are required to take advantage of this new shopping format.

"Digital divide": I.T. and gender

Research in countries like the U.S. has found a distinct association between gender and the use of a variety of technologies. For instance, three times as many men are likely to be familiar with MP3 technology than women (Stagnaro 1999). Moreover, not only does the importance of various factors for the adoption of information technology differ according to gender (Venkatesh and Morri 2000). In addition, men and women appear to derive different meanings from the same use of a

Table 2. Gender differences in Internet use for U.S. at-home users (Dec. 2001)

	Women	Men
Online users	52%	48%
Average time spent (hr:min:sec)	9:06:51	11:20:27
Number of sessions	17	21
Average pages viewed	573	801

(Source: Cyberatlas 2002)

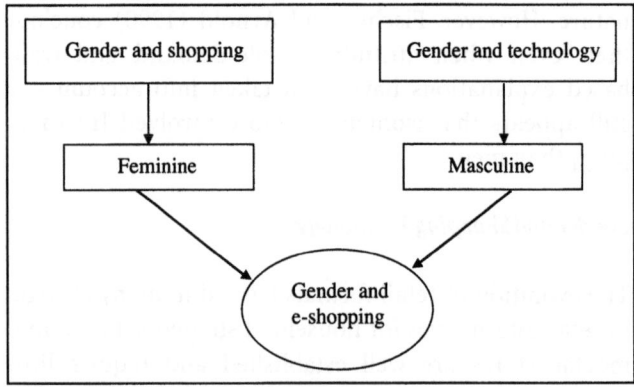

Fig. 1. Gender, shopping and technology

multifunctional technology (Hoffman, Kalsbeek and Novak 1996). Although there were more women (52 percent) than men (48 percent) on the Internet by December 2001, men still outpaced women in terms of various usage measures such as hours spent, number of sessions or average page views (cf. Table 2). The "values" of most of the information and computer products and services, including the Internet, tend to be more masculine than feminine, which partly explains the existing gender-related digital divide (Herring 2000).

Conflicting tendencies: masculine "push" of technology and feminine "pull" of shopping

Since the shopper role has been assigned to females, it is likely that as new shopping alternatives emerge, such as TV shopping or factory outlets, these will also be associated with female shoppers. However, as technology-intensive shopping outlets emerge such as Internet or e-shopping, these are likely to disrupt this association, because while shopping is "female-typed," technology is in the "male domain." Figure 1 describes the feminine pull of shopping and the masculine push of technology. Because of these contrary forces, it is not surprising that the growing evidence regarding gender differences and new retail formats is inconsistent.

Early Evidence Regarding E-Shopping

The early successes in e-shopping have been attributed to male shoppers. "What you see here on the Internet is for the first time, you've got a retailing space where a guy will go and browse, they'll go and shop" (Moran 1998). As consumers gain experience with Internet shopping, the gender composition of online buyers is coming to resemble that of mainstream buyers in the U.S. Donthu and Garcia (1999) found no gender differences between online and offline shoppers, and a survey by PeopleSupport suggests that almost two-thirds of online shoppers are now women (Nua Internet Surveys 2000). Despite some evidence that the gender gap is narrowing in the U.S. (Rainie 2002), other researchers continue to find gender differences and paint a different profile of the e-shopper.

Unilever (2001) suggests that online shoppers are more likely to be men than women. Similarly, men dominate almost all shopping categories, including software and electronics (Bhatnagar, Misra and Rao 2000) but not health and apparel (Ebates.com 2000) or food and clothing (Bhatnagar, Misra and Rao 2000). Men not only report more incidences of Internet shopping, they also tend to be "heavy buyers," spending over $500 more online than women (Bhatnagar, Misra and Rao 2000). Men also exhibit considerable variation in Internet-shopping behaviors, while women tend to stick to "click-and-mortar" behavior patterns – "shopping" online but buying offline (Harris Interactive 2000). It is not surprising, therefore, to find differences in the favorite shopping sites for male and female shoppers. While the top three sites were the same for men and women (Amazon.com, Barnesandnoble.com and CDNow.com), differences emerged in the subsequent choices – for men they were Buy.com, Egghead.com and Office Max, while the favorites among women were eToys.com, Drugstore.com and JCPenney (Pastore 2000).

Online shopping: what and how much men and women buy

The use of the Internet for email, online information services and shopping is widespread among both men and women, but there are also gender variations in usage locations (Dholakia, Dholakia, Mundorf et al. 2002). Men are very similar to women in accessing online information services from home and work, but there are distinct differences in the use of online shopping: more men reported being Internet shoppers and conducting shopping transactions from home as well as work, while

Shopping and gender stereotyping

Table 3. Location of Internet use for shopping and other applications

Application used	Male (n = 80)			Female (n = 56)		
	None	At least in one location	Both locations	None	At least in one location	Both locations
Email	2.5%	17.7%	79.7%	0%	26.8%	73.2%
Online information services	3.8%	22.8%	73.4%	3.6%	23.2%	73.2%
Shopping	12.8%	48.7%	38.5%	20.4%	59.3%	18.5%

(Source: Dholakia, Dholakia, Mundorf et al. 2002)

online women shoppers tended to be more localized in their access of the Internet for shopping purposes (cf. Table 3).

Household-Role Transformations

Researchers have started to indicate systematic differences in how men and women enact their consumer roles. Davies and Bell (1991) found gender differences in the number of items bought, amount of expenditure and time spent in supermarkets. Fischer and Arnold (1990) found significant differences in the number of gifts bought, hours spent shopping per gift and months spent shopping. While these studies support the view of "gender-stereotyped shopping," there are also various social forces that are transforming household roles enacted by men and women, including consumer roles.

South and Spitze (1994) found the gender gap to be widest among married persons, and when men contributed to household chores, they were more likely to take on jobs which are more pleasant. Zhang and Farley (1995) report that among household activities, shopping is one activity likely to be shared by men. Dholakia (1999) found 45 percent of household grocery shopping to be conducted by men, with them assuming either primary or joint responsibility. These changes are likely to continue, since the survey also found male shoppers to find the activity intrinsically rewarding ("enjoy going to

Table 4. Household-role transformations and situational categories

| | | Product types | |
		Household	Individual
Public visibility	High (offline)	Socially reinforcing	Socially stereotyped
	Low (online)	Small-group reinforcing	Individually gratifying

the supermarket") as well as extrinsically reinforcing ("family appreciates if I do the shopping"). Males who are primary grocery shoppers also hold the most enlightened views about a gender-specific association with shopping (Dholakia 1999).

It is likely that gender stereotypes for shopping will change fastest for those product and outlet types which are socially reinforcing and publicly visible. For instance, if the shopper buys household-use products (such as groceries), rather than individual-use products (such as music CDs), it is likely that performance of these shopping tasks will be socially reinforcing. Similarly, "going shopping" is likely to be more visible in outlets such as brick-and-mortar stores rather than in online stores and hence more likely to receive social recognition from a broader group such as neighbors and others. These relationships are outlined in Table 4.

Shopping's Impact on Travel Behaviors

From the consumer perspective, various non-store retailing formats represent a different purchasing method, while several sociodemographic variables also influence retail patronage behaviors. Available evidence suggests that the higher the consumers' socioeconomic status, measured by education, income and occupational status, the more positive the consumers' perceptions of mail and phone orders relative to in-store shopping (Schiffman and Kanuk 1997). Non-store (or at-home) shopping is particularly appealing to time-compressed consumers and consumers with relatively

Consumers: more or less mobile?

high disposable incomes as well as those with a high need for laborsaving goods and services (Gehrt, Yale and Lawson 1996; May and Greyser 1989). Both Darian (1987) and May and Greyser (1989) have found the presence of children to be an important variable, particularly for working women. Retirees, on the other hand, who do not suffer from a scarcity of time and frequently enjoy the activity and ambiance of in-store shopping, have not accepted at-home shopping as readily as the young (May and Greyser 1989).

Comparing store and computer shopping, Dholakia and Uusitalo (2002) found age, household income and family composition significantly to affect the benefits associated with these two retail formats. The data revealed that these two formats represent very different shopping experiences. Gender, however, had no impact on the perception of computer-shopping benefits but did impact the perception of store shopping. Specifically, women rated store shopping more positively in terms of the hedonic benefit, which is consistent with the view that more women are recreational shoppers (Bellenger and Korgaonkar 1980).

Since most research on shopping has equated it with physical visits to a retail site, "going shopping" may be more attractive than shopping itself, because "it is seeing and being seen, meeting and being met, a way of interacting with others" (Gumpert and Drucker 1992). Since women have been associated with shopping trips to the brick-and-mortar store, Oakley (1974) noted that going shopping was a major source of relaxation as well as a household chore. Recent evidence on types of online shoppers suggests that women dominate the "click-and-mortar" types who shop online but buy offline. Because of the social gratification received from brick-and-mortar stores, it is likely that the travel impact of e-shopping for women will be less than for men, who seem to dominate the "hooked" and "hunter-gatherer" types and use online shopping the most (Harris Interactive 2000).

Specific products purchased a factor, but not decisive

In addition to shopping motivations and shopping orientations, product type and purchase frequency are also likely to impact travel behaviors. In a study on gender stereotypes, Dholakia and Chiang (2003) found product type to be particularly important. More males are associated with the purchase of DVD players (more expensive, technical, new), while more females are associated with the purchase of music CDs (which are less expensive and less technical). If products purchased online are items such as computer hardware, software and toys, which are purchased less frequently than items such as groceries and convenience items, then online shopping is less likely to impact travel behaviors. On the other hand, if the products purchased online involve extensive information-search behavior – as for consumer durables – then there is considerable potential to impact travel behavior even in those cases where the search takes place online but purchases occur offline. The likely impact on travel behaviors is therefore conditional on consumer characteristics, purchase characteristics and outlet characteristics.

The potential of Internet shopping to impact travel behaviors is perhaps greater than for other types of at-home shopping. In one study of self-reported behaviors (Dholakia, Dholakia and Zhao 2003), more shoppers who described themselves as "somewhat" or "extensive" users of Internet shopping also reported that Internet shopping has reduced travel behaviors (36 percent) compared to no change/increased travel behavior (21 percent). No such difference was observed among shoppers who used catalog shopping "somewhat" or "extensively" (cf. Table 5). Given the power of the Internet to enable information search, price comparisons and purchase transactions, it is not surprising that more Internet shoppers report reduced travel behaviors than do catalog shoppers.

Conclusion

Shopping is a regular activity performed by millions of consumers as part of their daily household routines. In the industrial and postindustrial economies of the West, particularly in the U.S., the woman has become the primary shopper for the household, and shopping is categorized as a "female-typed" task. Several forces, how-

Table 5. At-home shopping and travel behaviors

	No change/increased travel behavior	Reduced travel behavior	Statistical significance, chi-square (df, p)
At-home shopping	52.5%	47.5%	11.86 (2, .00)
Seldom used	18.4%	5.7%	
Somewhat used	31.9%	36.2%	
Extensively used	2.1%	5.7%	
Internet shopping	53.7%	46.3%	25.53 (2, .00)
Seldom used	32.7%	10.2%	
Somewhat used	19.0%	26.5%	
Extensively used	2.0%	9.5%	
Catalog shopping	52.5%	47.5%	1.47 (2, .48)
Seldom used	21.3%	14.9%	(not significantly
Somewhat used	27.7%	29.8%	different)
Extensively used	3.5%	2.8%	

Source: Dholakia, Dholakia and Zhao 2003

ever, are changing the nature of this consumer role as more and more men engage in shopping activities, either as the primary shopper or sharing it jointly with other members of the household.

Internet shopping as yet an emergent pattern of behavior

The impact on travel behaviors is still quite limited. Evidence cited in this paper suggests that online shopping is more likely to reduce travel behaviors than other at-home shopping methods such as catalog shopping, because the Internet facilitates information search and price comparisons as well as enabling purchase transactions. At this stage, however, Internet shopping is still emerging as a pattern of behavior, and it is still too early to describe and estimate precisely its impact on household-role transformations or transportation use or travel behaviors.

References

Alreck, P (2000): Gender Effects on Shopping Images, Attitudes and Styles. Paper presented at the 12th Annual Direct Marketing Educators' Conference, New Orleans.

Bellenger, D. N. and Korgaonkar, P. K. (1980): Profiling the Recreational Shopper. In: Journal of Retailing, Vol. 56, No. 3, pp. 77-92.

Bhatnagar, A., Misra, S. and Rao, H. R. (2000): On Risk, Convenience and Internet Shopping Behavior. In: Communications of the ACM, Vol. 43, No. 11, pp. 98-105.

Bloch, P. H. and Richins, M. L. (1983): A Theoretical Model for the Study of Product Importance Perceptions. In: Journal of Marketing, Vol. 47, No. 3, pp. 69-81.

Buttle, F. (1992): Shopping Motives: Constructionist Perspective. In: The Services Industries Journal, Vol. 12, No. 3, pp. 349-367.

Cyberatlas (2002): Men Still Dominate Worldwide Internet Use. Retrieved January 22, 2002. <http://cyberatlas.internet.com/big_picture/demographics/article/0,,5901_959421,00.html>.

Darian, J. C. (1987): In-Home Shopping: Are There Consumer Segments? In: Journal of Retailing, Vol. 63, No. 2, pp. 163-186.

Davies, G. and Bell, J. (1991): The Grocery Shopper – Is He Different? In: International Journal of Retail and Distribution Management, Vol. 19, No. 1, pp. 25-28.

Dholakia, R. R. (1999): Going Shopping: Key Determinants of Shopping Behaviors and Motivations. In: International Journal of Retail and Distribution Management, Vol. 27, No. 4, pp. 154-165.

Dholakia, R. R., Pedersen, B. and Hikmet, N. (1995): Married Males and Shopping: Are They Sleeping Partners? In: International Journal of Retail and Distribution Management, Vol. 23, No. 3, pp. 27-33.

Dholakia, R. R. and Uusitalo, O. (2002): Switching to Electronic Stores: Consumer Characteristics and the Perception of Shopping Benefits. In: International Journal of Retail and Distribution Management, Vol. 30, No. 10, pp. 459-469.

Dholakia, R. R., Dholakia, N. and Zhao, M. (2003): Let Your Fingers Do the Walking: Autobahn or Infobahn for

Retail Consumers? In: Chakrapani, P. and Mondal, W. (eds.): Proceedings of the ASBBS 10th Annual Conference, Vol. 10, No. 1, pp. 328-334.

Dholakia, R. R. and Chiang, K-P. (2003): Shoppers in Cyberspace: Are They from Venus or Mars and Does It Matter? In: Special Issue of Journal of Consumer Psychology (forthcoming).

Dholakia, N., Dholakia, R. R., Mundorf, N. and Xiao, J. (2002): Interactions of Transportation and Telecommunications: A Survey. Conducted for University of Rhode Island Transportation Center.

Donthu, N. and Garcia, A. (1999): The Internet Shopper. In Journal of Advertising Research, Vol. 39, No. 3, pp. 52-58.

Ebates.com (2000): Are You an Online Window Shopper – Or an Actual Buyer? Retrieved March 1, 2001. <http:// www.ebates.com/press_release.jsp?press_release=press _releases/press_012.html>.

Firat, A. F. and Dholakia, N. (1998): Consuming People: From Political Economy to Theaters of Consumption. Routledge, London.

Fischer, E. and Arnold, S. J. (1990): More Than a Labor of Love: Gender Roles and Christmas Shopping. In: Journal of Consumer Research, Vol. 17, No. 3, pp. 333-345.

Gehrt, K. C., Yale, L. J. and Lawson, D. A. (1996): The Convenience of Catalog Shopping: Is There More to It Than Time? In: Journal of Direct Marketing, Vol. 10, No. 4, pp. 19-28.

Gumpert, G. and Drucker, S. J. (1992): From Agora to the Electronic Shopping Mall. In: Critical Studies in Mass Communication, Vol. 9, No. 2, pp. 186-200.

Harris Interactive (2000): What Kind of Dot-Shopper Are You? Retrieved May 22, 2001. <http://www.harrisinteractive.com/news/>.

Hawfield, K. and Lyons, E. (1998): Conventional Wisdom about Women and Internet Use: Refuting Traditional Perceptions. Paper prepared for <iVillage.com>. Retrieved March 1, 2001. <http://elab.vanderbilt.edu/re-

search/papers/html/student_projects/women/
conventional_wisdom.html>.

Herring, S. C. (2000): Gender Differences in CMC: Findings and Implications. In: The CPSR Newsletter, Vol. 18,
No. 1. Retrieved March 12, 2001. <http://www.cpsr.org/
publications/newsletters/issues/2000/Winter2000/her-
ring.html>.

Hirschman, E. C. (1983): Predictors of Self-Projection,
Fantasy Fulfillment, and Escapism. In: Journal of Social
Psychology, Vol. 120, No. 1, pp. 63-76.

Hoffman, D. L., Kalsbeek, W. D. and Novak, T. P. (1996):
Internet and Web Use in the United States: Baselines for
Commercial Development. In: Special Section on "Inter-
net in the Home," Communications of the ACM, Vol. 39,
No. 12, pp. 36-46. <http://ecommerce.vanderbilt.edu/
baseline/internet.demos.july9.1996.html>.

Holbrook, M. and Hirschman, E. C. (1982): The Experi-
ential Aspects of Consumption: Consumer Fantasies,
Feelings, and Fun. In: Journal of Consumer Research,
Vol. 9, No. 2, pp. 132-140.

May, E. G. and Greyser, S. A. (1989): From-Home Shopping: Where Is It Leading? In: Pellegrini, L. and Reddy, S.
K. (eds.): Retail and Marketing Channels – Economic
and Marketing Perspectives on Producer-Distributor
Relationships. Routledge, London, pp. 216-233.

Moran, J. (1998): Web Users Are Finally Sold on Shopping via the Internet. In: Providence Journal Bulletin,
April 15.

Nua Internet Surveys (1999): Six Types of Women Who
Use the Net. Retrieved May 22, 2001. <http://
www.nua.ie/surveys/index.cgi>.

Nua Internet Surveys (2000): Majority of Online Shoppers Are Women. Retrieved May 22, 2001. <http://
www.nua.ie/surveys/index.cgi>.

Oakley, A. (1974): The Sociology of Housework. Pan-
theon Books, New York.

Pastore, M. (2000): Demographics Influence Online Spending. <http://cyberatlas.internet.com/big_picture/demographics/article/0,,5901_344751,00.html>.

Rainie, L. (2002): Women Surpass Men as E-Shoppers during the Holidays. Retrieved January 1, 2002. <http://www/pewinternet.org>.

Schiffman, L. G. and Kanuk, L. L. (1997): Consumer Behavior. (Sixth ed.) Prentice Hall, NJ.

South, S. J. and Spitze, G. (1994): Housework in Marital and Non-Marital Households. In: American Sociological Review, Vol. 59, No. 3, pp. 327-347.

Stagnaro, M. (1999): Differences in Gender. In: VISION Online. Retrieved August 1, 2001. <http://www.ce.org/vision_magazine/editions/1999/novdec/pg06.asp>.

Thompson, C. J. (1996): Caring Consumers: Gendered Consumption Meanings and the Juggling Lifestyle. In: Journal of Consumer Research, Vol. 22, No. 4, pp. 388-407.

Unilever (2001): Women Online: Statistics on Likes, Dislikes. Retrieved May 15, 2002. <http://www.clienthelp-desk.com/statistics_research/women_online.html>

Venkatesh, V. and Morri, M. G. (2000): Why Don't Men Ever Stop to Ask for Directions? Gender, Social Influence and Their Role in Technology Acceptance and Usage Behavior. In: MIS Quarterly, Vol. 24, No. 1, pp. 115-139.

Zhang, C. and Farley, J. E. (1995): Gender and the Distribution of Household Work: A Comparison of Self-Reports by Female College Faculty in the United States and China. In: Journal of Comparative Family Studies, Vol. 26, No. 2, pp. 195-203.

5 Visionen der Mobilitätsgesellschaft

Peter Weibel
ZKM Zentrum für Kunst und Medientechnologie, Karlsruhe

Einleitung

Mit den Bewegungsmaschinen Eisenbahn, Auto und Flugzeug begann im industriellen Zeitalter eine allgemeine Mobilmachung, die alle Lebensbereiche erfasste und einen wesentlichen Bestandteil des Fundaments der Moderne darstellt. Mobilität und Geschwindigkeit wurden zu einer Markierungslinie zwischen alter und neuer Welt, deren langfristige Folgen im 20. Jahrhundert ausreichend zu beobachten waren.

Allgemeine Mobilmachung

Im 21. Jahrhundert zeigen sich nun die Wirkungen der virtuellen Mobilität, welche durch die Kommunikationsmaschinen Fernsehen, Internet, Satellitenkommunikation usw. hervorgerufen und begründet werden. Die virtuelle Mobilität datiert bereits zurück auf das Jahr 1932: Mit der Erfindung der Telegrafie erfolgte erstmals eine Trennung von Bote und Botschaft, genauer die Separation zwischen dem Körper des Boten und dem Zeichen der Botschaft. Elektronische Zeichen reisen heute ohne Körper. Diese Übertragung und Übertreibung der Mobilität in einen körperlosen Zustand, in dem der Traum von der Teleportation zumindest für Nachrichten und Signale Wirklichkeit geworden ist, hat im Zeitalter der Quanteninformation eine neue Schwelle erreicht. Von ihr aus können wir einen Blick in die Zukunft der virtuellen Mobilität werfen, die unter dem Dreiklang „anywhere, anytime, anything" steht.

Teleportation

Der Einsatz einer Technologie der Ubiquität scheint in der alltäglichen Präsenz von mobiler Telefonie und

Technologie der Ubiquität

Global Positioning Systemen nicht mehr utopisch, sondern ist im Begriff, eine umfassende Kulturtechnik zu werden. Diese Technologie einer ubiquitären und simultanen Präsenz ohne körperliche Anwesenheit ist der Inbegriff der virtuellen Mobilität. Wie diese neuen technischen Möglichkeiten Lebens- und Berufsentwürfe jenseits der klassischen Identitäts- und Geopolitik erlauben, das zeigen uns vor allem künstlerische Beispiele.

Physische und virtuelle Mobilität

Man muss beim Entstehen der Mobilität im industriellen Zeitalter von zwei Phasen und zwei Formen ausgehen, die sich wesentlich unterscheiden.

1. Physische Mobilität

Transporttechniken für Volumina

Die erste Phase ist geprägt von der physischen Mobilität, von der materiellen, körperlichen und maschinellen Überwindung von räumlicher und zeitlicher Entfernung. Die Vehikel und technischen Medien dieser Mobilität sind das Schiff, die Eisenbahn, das Auto und das Flugzeug, die an die Gesetze der Schwerkraft gebunden sind. Bei diesen individuellen und kollektiven Verkehrsmitteln – denn die Beschreibung von Mobilität als möglichst effiziente Überbrückung von Entfernungen ist eine verkehrstechnische Beschreibung – geht es um den Transport von Gütern und Menschen. Schiffe, Autos, Flugzeuge, Eisenbahnen waren primär Transportmedien und nur sekundär Kommunikationsmedien. Physische Mobilität bezeichnet also Transporttechniken für Volumina, für Gegenstände, Gewichte, dreidimensionale Gebilde und Körper, seien es Güter oder Menschen. Sie vollzieht sich über Medien, die primär Transportmedien für Körper sind, dem Körper bei der Überwindung von Distanz dienen. Wenn sie eine Botschaft übermitteln (Briefe, Dokumente usw.), wird auch diese als Körper, materiell verschickt. Die Botschaft wird mit dem Körper des Boten transportiert. So könnte man physische Mobilität nicht nur als Transport von Gütern und Menschen definieren, sondern auch als Transport von Nachrichten, allerdings gebunden an mechanische, materielle Bewegungsmaschinen.

2. Virtuelle Mobilität

Auch die Geburt der virtuellen Mobilität ist auf das industrielle Zeitalter zu datieren, wenngleich die Ausdifferenzierung und Emphase der virtuellen Mobilität erst im postindustriellen Zeitalter ihren vorläufigen Höhepunkt erreicht. Bereits im 19. Jahrhundert wurde – angefangen von Samuel Morses Erfindung des elektrischen Telegrafen (1832) bis zur Nipkow-Scheibe (1884) für die telegrafische Bildübertragung – ein komplettes Ensemble der Kommunikationstechnologie entwickelt, das Bilder und Töne in Form von zerlegten Zeichen über beliebige Entfernungen transportieren kann.

Der entscheidende Wendepunkt beim Übergang von der physischen zur virtuellen Mobilität war die Trennung zwischen Bote (Körper) und Botschaft (Zeichen), wie sie um 1830 erfolgt. Physische Mobilität ist das Reich der Körper und Boten, virtuelle Mobilität ist das Reich der Botschaften und Zeichen. Die Separation von Bote und Botschaft ist die eigentliche Errungenschaft der virtuellen Mobilität. Der Körper bleibt da und die Stimme ist dort (fort, anderswo). Der Körper bleibt am Ort (*hic et nunc*), aber das Bild reist und ist an einem anderen Ort. Die Technik der Dislokation, der Überwindung von Distanzen, d. h. der Entfernung zwischen zwei Raumpunkten, hat sowohl die physische als auch die virtuelle Mobilität hervorgebracht. Die virtuelle Mobilität bezieht sich dabei nicht auf den Transport, sondern auf die Übertragung.

Verursacht wurde der Übergang von der physischen zur virtuellen Mobilität durch einen Wechsel von den Bewegungsmaschinen zu den Übertragungs- und Kommunikationsmaschinen. Morse hat dafür mit seiner Erfindung des elektrischen Telegrafen um 1832 die Voraussetzung geschaffen. Indem Bilder Zeile für Zeile in eine Folge von Informationen, nämlich leitend oder nichtleitend, verwandelt werden konnten und diese in elektrische Impulse, die beim Empfänger durch einen synchronen Apparat wieder rückverwandelt wurden, schuf er einen grundlegenden Paradigmenwechsel: Der Güter- und Menschentransport wurde in einen Informations- und Signaltransport umgewandelt. Damit war erstmals die Möglichkeit gegeben, reine Informationen

Separation von Bote und Botschaft

Die Erfindung des elektrischen Telegrafen

zu senden, ohne Körper oder Maschinen als Trägerme-
dium, und zugleich der Grundstock zur postindustriellen Informationsgesellschaft gelegt.

Die Nipkow-Scheibe   Die körperlose, botenlose Übermittlung von Botschaften durch elektrische Signale leitete eine universale
Quantifizierung und numerische Abstraktion ein. Einen
weiteren Anschub erhielt die Technik der telegrafischen
Bildübertragung durch die Nipkow-Scheibe von 1884.
Das Fernsehen, die zeilenförmige Abtastung eines Bildes
durch einen Elektronenstrahl in einer Röhre, wodurch
ein Bild in einen immateriellen Zustand von Lichtquan-
ten übergeht, wäre nicht möglich gewesen ohne Nipkows
Zerlegungstechnik der Bilder in gebogene Zeilen durch
die Drehung einer Scheibe mit spiralförmig und im gleichen Winkelabstand angeordneten Löchern, die nacheinander das ganze Bild erfassen. Die „Scanlines" ver-
wandeln Fläche bzw. Raum in Linie bzw. Zeit, d. h. die
Raumform des Bildes in die Zeitform des Bildes. Nipkow
konstruierte Scheiben, die in 0,1 Sekunden eine Umdre-
hung vollenden. Bei dieser Geschwindigkeit sieht das
Auge in seiner Trägheit die Punkte nicht nacheinander,
sondern nebeneinander, also ein einheitliches Bild.

Die mathematische   Durch die Zerlegung der Bilder in eine Folge von
Theorie der   quantifizierbaren Punkten in der Zeit wurde alles schein-
Kommunikation   bar in Zahlen ausdrückbar, im binären Code fassbar.
Die immaterielle, drahtlose, elektrische Zeichenüber-
mittlung hat den Informationsbegriff vorbereitet, den
C. E. Shannon 1948 formulierte. Die mathematische
Theorie der Kommunikation hat sich aus Problemen
der Telegrafie entwickelt. Shannon schreibt selbst zu Beginn seiner Arbeit: „Teletype and telegraphy are two
simple examples of a discrete channel for transmitting
information. Generally, a discrete channel will mean a
system whereby a sequence of choices from a finite set
of elementary symbols S_1 [...] S_N can be transmitted
from one point to another. Each of the symbols S_i is assumed to have a certain duration in time ti seconds (not
necessarily the same of different S_i, for example the dots
and lashes in the telegraphy)." (Shannon und Weaver
1962/1949: S. 7)

Striche und Punkte der Telegrafie werden in Zeitlän-
gen der Symbole umgesetzt. Die Botschaft wird zur Se-

quenz von Symbolen, an der der Time Code klebt. Die
Botschaft wird zu einer logarithmischen Funktion, die
nun die Zustandsfolgen von Strom und Nichtstrom
misst. Ein Zustand, Strom oder Nichtstrom, enthält eine
zweiwertige Information. Die Basis des Algorithmus ist
also 2. Die Maßeinheit der Information ist demnach ein
Bit (von Binary Digits, binäre Ziffern). Der binäre Code,
durch den scheinbar alle sinnlichen Phänomene in ab-
strakte Signale und Symbole umgewandelt werden können, bildete jene Informationsgesellschaft aus, in der
die virtuelle Mobilität herrscht. In der virtuellen Mobilität werden nicht mehr wie in der physischen Mobilität
Güter und Menschen von einem Ort zum anderen transportiert, sondern vielmehr Symbole übertragen „from
one point to another" (Shannon 1948).

Die Separation von Bote (Körper) und Botschaft (Signal)

Reisende Zeichen, körperlose Botschaften sind also die
Insignien der virtuellen Mobilität: eine immaterielle,
schwerkraftfreie, körperlose, sogar drahtlose Überwindung von Entfernungen, von Raum und Zeit. Die Botschaft wird immaterialisiert, indem Botschaft und Bote,
Nachricht und Körper separiert werden. Diese Separation ist die Basis der virtuellen Mobilität. Insofern ist
virtuelle Mobilität nicht nur eine Fortsetzung, Verstärkung und Erweiterung der physischen Mobilität, sondern auch ihr genaues Gegenteil, da sie diese eigentlich
ersetzen, abschaffen und überflüssig machen soll. Im
Gegensatz zur physischen Mobilität bleibt der Körper
nun da, die Botschaft reist fort. Während die physische
Mobilität die Dynamik eines reisenden Körpers will,
geht es der virtuellen Mobilität um die Stasis des Körpers und die Dynamik der reisenden Zeichen (eben darauf richten sich die Hoffnungen bei der Telearbeit und
andere Anwendungen). Virtuelle Mobilität dient nicht
dem Transport, sondern der Übertragung und Kommunikation.

Virtuelle Mobilität dient
der Übertragung und
Kommunikation

Das Auto als Medium und Metapher der Mobilität

Das Auto als Inbegriff der individuellen physischen Mobilität ...

Das Auto ist vor allem ein Instrument der physischen Mobilität. Es ist ein Vehikel zum Transport von Gütern oder Personen von einem Ort zum anderen. Das Auto ist das Medium der Mobilität *par excellence*, das bevorzugte Mittel des Individualverkehrs. Wie kein anderes Verkehrsmittel hat es den physischen und sozialen Aktionsradius des Individuums ausgedehnt. Zwar haben auch die kollektiven Verkehrsvehikel wie Eisenbahn und Flugzeug die bisherigen Grenzen der körperlichen Mobilität erweitert – und im Falle des Flugzeugs sogar die Schwerkraft überwunden –, aber das Auto nimmt unter allen Verkehrsmitteln durch seine jederzeitige individuelle Verfügbarkeit eine Sonderstellung ein. Es ist das Medium für die individuelle physische Mobilität schlechthin.

... dient der Erweiterung des Aktionsradius des Einzelnen ...

Das kann in einzelnen Fällen bis zur Verschmelzung von Auto und Fahrer, von Maschine und Körper führen, wie es beispielsweise in dem Film „Crash" (1996) von David Cronenberg gezeigt wird. Das Auto ist eine Art zweite Haut, eine schöne Prothese, welche die Möglichkeiten des Individuums erweitert, und zwar sowohl die rein körperlichen als auch die psychischen und sozialen. Durch das Auto werden nicht nur vorhandene Bedürfnisse des Individuums verstärkt, sondern auch neue geschaffen. Die neu gewonnene physische Mobilität erlaubt etwa die externe Dislokation von Wohn- und Arbeitsplatz, schafft aber auch neue Formen der Unterhaltung, der Erziehung, des Jobs usw. Der Aktionsradius des Individuums wird ausgedehnt, vom beruflichen bis zum sexuellen Verhalten.

... und ist ein „Souveränitätsverstärker"

Mit Hilfe des Autos können räumliche und zeitliche Beschränkungen überwunden werden, denen der Körper des Subjekts unterliegt. Indem das Auto die Souveränität über Raum und Zeit erhöht, verleiht es auch Überlegenheit über konkurrierende Subjekte, die nicht so schnell in Raum und Zeit unterwegs sind. Diese Eigenschaften sind es, die das Auto neben seinem praktischen Nutzen so attraktiv machen. In seiner Funktion als Souveränitätsverstärker ist das Auto vom Medium der Mobilität zur Metapher der Mobilität aufgestiegen und zum Signum für all das geworden, was Mobilität positiv verkörpert: individuelle Freiheit, Dynamik, Autonomie, Unabhängigkeit, Sicherheit, Erfolg. Das Auto als Metapher wurde ein Element des Lebensstils, von der Subkultur bis zu den Neureichen: Yachten, Privatjets, teure Autos, Maschinen der Mobilität also, gelten überall als Zeichen des Erfolges.

Die Funktion der Souveränitätsverstärkung des Autos ist schon etymologisch belegt: Automobil bedeutet selbstbeweglich und steht damit für die Selbstbestimmung darüber, wohin die Reise geht und mit welcher Geschwindigkeit Raum und Zeit durchquert werden. Diese Selbstmobilität ist die Ursache für die Lust am Auto, welche die natürliche Lust des Menschen an der Mobilität verstärkt. Automobil ist also gleichbedeutend mit Mobilitätslust und Selbstlust. Die Lust am Auto ist die Lust an der Geschwindigkeit und die Mobilität eine Art Intoxikation – die tragischerweise auch tödlich wirken kann, wenn die Beherrschung in der Lust verloren geht. Der Sehnsucht des Menschen nach der Ferne, dem Ungenügen am eigenen Ort – getreu dem Motto der Lustmaximierung: Ich möchte immer anderswo sein, denn dort, wo ich bin, bin ich sowieso – entspricht das Auto in idealer Weise. Das Fernweh, die Sehnsucht, von einem unerwünschten Ort wegzukommen und an einen Wunschort zu gelangen, wird vom Auto perfekt bedient. Gerade wegen der Ermöglichung des jederzeitigen Ortswechsels wird das Auto in den USA zum Symbol der Freiheit schlechthin, zur Apotheose der Mobilität. Mehrere Formen der Libido, von der Mobilität bis zur Freiheit, von der Fernsucht bis zum Rausch der Geschwindigkeit, finden im Auto zugleich ihr reales Medium und ihre symbolische Metapher.

Das Auto als Symbol der Freiheit und Apotheose der Mobilität

Das Auto der Zukunft

Gerade durch diese Funktion des Autos, Medium und Metapher in einem zu sein, wird die Brücke zwischen physischer und virtueller Mobilität geschlagen. Das Auto steht seit jeher nicht nur für seine realen Bedingungen, sondern auch für seinen symbolischen Mehrwert. Dieser Mehrwert wird durch die virtuelle Mobilität noch erhöht.

Symbolischer Mehrwert

Virtuelle Mobilität heißt ja nichts anderes, als Dienste der Informations- und Kommunikationstechnologie (IuK-Technologie) in Anspruch zu nehmen. Das Auto der Zukunft wird alle bisherigen Eigenschaften der physischen Mobilität mit den Eigenschaften der virtuellen Mobilität vereinen. Es wird also nicht nur Vehikel für den Transport von Gütern und Menschen sein, sondern auch Vehikel für die Übertragung von Signalen. Es muss die Vorteile der physischen Mobilität um die Vorteile der virtuellen Mobilität ergänzen, indem die Optionen der IuK-Technologien, der Apparate und technischen Systeme der Telekommunikation aufgenommen werden.

Ausweitung der Funktionsbereiche

Das Auto der Zukunft wird damit nicht nur eine Apotheose der physischen, sondern auch der virtuellen Mobilität sein. Es muss Bewegungsmaschine und Übertragungssystem zugleich sein; eine mobile Maschine, die außerdem die mobilen Dienste der IuK-Technologien besitzt. Indem das Auto die Vorteile der Mobilität des Körpers und der Mobilität der Zeichen, der materiellen und immateriellen Mobilität vereint, wird es Medium und Metapher einer Mobilität im erweiterten Sinn. Seine wichtigste Funktion – die Erweiterung des individuellen Aktionsrahmens und die Eroberung neuer sozialer Segmente – kann es dabei nur noch unter der Voraussetzung erfüllen, dass es so viele Optionen der virtuellen Mobilität wie möglich integriert. Denn um auch weiterhin für alle Lebensbereiche und Aktivitäten eine wichtige Rolle zu spielen, muss das Auto seine Funktionsbereiche ausweiten: auf Erziehung, lebensbegleitendes Lernen, Unterhaltung, Arbeit, Freiheit, Bildung, Information, Gesundheit, Finanzen. Es muss also als mobiles Heim, als mobiles Büro, als mobile Lernumgebung usw. unterwegs sein.

Software-Design: das „intelligente" Auto

Das Design des Autos der Zukunft darf sich daher nicht mehr nur auf die Karosserie beschränken, auf die Hardware, sondern muss auch für Software sorgen. Das Auto muss gewissermaßen intelligent werden. Es muss nicht nur Auskunft geben über seinen Eigenzustand (gefahrene Kilometer, Geschwindigkeit, Zeit, Benzin und Ölzustand, Türschliesssystem, geografische Lokalisierung durch Navigator usw.), sondern auch über den Zustand der Benutzer, also über den Fremdzustand.

Dazu gehören etwa die automatische Überprüfung, ob
alle Sicherheitsgurte angelegt sind, die Messung des Al-
koholpegels des Fahrers mittels eingebauter Sensoren
und gegebenenfalls automatische Fahrverweigerung sowie die Ingangsetzung von Notsignalen bei drohendem
Herzinfarkt usw.

Bei dieser Entwicklung zum intelligenten Auto, das
Bewegungs- und Kommunikations- bzw. Übertragungs-
medium in einem ist, kann die Autoindustrie viel von
der Flugzeug- und Schifffahrtsindustrie lernen. Erste
Schritte zur virtuellen Mobilität sind etwa bereits durch
den Einsatz der IuK-Technologien Autotelefon und GPS
im Tempel der physischen Mobilität zu verzeichnen.

Mobilität und Umwelt

Die physische Mobilität verbraucht Muskelkraft von
Mensch und Tier bzw. Brennstoffe und Ressourcen aller
Art; sie erfordert nicht nur Kapitalaufwand, sondern
auch Naturaufwand. Die Errungenschaften der physischen Mobilität verursachen direkte und indirekte Kosten. Die Mobilitätsmöglichkeiten des Individuums be-
lasten die Gesellschaft und die Umwelt. Die gesteigerte
Freiheit des Einzelnen ist nur um den Preis zu haben,
dass die Wahlmöglichkeiten anderer Individuen sich reduzieren. Die Erweiterung des Aktionsradius des Individuums schränkt den Aktionsradius anderer Individuen ein. Die Auswirkungen der gesteigerten Mobilität
auf die Umwelt (Stau, Umweltverschmutzung, Flächenfraß) wirken auf die mobilen Individuen zurück.

Wenn etwa physische Mobilität die Bedingungen für
die Trennung von Aufenthaltsort (Wohnung) und Arbeitsort (Büro, Fabrik) schafft, weil das Auto eine Überwindung der Distanz ermöglicht, dann fallen nicht nur
Kosten wie Benzin, Zeitaufwand usw. an, sondern es
entstehen Staus, mehr und größere Straßen müssen geplant werden und mehr Menschen bauen Häuser im
Grünen, immer weiter entfernt von den Städten. Die
Hausbesitzer pendeln aus immer größeren Entfernungen, teilweise von bis zu 100 km, in die Fabriken und
Büros, verbrauchen dabei die Ressourcen der Erde, be-
lasten Straßen und Wälder, verursachen Verkehrsin-

Auswirkungen der
physischen Mobilität:
Defizite und ökologische
Kosten

farkte und Flächenfraß. Wenn mehr Fläche bebaut wird, werden auch die Wege weiter, und das bedeutet: mehr Abgase, mehr Straßen, weniger Grün. Der Flächenfraß, hervorgerufen durch die physische Mobilität, grassiert überall. Pro Sekunde fallen ihm in Deutschland 15 Quadratmeter zum Opfer, täglich sind es 1,3 Millionen Quadratmeter (ca. 160 Fußballplätze). 470 Mio. Quadratmeter (beinahe die Größe des Bodensees) werden in der BRD jährlich in Siedlungsflächen umgewidmet. Bald wird Deutschland aussehen wie Los Angeles. Schon jetzt wohnen mehr Menschen im Umland der Kernstädte als in den Kernstädten selbst. Die fortschreitende Verstädterung (der „urban sprawl") ist das zentrale Kernproblem der Umweltpolitik. Grundsteuer, Gewerbesteuer, Beteiligung der Gemeinden an der Einkommenssteuer, also falsche Steuer- und Subventionspolitik (wie die steuerlich absetzbare Entfernungspauschale), begünstigen den Flächenfraß.

Hoffnungen richten sich auf virtuelle Mobilität

Gerade wegen der Defizite und ökologischen Kosten der physischen Mobilität bei der Gestaltung von Stadträumen und Umwelt, wegen des wechselwirkenden Zusammenhangs von Mobilität und Umwelt, setzt inzwischen sogar die Mobilitätsindustrie ihre Hoffnungen auf die virtuelle Mobilität, welche den Verkehr entlasten und dadurch die Natur schonen soll. Virtuelle Mobilität wie Telearbeit, E-Learning, E-Banking usw. soll den Aktionsradios des Individuums im globalen Umfang beibehalten, aber die physische Mobilität beschränken. Der Ausbau der Verkehrsnetze konnte nicht Schritt halten mit dem Ausbau der physischen Mobilität, deren negativen Folgen bisher vergeblich bekämpft wurden. Daher setzte man auf das Projekt der virtuellen Mobilität, dessen Idee Matthias Kracht (2001) wie folgt beschreibt:

„Gewandelte Einstellungen und Bedürfnisse sind […] ein Grund für die heutige ‚entfernungsintensive Gesellschaft'. So resultiert ein Großteil unserer Mobilität aus dem Anspruch, alle nur denkbaren Aktivitätsziele zu jeder Zeit und möglichst schnell erreichen zu können. […] Die Daseinsgrundfunktionen Wohnen, Arbeiten, Versorgung und Freizeit sind immer weiter auseinander gerückt. Das Ergebnis ist ein ständig wachsender Aktionsraum mit daraus resultierenden steigenden Entfernungen zwischen den Aktivitäten. […] Auch die Möglichkeit, mit schnelleren Verkehrsmitteln in einer immer besser ausgebauten

*Verkehrsinfrastruktur immer größere Entfernungen in immer
kürzerer Zeit zurückzulegen, trägt zum Anstieg der Verkehrsleistung bei. Parallel zum beschriebenen Wachstum im Straßenverkehr ist mit dem Internet im Laufe der letzten Jahre eine
neue Technik in Erscheinung getreten, die alle bisherigen Entwicklungen hinsichtlich Geschwindigkeit und räumlicher Reichweite in den Schatten zu stellen scheint. Es vereint die bisher getrennten Komponenten Sprache, Bild und Text in einer bisher
nicht gekannten Weise. Es bietet als neue Technik der Raumüberwindung die Möglichkeit, physische Verkehrsströme zu beeinflussen, wobei die Effekte entweder substituierend, komple-
mentierend oder induzierend sein können. Damit hat das Internet das Potential, Flächen und Ressourcen zu schonen sowie
den Verkehr zu mindern oder zumindest dessen Wachstum zu
bremsen oder zu lenken. Andererseits ist aber auch eine Ausweitung des Verkehrs, z. B. durch neue Lieferverkehre möglich.*"
(http://userpage.fu-berlin.de)

Komplementarität oder Substitution von physischer und virtueller Mobilität?

Kracht deutet damit an, dass mit dem Projekt einer virtuellen Mobilität die Hoffnung auf eine Reduktion der
ökologischen und sozialen Defizite der physischen Mobilität verbunden ist. Um herauszufinden, ob sich diese
Hoffnung bewahrheiten kann, muss festgestellt werden,
ob die virtuelle Mobilität die physische Mobilität tatsächlich ersetzt oder vielmehr ergänzt bzw. gar steigert.
Untersuchungen zu Wegezwecken, zum Anteil der Ar-
beits- und Dienstwege, der Ausbildungs- und Fortbil-
dungswege, der Freizeitwege, der Einkaufswege und der
Wege nach Hause bei verschiedenen Bevölkerungs- und
Altersschichten lassen den Schluss zu, dass die Wegeent-
lastung von bestimmten Daseinsfunktionen (wie Arbeit) zu einer vermehrten Wegebelastung für andere
Grundfunktionen (wie Freizeit) führt. Die Aktivitätsziele werden mit Hilfe der Möglichkeiten der alten physischen und neuen virtuellen Mobilität erhöht.

Erweiterung der Aktivitätsziele

Am Beispiel verdeutlicht: Man nutzt die Dienste der
IuK-Technologien, um mehr über das Freizeitangebot
zu erfahren, und nutzt dann die Dienste der physischen
Mobilität, um zu Angeboten zu gelangen, von denen
man ohne das Internet vielleicht nie erfahren hätte. Die
Nutzung des Internet wirkt sich hauptsächlich reduzie-

Internetnutzung führt nicht zu Wegereduzierung

rend auf die Nutzung anderer virtueller Mobilitätsformen aus, so geht etwa die Zeitaufwendung für Telefon
oder Fax, aber auch für das Fernsehen dadurch zurück.
Der Ausfall der Wege für Dinge, welche online erledigt
werden können, führt insgesamt nicht zu einer Wegereduzierung, sondern nur dazu, dass statt der eingesparten Wege andere, zusätzliche aufgenommen werden.
Den potentiell durch das Internet eingesparten Wegen
der immobilen Person treten lange Wege mobiler Personen gegenüber. In Los Angeles, einem Ort komplexer in-
formations- und kommunikationstechnischer Dienste,
gibt es heute nicht weniger Verkehrsunfälle als früher,
sondern mehr. Bei gleichbleibender Distanz von Wohn-
standort und Arbeitsplatz dauert dort jeder Weg pro
Jahr ein bis zwei Minuten länger. Dieser Befund widerlegt die These von einer Substitution der physischen
Wege durch die virtuelle Mobilität. Der Wechsel von Bewegungsmaschinen zu Kommunikationsmaschinen hat
also gar nicht stattgefunden, sondern stellt sich vielmehr als ein additiver und parallel verlaufender Prozess
dar. Zu den Bewegungsmaschinen der physischen Mobilität haben sich die Kommunikationsmaschinen der
virtuellen Mobilität noch hinzugesellt.

**Komplementaritäts-
these scheint sich zu
erhärten**

Es spricht damit, wenigstens aus Sicht von US-Exper-
ten, einiges für die Komplementaritätsthese und gegen
die Substitutionsthese. Die virtuellen Formen der Mobilität, die verbesserten Kommunikationsnetze, mögen
zwar bisher die physischen Formen der Mobilität nachhaltig beeinflusst und verändert – aber nicht ersetzt haben. Vielmehr wurde die physische Mobilität dadurch
ergänzt, wenn nicht gar vermehrt und sogar verstärkt.
Eine Studie aus Großbritannien (DTLR 2002) hat zwar
belegt, dass heimbasierte Telearbeit Transportwege reduziert und Telekommunikation einen positiven, nämlich reduzierenden Effekt auf die Reisetätigkeit hat, dieses Ergebnis aber mit der Einschränkung verbunden,
dass insgesamt zu wenige gesicherte Daten vorliegen,
um exakte Schlüsse über die Auswirkung von Online-
diensten auf den Transport ziehen zu können.

Es gibt also Hinweise darauf, dass mit der zunehmenden Nutzung der virtuellen Mobilität, von der Fabrik bis
zum Haushalt, auch die physische Mobilität dramatisch

steigen wird. Denn der Mensch lernt, dass er durch die Kombination beider Mobilitätsformen noch mehr in den Tag packen, noch mehr soziale Angebote (von Universität bis zur Freizeit) wahrnehmen und sein Leben insgesamt noch sinnvoller und befriedigender gestalten kann.

Nah- und Ferngesellschaft

Die Immobilität der frühen Nahgesellschaft hat sich also durch die Errungenschaften der industriellen maschinenbasierten und der postindustriellen übertragungsbasierten Revolution – durch die physische, materielle und die virtuelle, immaterielle Mobilität – in die Mobilität der Ferngesellschaft gewandelt. Die Ferngesellschaft ist nicht durch Entfernungen oder Distanzen gekennzeichnet, sondern durch die beschleunigte Mobilität zwischen Orten, also durch die Überwindung von Distanzen und Entfernungen. Insofern als die Aufhebung der Distanzen auch als Näherrücken verstanden werden kann, könnte man gerade frühe Gesellschaften aber auch als Ferngesellschaften bezeichnen, da in ihnen die Ferne noch wirklich existierte und nicht überwunden werden konnte. Wenn wir diese frühen Gesellschaften aber dennoch Nahgesellschaft nennen, so liegt das daran, dass in ihnen die Mobilität relativ verhalten, weil an den Körper von Menschen und Tieren gebunden war. Wegen ihrer im Vergleich zu heute relativ geringen Mobilität gelten diese frühen Gesellschaften als ortsgebunden, also der Nähe verpflichtet. Das Leben auf dem Land vor 300 Jahren vermag uns noch ein Bild von einer unbeweglichen Nahgesellschaft zu vermitteln.

In der Ferngesellschaft brechen die Distanzen ein und die Ferne rückt näher, weil die Mobilität steigt. Die Distanzen verschwinden also nicht wirklich, vielmehr lernen wir, sie schneller zu überwinden und zu vernichten. Wegen dieses Näherrückens der Ferne können Ferngesellschaften auch durchaus xenophob sein, weil den Mitgliedern der Ferngesellschaft via Telekommunikation das Fremde erstmals wirklich auf den Leib, auf die Sinne rückt. Die für die Ferngesellschaft kennzeichnende Mobilitätssteigerung wurde ermöglicht durch die

Mobilitätssteigerung und Näherrücken der Ferne: die Ferngesellschaft ...

technischen Innovationen bei den Verkehrsmitteln, Kriegs- und Bewegungsmaschinen sowie in der Folge bei den Übertragungs-, Informations- und Kommunikationsmaschinen. Ob durch Maschinen (der Bewegung) oder Medien (der Kommunikation) – die Entwicklung der Technologie hat die physische und virtuelle Mobilität bereitgestellt, auf der die Ferngesellschaft fußt. Technik ist nämlich stets Teletechnik: ob Telefon, Telegraph, Television, stets geht es um die Überwindung und das Verschwinden der Ferne.

... gewinnt ihre eigentliche Kontur durch Optionen der virtuellen Mobilität

Die physische Mobilität ist verantwortlich für die erste Phase der Ferngesellschaft, deren eigentliche Kontur jedoch erst durch die Optionen der virtuellen Mobilität vom Internet bis zur Satellitenkommunikation erkennbar wird. Die Trennung von Bote und Botschaft, welche die körperlose, immaterielle Übertragung von Informationen und Signalen erlaubte (also die virtuelle Mobilität), führte nämlich zu einem zweiten fundamentalen Axiom der Ferngesellschaft, der physischen Absenz. Bei der typischen Nahkommunikation, wo Bote (Körper) und Botschaft (Nachricht) noch nicht getrennt waren, konnte die Kommunikation nur bei Anwesenheit aller Kommunikationspartner im selben Raum zur selben Zeit erfolgen. Die physische Mobilität tastete die physische Präsenz der Kommunikation nicht an, sondern erreichte nur deren Vervielfältigung. Die Telekommunikation, z. B. das Telefon als erster Schritt der virtuellen Mobilität, setzt die Notwendigkeit der physischen Präsenz der Kommunikationspartner hingegen nicht mehr voraus, sondern hebt sie vielmehr auf. Die immaterielle Mobilität der Zeichen, die virtuelle Mobilität, ersetzt die materielle Mobilität des Körpers, die physische Mobilität. Der Körper bleibt in der virtuellen Mobilität immobil.

Die Kommunikation ohne physische Präsenz, die physische Absenz in der Telekommunikation, ist einer der Pfeiler der Ferngesellschaft. Die virtuelle Mobilität trägt daher mehr zur Erhaltung der Ferngesellschaft, der „Network Society" (Castells 1996), bei als die physische Mobilität. Was das Auto für die physische Mobilität, sind mobile Telefonie und Internet für die virtuelle Mobilität. Es zeichnet sich ab, dass alle Lebensbereiche

und Aktivitätsziele, vom Berufsleben bis zum Sexual-
verhalten, von der virtuellen Mobilität in Zukunft um-
geformt werden. Peter Zoche (2000, 2001) zeigt in seinen Schriften einige Konsequenzen dieser Umwand-
lung zur Ferngesellschaft durch die virtuelle Mobilität
auf.

Neue Netze der Mobilität

Heute gibt es eine Fülle von Mobilfunksystemen und
-netzen, GSM, ISDN, UMTS usw., aber auch Glasfasernetze, welche im Reich der virtuellen Mobilität eine Art
Hypermobilität erzeugen werden. In den Jahren 2000
und 2001 haben Telefongesellschaften und Internet-
dienstleister 85 Mrd. Dollar in neue Glasfasernetze investiert. Nicht alle verlegten Glasfaserleitungen werden
auch mit nutzbarer Bandbreite aufgerüstet, denn dies ist
nochmals mit Investitionen verbunden, die nur bei entsprechender Nachfrage getätigt werden. Das Internet
gilt als Haupttreiber der Nachfrage.

    Dieses neue Netz der virtuellen Mobilität soll und
wird neue Systeme und Dienste für die Bürgerinnen
und Bürger hervorbringen wie Onlineunterstützung de-
mokratischer Prozesse, Verbesserung der Effizienz von
Verwaltung, intelligente Umweltüberwachung, Verhü-
tung von Umweltrisiken und Unfällen, erhöhte Sicherheit und Benutzerfreundlichkeit, offene Plattformen zu
individuell gestaltetem, beiläufigem, lebensbegleiten-
dem Lernen, flexible, virtuelle, mobile Universitäten
und Lernumwelten, verbesserte Verbraucher-Hersteller-
Beziehungen, intelligente Fahrzeuge, ubiquitäre Ge-
sundheitsfürsorge und gesicherten elektronischen Geschäftsverkehr, um nur einige zu nennen. Mit diesen
Möglichkeiten der virtuellen Mobilität soll das Entstehen einer Cyberdemokratie angestrebt werden, einer
Ferngesellschaft, in der eine Politik gemacht wird, welche den Bürgerinnen und Bürgern paradoxerweise näher steht als die bisherige an der Nahgesellschaft entwickelte parlamentarische, repräsentative Demokratie.

    Für diese weitere Umgestaltung zur Ferngesellschaft
stehen schon jetzt neue Formen und Vehikel der virtuellen Mobilität bereit: umkonfigurierbare Funksysteme

Hypermobilität

*Neue Systeme und
Dienste*

und -netze, drahtlose terrestrische Systeme und Netze, integrierte Satellitensysteme und -dienste, Informationsgeräte der Nanotechnologie und Quantenphysik. Quantencomputing (mit der Eigenschaft der Überlagerung, wodurch Qubits entstehen) und Quantenteleportation (mit der Eigenschaft der Verschränkung, wodurch eine Information, der Quantenzustand eines Photonenpaars, gleichzeitig übertragen und gemessen werden kann, unabhängig von der Entfernung der Teilchen untereinander) erlauben Kommunikation in nie geahnter Geschwindigkeit und Kapazität und sind damit zentral für die Zukunftsvisionen einer künftigen Mobilitäts- und Ferngesellschaft.

Literatur

Castells, M. (1996): The Rise of the Network Society. Oxford, UK.

Department for Transport, Local Government and the Regions (DTLR) (2002): The Impact of Information and Communications Technologies on Travel and Freight. (http://www.virtual-mobility.com/report.htm).

Kracht, M. (2001): Virtual Mobility. Mobilitätsverhalten und Mobilitätsanforderungen von Internetnutzern. Ein Projekt am Arbeitsbereich für Theoretische Empirische Angewandte Stadtforschung. Geographisches Institut Freie Universität Berlin. (http://userpage.fu-berlin.de/~makracht/virtual-mobility/Hintergrund.htm).

Shannon, C. E. und Weaver, W. (1962/1949): *The Mathematical Theory of Communication.* Urbana, Ill. (Erstveröffentlichung: C. E. Shannon (1948): A Mathematical Theory of Communication: The Bell System Technical Journal, Vol. 27, July, October, S. 379–423, 623–656.)

Zoche, P. (2000): Von der realen zur virtuellen Welt? In: H. Kubicek, H. J. Braczyk, D. Klumpp et al. (Hrsg.): Global@home. Jahrbuch Telekommunikation und Gesellschaft. Heidelberg, S. 205–213.

Zoche, P. (2001): Mobil im virtuellen Raum? Eine Entlastung der physischen Mobilität? In: K. Beck und S. Ger-

ber (Hrsg.): Kommunikation in der Informationsgesellschaft: Leben und Arbeiten in einer vernetzten Welt.
Leipzig, S. 63–89.

Von der kognitiven Struktur zur individuellen Verhaltensänderung und zu den gesellschaftlichen Auswirkungen (Podiumsdiskussion)

6.1
Virtuelle Mobilität

Dietrich Dörner
Institut für Theoretische Psychologie, Universität Bamberg

Warum sind Menschen „virtuell mobil"?

Wenn man die Handlungen von Menschen verstehen will, muss man ihre Motive kennen. Das weiß jeder Kriminalkommissar. Welche Motive haben Menschen? Sie haben Hunger, Durst, sexuelle Bedürfnisse, ein Bedürfnis nach Schlaf. Sie haben das Bedürfnis, sich vor Schäden oder Verletzungen zu bewahren; sie haben ein Bedürfnis nach Affiliation, also nach Einbindung in eine Gruppe.

Über diese Bedürfnisse hinaus gibt es bei Menschen zwei „kognitive" Motive, Bedürfnisse nach bestimmten Informationen, die von großer Bedeutung, in der Psychologie aber oft vernachlässigt worden sind. Ich meine das Bedürfnis nach *Bestimmtheit* und das Bedürfnis nach *Kompetenz*.

Was ist ein *Bedürfnis nach Bestimmtheit*? Dieses Bedürfnis richtet sich auf die Voraussagbarkeit der umgebenden Welt, auf die Voraussagbarkeit der eigenen Handlungen. Es wird befriedigt, wenn man erfährt, dass die eigenen Voraussagen eintreffen. Treffen sie nicht ein, erschrickt man zunächst einmal, und dann wird dieses Bedürfnis Handlungstendenzen erzeugen, die auf Unbestimmtheitsverminderung gerichtet sind. Solche Handlungen können z. B. Explorationstätigkeiten sein; aber auch die Flucht in den gut überschaubaren Bereich des eigenen Reviers verringert Unbestimmtheit.

Das Bedürfnis nach Bestimmtheit

Bestimmtheit bedeutet, dass man die Umgebung als kontingent erlebt; man weiß, warum was geschieht und wie es in Zukunft weitergeht. Um Bestimmtheit zu erwerben oder aufrechtzuerhalten, lesen wir die Zeitung, hören Nachrichten, informieren uns in Lexika, gewinnen so ein Bild von den Trends und Entwicklungen und fühlen uns sicher und wohl, wenn wir das Gefühl haben, den Gang der Geschehnisse voraussehen zu können. Und wenn das nicht der Fall ist, empfinden wir Angst.

Dies Bedürfnis nach Bestimmtheit prägt in hohem Maße die Art des Bildes von der Welt, das wir konstruieren. Unter großem Zeitdruck und in Gefahrensituationen neigen wir dazu, uns die Welt einfach zu machen. Wir tendieren dann zu „Zentralreduktionen", zu einfachen Erklärungen, die das Geschehen „auf den Punkt" bringen. Einmal gefunden, klammern wir uns gerne an solche Erklärungen; wir sammeln Informationen, die zu unseren Hypothesen passen, und blenden die unpassenden aus. Auf diese Weise kann das Bedürfnis nach Bestimmtheit zu Abkoppelung von der Realität führen, zu Dogmatismus, mitunter sogar zu einer Art von „vertikaler Flucht" in eine nur noch in der eigenen Vorstellung vorhandene Welt. An einem Beispiel verdeutlicht: Wenn die Welt nicht so ist, wie man das will, dann macht man sie sich in der Phantasie und schreibt eine Trilogie über den „Herrn der Ringe".

Das Bedürfnis nach Kompetenz, nach Selbstwirksamkeit

Was ist das *Bedürfnis nach Kompetenz?* Es ist das Bedürfnis nach „Selbstwirksamkeit" (Self-Efficacy entsprechend Bandura). Ich brauche das Gefühl, dass ich etwas *machen* kann, dass ich durch mein Eingreifen die Umwelt verändere, dass die Welt mir zuhanden ist (und wenn auch nur durch Sprayen von Graffitis an die Brückenpfeiler der Bahn). Das Bedürfnis nach Kompetenz ist ein starkes Bedürfnis; vielleicht eines der stärksten beim Menschen.

Das Bedürfnis nach Selbstwirksamkeit liegt oft quer zum Bedürfnis nach Bestimmtheit. Selbstwirksamkeit zeigt sich, wenn man unbestimmte, neuartige, fremde Situationen bewältigen kann, wenn man „Abenteuer" besteht. Es gibt also nicht nur das Bedürfnis, die Umgebung „bestimmbar" zu halten, sondern auch das Bedürfnis nach Unbestimmtheit, nach Gelegenheiten, sich zu bewähren. Das Kompetenzbedürfnis kann ein Bedürfnis nach „diversiver Exploration" (wie es Berlyne nannte) sein. Viele Sportarten, z. B. Wildwasserkanufahren, Motocross-Geländefahrten, auch riskantes Autofahren, Auffahren auf wenige Zentimeter bei 170 km/h oder die riskante Kurventechnik des Mantafahrers auf der Heimfahrt von der Disko gehören zu den Formen, in denen Menschen ihr Bedürfnis nach Kompetenz befriedigen.

Natürlich hat Kompetenz etwas mit Selbstsicherheit zu tun. Jemand mit starkem Selbstvertrauen, jemand also, der seine Leistungsfähigkeit kennt, benötigt keine Beweise für seine Kompetenz.

Was hat virtuelle Mobilität mit Bestimmtheit und Kompetenz zu tun?

Das Zappen durch dreißig Programme verleiht dem Fernsehzuschauer das Gefühl, die Welt zu beherrschen: Er kann beliebige Regionen dieses Globus in beliebigen Kombinationen und für eine Dauer, die er ganz allein bestimmt, in sein Wohnzimmer kommandieren. Das gleiche Gefühl kann durch das Surfen im Internet erzeugt werden, das starke Kompetenzsignale übermittelt. Man hat fast unendliche Freiheit, kann sich hierhin und dorthin bewegen, kann sich dieses ansehen oder jenes; es gelten keine Tabus; man hat die Welt per Mausklick in der Gewalt.

Informationsflut erzeugt Kompetenzgefühle, aber auch Angst

„Macht euch die Erde untertan", heißt es in der Genesis. In gewisser Weise ist uns das auf breiter Front gelungen. Per Mausklick und Internet haben wir die Welt im Griff. Filme, Theaterstücke, Musik – alles ist jederzeit greifbar; ich kann mich über die Nachrichten aller Staaten dieser Erde informieren, kann in unendlich großen Bibliotheken nachforschen, kann mich umfassend über Gewürze orientieren, über die Zusammenhänge von Gotik und Scholastik oder über die verschiedenen Whiskysorten des schottischen Hochlandes.

Allerdings kann diese unendliche, ungegliederte, amorphe Informationsmenge auch *Angst* machen. All das ist nicht auf den Punkt zu bringen, nicht integrierbar. Eine Flut von Informationen bis zum Horizont und darüber hinaus; Nachrichten, die bestritten werden; Weltsichten, die fremd sind und unbegreiflich. Das erzeugt Unbestimmtheit, Angst, Fluchttendenzen. Bei dem einen mag die unbegrenzte Freiheit Neugier, Freude, Verständnis für Fremdes auslösen, bei dem anderen aber auch Unbehagen, Angst, das Gefühl des Ausgeliefertseins. Und die Verfügbarkeit von Informationen auf Knopfdruck kann das trügerische Gefühl hervorrufen, dass die Welt beherrschbar sei, auf Knopfdruck modifizierbar, gestaltbar.

Computerspiele ermöglichen „vertikale Fluchten"

Computerspiele waren zu Beginn der Computerära reine Geschicklichkeitsspiele, ein Zeitvertreib. Inzwischen hat sich das gründlich gewandelt. Computerspiele sind eine neue Form von Kultur, und die großen Tages- und Wochenzeitungen informieren nun regelmäßig neben den literarischen Neuerscheinungen auch über Neuerscheinungen auf dem Computerspielmarkt. Es gibt interessante, spannende und sehr komplizierte Spiele, die auf Stunden oder Tage den Rückzug aus der „wirklichen" Realität ermöglichen, um in einer anderen Realität Heerführer zu sein, Siedler, Händler oder Abenteurer – oder sogar als „Gott" seine eigene Welt zu schaffen. Computerspiele ermöglichen „vertikale Fluchten", das Abheben, das Eintauchen in Traumwelten von plastischer Konkretheit.

Damit sind Gefahren verbunden, etwa die Gefahr der Übertragung von Spielstrukturen auf die Realität. Zwar können Spielrealitäten durchaus komplex und kompliziert sein, doch immer nur bis zu einem noch zu bewältigenden Maße, sonst würde das Spiel keinen Spaß machen. Da die meisten Computerspiele Simulationen der Welt, Simulationen politischer, militärischer, wirtschaftlicher Situationen darstellen, besteht das Risiko, dass diese Idee der prinzipiellen Lösbarkeit von Problemen (und noch dazu auf eine ganz bestimmte, vorhersagbare Weise) leicht auf die „richtige" Welt übertragen wird.

Gerade spannende, interessante und realitätsnahe Spiele mögen so zu einer Art von Weltflucht verleiten. In einer Spielwelt darf ich sein, was mir in der Realität versagt bleibt – das kann kompensatorische Wirkungen haben, aber auch gefährlich werden. Wir haben alle unsere Kompetenzgärtlein, in die wir mitunter abtauchen. Der

Alltag ist frustrierend, vielleicht oft langweilig, mühsam. Das Malen oder Musizieren, das Basteln am Motorrad, der Aufbau der Modelleisenbahn, das Holzschnitzen sind Auswege aus dem frustrierenden Alltag. Auch Spiele bieten einen solchen Ausweg. Nur sind Spiele bei weitem interaktiver, „lebendiger" als die genannten Tätigkeiten und verleiten aus diesem Grunde viel mehr zum „Abheben", zur vertikalen Flucht, zum „Ausstieg".

Eine Auswirkung hat die neue Technologie auch auf soziale Beziehungen, die durch das Internet „fluide" werden können. Die Möglichkeit, in Chat-Foren und Chat-Rooms anonym und in frei wählbarer Rolle Beziehungen beginnen zu können, hat vielerlei Folgen, positive und negative. So hat sich etwa bei einer Diplomarbeit über die Entstehung von Liebesbeziehungen im Internet ein überraschendes Ergebnis herausgestellt: Man findet hier eine Renaissance der „romantischen" Liebe, also jener Liebe, bei der die kommunikativ-geistige Passung im Vordergrund steht und nicht etwa die „schnelle" sexuelle Beziehung (Patricia Cammerata, Institut für Theoretische Psychologie, Otto-Friedrich-Universität Bamberg).

Positive und negative Auswirkungen des Internet auf soziale Beziehungen

Das große Ausmaß an „Auswahl" im Internet bietet aber auch die Möglichkeit zur „Flucht" aus der schwierigen konkreten Beziehung. Die Internetkontakte sind (zunächst einmal) reibungsfreier, da unverbindlicher als etwa der konkrete Ehealltag. Natürlich bietet das Internet viel mehr Möglichkeiten als die eigene häusliche Umgebung mit zwei, drei, vier, fünf „engeren" Kontaktpersonen, die man keineswegs einfach austauschen kann. In den entsprechenden Foren hat man Hunderte von Kontaktmöglichkeiten, was die Wahrscheinlichkeit vergrößert, jemanden zu finden, der wirklich zu einem passt (oder von dem man das zumindest annehmen kann).

Ehescheidungen wegen Internetkontakten sind inzwischen durchaus ein Thema, ob die neue Bindung dann besser wird als die alte, ist zwar die Frage - zunächst aber mag es so scheinen.

Menschen haben - seit sie denken können - auch immer gern die nicht befriedigende Gegenwart mit einer imaginierten Wunschwelt vertauscht. Früher war das Traum, Phantasie oder Utopie („nirgendwo"). Heute aber hat die Wunschwelt ihren Platz und ist real – und viel konkreter als die Imaginationen der Phantasie und des Traums. Das aber kann bedeuten, dass die Flucht aus der Realität noch attraktiver wird und viel leichter zu einem Weg ohne Wiederkehr. Man nimmt die „echte" Realität und ihre Verpflichtungen nicht mehr so ernst, wenn man sich allen Schwierigkeiten jederzeit durch das Abtauchen in eine Alternativwelt entziehen kann.

Literatur

Berlyne, D. E. (1974): Konflikt, Erregung, Neugier. Stuttgart.

6.2
Das Internet und die New Economy

Thomas Heilmann
Scholz & Friends, Berlin

Euphorie und Börsenkrach

Alles begann mit einer Euphoriewelle – zu terminieren auf das Jahr 1999. Anschließend kam der jähe Absturz. Börsenkurse verfielen dramatisch. 2002 folgte die Trendwende trotz der insgesamt sehr trüben Aussichten.

Der vor allem durch das Internet ausgelöste Boom ist *nicht* überschätzt worden, allerdings sind die Geschäftsaussichten vieler Unternehmen dramatisch überschätzt worden.

Wirtschaftshistorisch ist das übrigens schon öfter passiert. General Motors heißt General, weil sich dahinter Hunderte Firmen verbergen, die es alleine eben nicht geschafft haben. Trotzdem wird heute niemand bestreiten, dass das Auto unser Leben dramatisch verändert hat – und die Politik vielfältig darauf reagieren musste.

Es gibt ein zweites schönes Beispiel: die Eisenbahn. In der ersten Hälfte des 19. Jahrhunderts gab es 3.000 Eisenbahnunternehmen in Deutschland. Auch hier sind zwei Dinge offensichtlich: Die Mobilität von Gütern hat die moderne Wirtschaft erst möglich gemacht. Und auch damals gab es Handlungsbedarf für die Politik: Die deutsche Kleinstaaterei mit unterschiedlichen Gleissystemen, verschiedenen Zeitzonen usw. verursachte für Deutschland etwa im Vergleich zu England einen erheblichen Nachteil in der wirtschaftlichen Entwicklung: Die Antwort damals: Die Politik ermöglichte durchgehende Züge, noch heute D-Züge genannt. Und sie verstaatlichte die Eisenbahn. Im Ergebnis: gut für die Eisenbahn, gut für die deutsche Wirtschaft – die Eisenbahn war eine der wesentlichen Ursachen für den Aufschwung der so genannten Gründerjahre –, gut für die Bevölkerung und gut für die Politik. Aber auch: schlecht für viele Unternehmen.

Handlungsbedarf für die Politik

Auch jetzt brauchen wir wieder einige D-Züge. Etwa bei der Frage des Zugangs zu (mobilen) Netzen, im Steuerrecht, in der Bildungspolitik und im Bereich des E-Government.

Die neuen Netze sind Basistechnologien. Sie eröffnen jedem Einzelnen von uns, jedem Unternehmen, aber auch der Interaktion von Staat und Bürgern eine Bandbreite von neuen Möglichkeiten, die heute noch gar nicht zu übersehen ist.

6.3
Vom mobilen Leben

Florian Rötzer
Telepolis, München

Die plastische Lebenswelt

Die globalen Computernetze und damit die Digitalisierung dringen immer tiefer in unser Alltagsleben ein und verändern es Schritt für Schritt. Vor allem die bislang an einen Ort oder eine Region gebundenen wirtschaftlichen, politischen, kulturellen und sozialen Vorgänge und Strukturen stehen unter Anpassungsdruck, während sich den Menschen und Organisationen, die Anschluss an das Netz haben, eine neue Freiheit und Unabhängigkeit eröffnet.

Einfluss der globalen Computernetze auf unser Alltagsleben

Verstärkung von Individualisierung und Flexibilität

Das führt leicht zu Verwerfungen, denn auch in der persönlichen Kommunikation führt die freie, örtlich ungebundene Auswahl an Kontakten mitsamt möglicher Tele-Intimität eher zu einer Homogenisierung oder „Balkanisierung" der Gemeinschaften, die bereits bestehende Spaltungen innerhalb der Gesellschaften weiter verstärkt. Als „Individualisierungsmaschine" sind die Kommunikationsnetze gegenüber gewachsenen und darin meist örtlich gebundenen Zwangs- und Solidargemeinschaften zentrifugal. Ähnlich wie die Medien interaktiv sind und ein wachsendes Angebot an Optionen anbieten, will man auch seine Beziehungen gestalten. Flexibilität ist ein Muss in der vernetzten Welt für Organisationen und Individuen. Was für die einen eine größere Freiheit bedeutet, mag für andere, vor allem die Fortschrittsverlierer, eine Bedrohung und ein Verlust sein.

Die Neue Welt hat nämlich einen seltsamen Charakter. Man kann zwar ihre schon abgesteckten und eingerichteten Territorien bereisen und in ihnen anderen Menschen begegnen. Doch diese Welt hat keinen Boden, auf dem man die Fundamente der Bauten errichtet, und auch keine Ökosphäre, die man bewahren, ausnutzen, verändern oder zerstören könnte. Sie wird errichtet auf einer technischen Infrastruktur, die selbst mobil ist und ständig von Innovationen überlagert, revolutioniert und erweitert wird.

Der Cyberspace als mobile, fluide Welt, als permanente Baustelle

Jede neue Hardware, jede neue Schnittstelle, jedes neue Programm fügt der neuen Welt eine weitere Schicht hinzu und hinterlässt Müll, der aus der virtuellen Welt relativ schnell verschwindet, auch wenn er sich dann in der realen häuft. Oft entstehen Inseln, die kaum zu überbrücken sind, sich nebeneinander entwickeln und dann irgendwann zusammenwachsen. Gebaut wird die neue Welt nicht nur von Firmen und Architekten, von „Pionieren", sondern auch von vielen Bastlern, die sich einen „Platz" bei einem Provider kaufen, sich die Instrumente und Materialien zusammenklauben und selbst ihre Heime, Homepages genannt, errichten. Das Schöne am Cyberspace ist noch, dass sich die zusammengestückelten Bruchbuden, die aus Fertigbauteilen errichteten Heime und die schrägen Hütten neben den

Palästen und Prunkstücken der Großen befinden, die sich Programmierer und Bauexperten leisten können. Das natürlich stört die „Großen", deren Inseln sich nur einen Klick weit entfernt von allem anderen befinden, wenn sie sich nicht in ihre Intranets und gebührenpflichtige Zonen eingeschlossen haben. Aber wir erleben schon jetzt den Beginn eines Zwei- oder Mehr-Klassen-Netzes, das sich in verschiedene Tarife sowie Bandbreiten- und Geschwindigkeitszonen unterteilt. Doch was auch immer geschehen wird, der Cyberspace bleibt eine flexible, flüssige Welt auf schnell sich verändernden Fundamenten, auf denen stets neu gebaut und umgebaut wird.

Das hat nicht nur mit den Materialien zu tun, obgleich diese selbst das Versprechen eingelöst haben, das einst im industriellen Zeitalter bereits von Plastik weitgehend verwirklicht wurde: schnell und billig herstellbar, ungeheuer formbar und zudem, da an sich relativ wertlos, jederzeit dem Müll zuführbar zu sein. Natürlich hinterlassen auch die Träger der Informationswelten, in die wir immer weiter eindringen und in denen wir auch unsere Körper beliebig gestalten können, Müll – aber nicht die Information selbst, in deren nur vordergründiger Immaterialität die Wegwerfkultur oder eine besessen auf Innovation setzenden Zivilisation ihren Höhepunkt findet. Nichts ist im Cyberspace so verwerflich wie das Eingesperrtsein in einer Situation, die sich nicht verändern lässt und sich den Benutzern sowie ihren Erwartungen nicht anpasst. Individualisierung ist gewiss ein Massenphänomen, das zwar nicht unbedingt eine große Vielheit entstehen lässt, wohl aber zum Zusammenbruch starrer Ordnungen führt und einen Raum von Optionen schafft, den man selbstverantwortlich und mit Eigenrisiko erkundet und – bestenfalls – mit ausbaut.

Soziologen sprechen von Bastelbiographien, also von Karrieren, die Baustellen sind, und diese setzen keine abgesperrte Wirklichkeit, sondern Möglichkeiten und damit stets ein Zuviel an Angebot voraus. Selbst in ihrer primitivsten Form verwirklichen interaktive Medien einen solchen individualisierten Raum, der sich dem Einzelnen tendenziell anschmiegt, auf dessen Entscidun-

gen antwortet und sich das Individuum nicht mehr als
Teil einer standardisierten Masse unterwirft. Die Vision
der Neuen Welt ist ganz deutlich: Sie soll eine belebte
Welt sein, die sich evolutionär und koevolutionär entwickelt – kein Programm, das sich in Stein und als Ge-
gen-Stand fixiert. Schließlich verstehen wir das Leben
selbst als permanente Baustelle, in dem Gestalten entstehen, sich verändern und untergehen; in dem Zukunft
als ungewisse emergiert und letztlich nicht geplant, also
auch nicht auf einen Status quo fixiert werden kann; in
dem das, was gebaut wird, sich in Interaktion mit dem,
was es umgibt, fortwährend verändert – nur die Zeit-
skala ist beschleunigt, auf größtmögliche Geschwindigkeit eingestellt.

Der Cyberspace als   Doch die Dynamik des Cyberspace, die ihn zur per-
Aufmerksamkeitstechnik manenten Baustelle werden lässt, wird verursacht durch
das, was hinter dem weichen Material der Information
steht und stets die unterbrechungslose Schaffung von
Neuem, die auf Dauer gestellte Baustelle als Zwang hervorbringt: Es ist die Aufmerksamkeit, die wohl knapp-
ste, zugleich aber unbeständigste Ressource der Informationsgesellschaft. Teuer ist heute Prominenz, der
Markenname und eben das Neue, das Aufmerksamkeit
auf sich zieht und diese auszubeuten, weil zu akkumu-
lieren vermag. Ohne Aufmerksamkeit gibt es keine Information. Und Information ist nur, was auf Aufmerksamkeit trifft und für sie gestaltet wurde. Medien sind
kollektive Aufmerksamkeitsorgane, die selektieren und
inszenieren, die Aufmerksamkeit bündeln und sie zugleich im scharf und weltweit umkämpften Markt der
Aufmerksamkeit anziehen und halten müssen. Daher ist
die Baustelle Cyberspace und prinzipiell jede Medien-
technik auch eine Aufmerksamkeitstechnik. Sie produziert und inszeniert nicht für die Ewigkeit, auch nicht
für die Dauer, sondern für den Augenblick, der zum Er-
eignis wird und gleich vom nächsten in einer fortlaufen-
den Montage der Attraktionen abgelöst wird, in der Un-
terbrechungen oder gar Stillstand Tod bedeutet.

Die Menschen werden zunehmend gleichzeitig zwei
Welten bewohnen, die ineinander greifen und sich
durchdringen, aber auch neue Konflikte und tiefrei-
chende Veränderungen hervorbringen. Anzunehmen ist

beispielsweise, dass sich räumliche Strukturen wie die städtischen „Verdichtungs- und Beschleunigungsmaschinen" in den Cyberspace verlagern und sich zunehmend in den verstreuten Strukturen eines ortlosen „digitalen Urbanismus" mit seinen Zugängen zu den virtuellen Räumen und zu schnellen Verkehrsanbindungen Platz verschaffen, während die „alten" Städte zu Behältern der aus der Gesellschaft Herausfallenden werden. Noch scheint der Cyberspace auch ein Markt zu sein, der neue Arbeitsplätze und Tätigkeiten hervorbringt, langfristig aber wird er, wie jede Technik, menschliche Arbeit ersetzen. Wenn, wie jetzt bereits zu erkennen ist, immer mehr Geld in den Ausbau der virtuellen Welten investiert wird und die Staaten immer weniger Möglichkeiten haben, den mobilen, standortunabhängigen und vernetzten Menschen und Unternehmen etwa Steuern abzuknöpfen, um einen sozialen Ausgleich, den Erhalt und Ausbau der realen landesweiten Infrastruktur und von sozialen, für die Mehrheit bezahlbaren Diensten zu finanzieren, dann werden möglicherweise große Bereiche der wirklichen Welt zerfallen – vor allem jene, in denen sich die Elite der Informationsgesellschaft nicht aufhält, die sich jetzt schon immer mehr in geschützte Zitadellen zurückzieht.

Verlagerung von räumlichen Strukturen in den Cyberspace und Verfall von großen Bereichen der wirklichen Welt

7 Kommunikation der Zukunft – digital, mobil, vernetzt[1] (Dinner Speech)

Miriam Meckel
Staatssekretärin für Europa, Internationales und Medien des Landes Nordrhein-Westfalen

Einleitung

Es ist schon bemerkenswert, welche Begriffe ins Spiel gebracht werden, wenn sich Unternehmensberater um die Zukunft der Mobilkommunikation sorgen. Mercer Consulting beispielsweise bezeichnet alle Prognosen zur UMTS-Entwicklung als „Glaskugelseherei" (Fiutak 2001).

Prognosen über die Zukunft der Mobilkommunikation

Tatsächlich wird wohl kaum jemand größere Summen darauf verwetten, ob, wann und inwieweit die von den Unternehmen investierten 50 Mrd. Euro für die UMTS-Lizenzen sich über akzeptierte und massenhaft genutzte Mobilfunkdienste amortisieren.

Abgesehen von dieser speziellen Technik, ist das Muster doch vertraut: Bei Prognosen zu Innovationen werden kurzfristige Entwicklungen zumeist überschätzt, langfristige Auswirkungen eher unterschätzt. So spielt der mobile Internetzugang (z. B. via Wireless Application Protocol WAP) – ungeachtet der überaus positiven Prognosen bei seiner Einführung – bisher in Deutschland eine untergeordnete Rolle. Aktuelle Studien, etwa die des Europäischen Medieninstituts zum World Internet Project (WIP) (Groebel und Gehrke 2003) in Deutschland zeigen: Auch wenn die technische Ausstat-

---

1 Vgl. auch Miriam Meckel (unter Mitarbeit von Andrea Koenen): „Always on Demand – The Digital Future of Communication". In: J. Groebel, E. M. Noam und V. Feldmann (Hrsg.): Mass Media Content for Mobile Wireless Communications. Mahwah, New Jersey (im Erscheinen).

tung in Form eines internetfähigen Handys vorhanden ist, bedeutet dies noch nicht, dass diese Funktion auch wirklich genutzt wird. Von den Besitzern internetfähiger Handys nutzen weniger als ein Fünftel mobile Internetdienste.

Kein Grund zur Beunruhigung: Trotz des Risikos von Fehleinschätzungen stehen wir nicht gänzlich hilf- und ideenlos vor dem, was kommt. Technologische Entwicklungen und Anwendungen fallen nicht vom Himmel, schon gar nicht über Nacht, sondern sind als sozio-technische Systeme eingebunden in einen evolutionären gesellschaftlichen und technologischen Entwicklungsprozess, für den sich durchaus wesentliche Basistrends identifizieren lassen.

Zu solchen technologischen Basistrends können gezählt werden:
1. Miniaturisierung
2. Digitalisierung (Dematerialisierung und Universalisierung)
3. Vernetzung
4. Weiterentwicklung mobiler Funkstrukturen

Technologische Basistrends

Miniaturisierung

Entwicklungsdynamik der IuK-Technologie von Makro- zu Nanostrukturen

Erst die Miniaturisierung der elektronischen Bausteine ermöglicht eine höhere Kapazität und Leistungsfähigkeit der Computer- und Kommunikationssysteme. Erst Fortschritte der Mikroelektronik haben übrigens die enorme Entwicklungsdynamik der gesamten IuK-Technologie forciert. Technische Funktionsintegration und Portabilität von Kommunikationsgeräten sind ein Ergebnis dieses Prozesses. Handys mit Organizer-Funktionen, integrierter digitaler Kamera und der Einbindung von Orts- und Navigationssystemen haben bereits Marktreife erlangt und sind Bestandteil unseres Kommunikationsalltags. Der technologische Trend der Miniaturisierung lautet also: von Makro- zu Nanostrukturen, verbunden mit aufregenden Produktinnovationen – und umweltpolitisch gewünschten Ressourceneinsparungen.

Digitalisierung

Die Digitalisierung aller Kommunikationskomponenten ermöglicht wiederum erst eine drastische Kapazitätssteigerung und die Konvergenz von Netzen, Endgeräten, Diensten und Inhalten. Die Digitalisierung unterstützt Trends zur Dematerialisierung und Universalisierung. Was ist damit gemeint? Erstens lassen sich digitale Daten als dematerialisierte Produkte nahezu unendlich vervielfältigen und verteilen. Sie werden damit zweitens universell nutzbar. Der Kopiervorgang ersetzt die materielle Produktion, und der physische Transport wird durch die Übermittlung digitaler Datenströme hinfällig. Dematerialisierung beinhaltet darüber hinaus aber auch einen Ersatz von Produkten durch Dienstleistungen: Nutzungsrechte treten an die Stelle des Erwerbs von Produkteigentum. Zur physischen Anwesenheit ergibt sich durch Telekommunikations-Dienstleistungen zudem die Alternative der virtuellen Anwesenheit.

Digitalisierung unterstützt Trends zur Dematerialisierung und Universalisierung

Vernetzung

Der Nutzen der Vernetzung für Unternehmen, Einzelpersonen oder Gemeinschaften steigert sich bei entsprechender Ausbreitung und dem Erreichen einer kritischen Masse von Teilnehmern. Wir sprechen dann von einem „Networkeffekt".

Das Internet als Katalysator für Networkeffekte

Ein Beispiel: Der Erfinder des Telefons hatte zunächst eine in sozialer Hinsicht begrenzte Freude an seinem Objekt; die ersten hundert Besitzer eines Apparates kannten sich wahrscheinlich alle persönlich. Die Funktion des Telefons, so wie wir sie kennen, entwickelte sich erst jenseits einer kritischen Masse. Zentraler Katalysator für derartige Networkeffekte ist heutzutage das Internet.

Unter technischen Gesichtspunkten erhöht sich durch eine vernetzte Clusterbildung die Leistungsfähigkeit. Mit anderen Worten: Die Kombination bringt mehr als die Summe der Einzelkapazitäten (z. B. PC-Cluster, Prozessoren-Cluster). Gleiches gilt auch für die Ökonomie. Innovative Unternehmens-Cluster können beispielsweise die ökonomische Leistungsfähigkeit von

Regionen enorm steigern, mit entsprechenden Ausstrahlungseffekten für Arbeitsmarkt, Lebensqualität
usw. In Nordrhein-Westfalen ist die Medienwirtschaft
dafür ein signifikantes Beispiel – so das IT-Cluster in
Dortmund.

Weiterentwicklung mobiler Funkstrukturen

Neue Kommunikationsoptionen durch
permanente Onlineanbindung

Mobilkommunikation erhöht die räumliche Unabhängigkeit und erweitert den Bewegungsspielraum. Höhere
Übertragungskapazitäten der 3. Generation (UMTS)
oder auch Wireless Local Area Networks (WLAN) erlauben eine datenintensive und mobile visualisierte Kommunikation (Grafiken, Bilder, Videos, Musik), wie wir
sie uns vor wenigen Jahren wohl kaum vorzustellen vermochten. Neben der Leistungs- und Kapazitätssteigerung mobiler Kommunikationsstrukturen liegt der zentrale technologische Umbruch für den Mobilfunk im
Einsatz der „Always-on-Technologie". Eine permanente
Onlineanbindung, deren Nutzung dann konsequenterweise auch nicht nach Zeit, sondern nach übertragenen
Datenpaketen abgerechnet wird, eröffnet viele neue
Kommunikationsoptionen (Instant Messaging, Onlinespiele, aktuelle Übermittlung von Info- und Nachrichtendiensten).

Gesellschaftliche Entwicklungen

Diese grundlegenden technologischen Trends stehen
wiederum in engem Zusammenhang mit offensichtlichen gesellschaftlichen Entwicklungen, veränderten
Nutzungsinteressen und sozialen „klimatischen" Veränderungen. Darunter fallen im Wesentlichen:
- Globalisierung
- Mobilität und Flexibilität
- Teamarbeit und Wissenstransfer
- das Verhältnis von Öffentlichkeit und Privatheit

„Always-on"-Strategien

Globalisierung, Mobilität und *Flexibilität* sind Anforderungen unserer modernen Gesellschaft. „Always-on"-
Strategien ermöglichen Erreichbarkeit an jedem Ort
und zu jeder Zeit. Das Leben manifestiert sich in per-

manenter mobiler Kommunikation, und so manch einer leidet auch darunter: Kommunikation ersetzt Physis.

Ferner eröffnen sich neue flexible Möglichkeiten des schnellen „Umschaltens" zwischen privater und geschäftlicher Kommunikation – diesmal abhängig vom situativen Kontext und nicht vom gewählten Ort: Situation ersetzt Lokalisation.

Diese räumliche Flexibilität wird unterstützt durch „On-demand-Strategien". Die direkte persönliche Kommunikation „außer Haus" trennt uns nicht von den betrieblichen oder häuslichen Informationsbahnen: Datenbestände und Informationen stehen permanent zur Verfügung und können unabhängig von der konkreten Anwesenheit an einem bestimmten Ort (z. B. Arbeitsplatz, zu Hause) immer und überall abgerufen werden. Mit diesen Veränderungen verbinden sich allerdings auch für das Individuum essentielle Fragen und möglicherweise Gefahren, etwa: Alles ist zu finden, aber möglicherweise verliert man sich in der Informationsflut selbst. Was ist wirklich wichtig? Stärkere Erreichbarkeit erhöht den Leistungsdruck. Reichen die eigenen Kapazitäten zur Informationsselektion und -verarbeitung? Für wen ist ein selbstbestimmtes Kappen der kommunikationstechnischen Nervenbahnen möglich?

Übergreifende *Teamarbeit* erfordert zumeist eine direkte Zusammenkunft an ausgewählten Orten, häufig verbunden mit entsprechenden Reisen. Eine Alternative bietet der elektronische *Wissenstransfer* über globale Netzstrukturen. Höhere breitbandige Kapazitäten bei der elektronischen Informationsübertragung ermöglichen eine verbesserte visualisierte Kommunikation und die Integration von entscheidungsrelevanten Zusatzinformationen und Kontexten („insight-view"). Die Erweiterung und Anreicherung des virtuellen Kommunikationsgehaltes erleichtern damit die Umsetzung einer zentralen Grundforderung für einen funktionierenden Wissenstransfer: die Transformation von implizitem persönlichen Wissen in explizites soziales Wissen.

Und auch für die private Kommunikation gilt dabei: Die neuen Dienste des MultiMedia-Messaging (MMS), d. h. Bildübertragungen eventuell sogar mit Ton, ermöglichen ebenfalls in privaten/intimen Kontexten eine Er-

Randbemerkungen:

„On-demand"-Strategien

Neue Technologien ermöglichen Erweiterung der Ausdrucks- und Mitteilungsmöglichkeiten und erleichtern die Transformation von implizitem persönlichen Wissen in explizites soziales Wissen

weiterung der Ausdrucks- und Mitteilungsmöglichkeiten (bei gleichzeitiger zeitlicher und örtlicher Ungebun-
denheit). Viele Mobilfunkanbieter erhoffen sich gerade
von dieser Art der Visualisierung eine massenhaft genutzte Applikation mit entsprechenden Gewinnen.

Das Verhältnis von Öffentlichkeit und Privatheit

Die Enttabuisierung
des Privaten

Gewandelte Kommunikationsverhältnisse spiegeln sich
auch in den Kommunikationsinfrastrukturen unserer
Zeit. Im derzeitigen Erscheinungsbild von Telefonzellen
lässt sich das veränderte Verhältnis von Öffentlichkeit
und Privatheit beispielsweise ablesen: Von geschlosse-
nen Häuschen haben sich „Telefonzellen" zu frei stehenden Säulen gewandelt. Das gleiche Prinzip – nur radika-
ler – finden wir bei der Nutzung des Mobiltelefons an
öffentlichen Orten (Restaurant, Zugabteil, Wartehallen
usw.). Unabhängig vom konkreten Raum wird munter
zwischen Privatem und Öffentlichem gewechselt. Die
Kommunikation kann von jedem Ort aus stattfinden –
gleichgültig, unter welchen Rahmenbedingungen die
Gespräche stattfinden (Intimität, Trauer, Geschäftsge-
heimnisse). Der Öffentlichkeit wird – häufig ohne Rück-
sicht – eine „insight-view" in private oder betriebliche
Angelegenheiten geboten.

Auch im Internet zeigt sich das Phänomen, dass Pri-
vates zunehmend öffentlich verhandelbar und vorzeig-
bar geworden ist. Intime Beziehungen, Vertraulichkei-
ten und persönliche Momente aus dem privaten Leben
werden aus den behüteten Räumen der Diskretion her-
vorgeholt und über Webcams, in Chat-Rooms oder in
Onlinetagebüchern freiwillig zur Schau gestellt. Eine aktuelle Untersuchung des Europäischen Medieninstituts
(Hermanns und Konert 2002) zeigt, dass neben den Risiken der privaten Exposition (z. B. Verletzung der
Privatsphäre, der Menschenwürde sowie nicht-intendierte Handlungsfolgen der eigenen Entblößung) auch
neue kulturelle Impulse geschaffen werden können, um
überkommene Normen und Werte über die öffentliche
Präsentation in Frage zu stellen (z. B. sozialer Austausch
über Tabuthemen wie Krankheit, unkonventionelle Lebensstile usw.). Derartige Enttabuisierungen erwecken

den Anschein, als sei die virtuelle Öffentlichkeit privatisierbar. Im Unterschied zur Mobilkommunikation an öffentlichen Plätzen (push-privacy) wird darüber hinaus die Netzöffentlichkeit nur dann mit diesen „Privatangelegenheiten" konfrontiert, wenn sie aktiv danach sucht und die privaten Präsentationen gezielt „on demand" abruft (pull-privacy).

Zukunftsvisionen und Ausblick

Wir sind gegenwärtig noch ein gutes Stück davon entfernt, dass der Zugang zu mobilen Plattformen und Applikationen so einfach funktioniert wie der Zugang zur Elektrizität. Die Schnittstelle Mensch – Maschine ist immer noch charakterisiert durch technische Komplexität und bedienungsunfreundliche Benutzerführung. Wer schnell einmal einen WAP-Zugang zum Internet aufbauen oder eine Adresse und Telefonnummer zwischen zwei Handys austauschen möchte, weiß, welche Hürden zunächst zu überwinden sind.

Vorstellen lässt sich hier vieles: So wie beim Einschalten eines elektrischen Gerätes sofort die Energiezufuhr einsetzt, sollte man auch ohne komplizierte – und je nach Anbieter unterschiedliche – Menü-Prozeduren sofort Zugang zum Internet erhalten. Auch den Austausch digitaler Daten zwischen technischen Endgeräten wie digitalen Assistenten oder Handys könnte man vereinfachen.

Hierzu hat beispielsweise IBM eine Idee entwickelt, die vom japanischen TK-Konzern NTT und seiner Mobilfunk-Tochter DoCoMo jetzt aufgegriffen wurde. Zukünftig sollen Telefonnummern oder digitale Visitenkarten per Handschlag elektronisch austauschbar werden. Empfangsgeräte sind entweder PDAs oder Handys, die automatisch über den Hautkontakt ein kleines Computernetzwerk aufbauen und die gewünschten Daten über die elektrische Leitfähigkeit des menschlichen Körpers übertragen. Keine Sorge: Die Hardware muss dabei nicht direkt auf der Haut liegen (wobei die aufgebauten elektrostatischen Felder sehr viel niedriger liegen als etwa Aufladungen, die beim Haare kämmen entstehen – nämlich um Faktor 1000 schwächer).

Technische Innovationen an der Mensch/Maschine Schnittstelle ...

Diese Ausprägung der Mensch/Maschine-Schnitt-
stelle ließe sich auch als bio-technischer Schlüssel für einen Internetzugang oder für andere Zugangsberechti-
gungen (z. B. die Haustür) ausbauen. Noch weiter gedacht könnte mittels der Implementierung von
Technologiechips in den menschlichen Körper sogar die
äußere technische Schnittstelle (Handy, PDA) entfallen.

... und kulturelle
Barrieren

Wichtig für die Abschätzung der Wahrscheinlichkeit
solcher Zukunftsvisionen ist jedoch nicht nur die technische Machbarkeit, sondern vor allem die Berücksichtigung des sozial-kulturellen Kontextes. Die geschil-
derte Form der körperbezogenen Datenübertragung
dürfte beispielsweise in Teilen Asiens schon allein aufgrund der kulturell geprägten Distanz gegenüber
körperlichen Berührungen – im hier angeführten Beispiel dem Handschlag – nicht einfach durchzusetzen
sein. Kultureller Kontext, ethische Überzeugungen oder
traditionell begründete Verhaltensmuster werden von
innovationsfreudigen Ingenieuren ja nicht selten in ihrem Beharrungsvermögen unterschätzt.

In der Konvergenz zwischen dem technisch Machba-
ren und dem gesellschaftlich Gewünschten liegt der
zentrale Schlüssel für die Realisierung von Zukunftsvisionen. Das hört sich einfach an, erfordert aber erhebliche Anstrengungen aller Beteiligten, über den fachspe-
zifischen Tellerrand zu schauen, um eine realistische
Einschätzung zukünftiger Entwicklungen und Nutzungsinteressen vornehmen zu können.

Und doch: Ein nicht unwesentlicher Faktor ist die
Imaginationskraft, das Spiel mit dem Denkbaren – nicht
zuletzt dadurch wird die Diskussion über zukunftsrele-
vante Themen wie dieses ja auch so spannend. Antoine
de Saint-Exupéry hat das auf eine sehr treffende Formel
gebracht: „Jedes starke Bild wird Wirklichkeit.“

Literatur

Fiutak, M. (2001): UMTS – Markt hat nach dem Hype
Potenzial, 18.10. (http://news.zdnet.de/story/0,,t101-
s2097551,00.html).

Groebel, J. und Gehrke, G. (Hrsg.) (2003): Internet 2002: Deutschland und die digitale Welt. Internetnutzung und Medieneinschätzung in Deutschland und Nordrhein-Westfalen im internationalen Vergleich [Arbeitstitel]. Opladen.

Hermanns, D. und Konert, B. (2002): Der private Mensch in der Netzwelt. In: R. Weiß und J. Groebel (Hrsg.): Privatheit im öffentlichen Raum. Medienhandeln zwischen Individualisierung und Entgrenzung. Opladen, S. 415–506.

Meckel, M. (unter Mitarbeit von A. Koenen) (in Vorbereitung): Always on Demand – The Digital Future of Communication. In: J. Groebel, E. M. Noam und V. Feldmann (Hrsg.): Mass Media Content for Mobile Wireless Communications. Mahwah, New Jersey.

Spezifische Anwendungsbereiche und ihre verkehrlichen und umweltrelevanten Auswirkungen

8 Bits statt Atome? Umweltrelevante Auswirkungen der Internetnutzung

Klaus Fichter
Borderstep Institut für Innovation und Nachhaltigkeit, Berlin

Wie sieht die Zukunft der Internetökonomie aus? Streicht hier der *homo connecticus* liebevoll über die Benutzeroberfläche seines Computers, beamt sich in Sekundenschnelle via World Wide Web um den Globus und erledigt seine Aufgaben mühelos, kostengünstig, *real time* und natürlich energiearm und ohne Nebenwirkungen? Ist das die New Economy, sauber, abgasfrei und materialarm? Wenn es nach der Werbung ginge, schon. Die wirkliche Welt der digitalen Wirtschaft wird jedoch anders aussehen. Der propagierte Paradigmenwechsel von Atomen zu Bits (Negroponte 1995: 11) ist nur die halbe Wahrheit.

Umwelteffekte der Internetnutzung

Die Nutzung des Internet hat sich seit Anfang der 1990er Jahre rasant entwickelt. Die Anwendungen sind mittlerweile fast unüberschaubar und reichen vom Onlineshopping über die Verkehrstelematik, E-Government, die elektronische Unterstützung gesamter Wertschöpfungsketten (E-Supply Chain Management), Telearbeit, E-Learning bis hin zu virtuellen Gemeinschaften und politischen Kampagnen im Internet (E-Campaigning). Welche Umweltauswirkungen gehen von diesen Nutzungen aus?

Bei den Umwelteffekten von E-Business und Internetnutzung können drei Ebenen unterschieden werden: die direkten Umweltwirkungen der informationstechnischen Infrastruktur (Energieverbrauch usw. von Net-

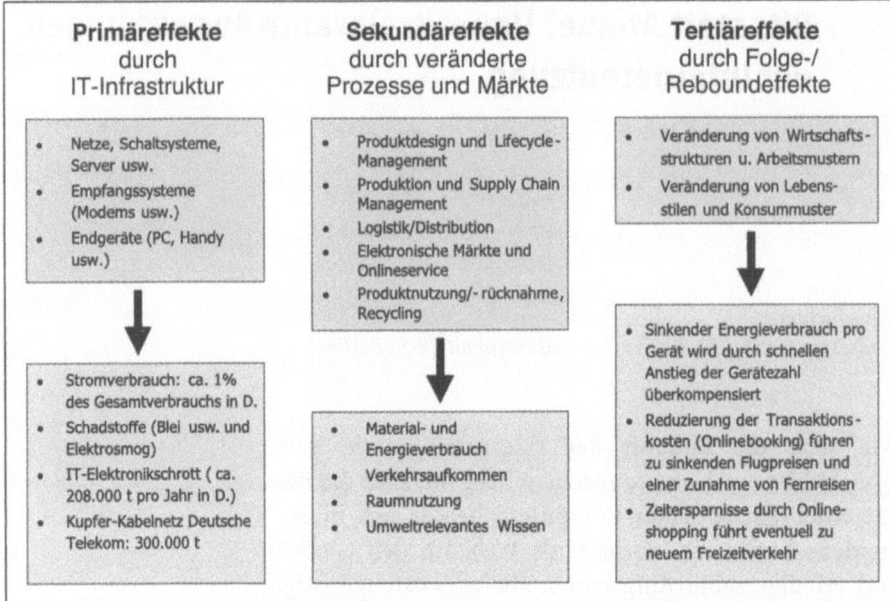

Abb. 1. Umwelteffekte der Internetnutzung

zen, Servern, Empfangssystemen, Endgeräten), Sekundäreffekte durch die Veränderung von Produktions- und Konsumprozessen sowie Märkten und Tertiärwirkungen aufgrund von Folge- und Reboundeffekten (Fichter 2001: 13). Diese Differenzierung eignet sich für die Umwelteffekte von Informations- und Kommunikationstechnologien generell (IuK-Technologien) (vgl. dazu auch Berkhout und Hertin 2001).

Primäreffekte: Informationstechnische Infrastruktur

Zwei entscheidende Fragen stellen sich im Zusammenhang mit den Umwelteffekten der informations- und kommunikationstechnischen Infrastruktur:

1. Wie hoch ist der Energieverbrauch, der durch diese informationstechnische Infrastruktur (Netze, Server, Empfangssysteme usw.) während ihres Lebenszyklus verursacht wird?
2. Wie umfangreich ist der Materialfluss, der bei der Herstellung und Entsorgung dieser informationstechnischen Infrastruktur verursacht wird?

Bislang liegen nur wenige umfassende Schätzungen des Energieverbrauchs der informationstechnischen Infrastruktur vor. Vorhandene Studien deuten darauf hin, dass der Stromverbrauch durch sämtliche Büro-, Telekommunikations- und Netzwerk-Ausstattung (inklusive des Stroms, der für die Herstellung dieser Ausstattung verbraucht wurde) in den Vereinigten Staaten ca. 3 % des Gesamtstromverbrauchs ausmacht (Koomey 2000). In Deutschland wird der Anteil am Stromverbrauch für die Internetnutzung (PCs in Privathaushalten und in Büros, Web-Server, Routers usw.) auf rund 1 % geschätzt. Diese Zahl könnte bis 2010 auf ca. 2 % bis 6 % ansteigen, je nachdem, ob Maßnahmen zur Steigerung der Energieeffizienz ergriffen werden (Langrock, Ott, Takeuchi 2001). Die verfügbaren Studien listen jedoch nicht auf, wie hoch der Anteil des Energieverbrauchs ist, der für E-Commerce-Anwendungen anfällt.

> Der Anteil am Stromverbrauch liegt in Deutschland für die Internetnutzung bei 1%, für E-Commerce-Anwendungen liegen keine genauen Zahlen vor

Bislang konzentrierte sich die Debatte über die aus Internetnutzung und E-Commerce resultierende Umweltverschmutzung hauptsächlich auf den Energieverbrauch, ohne den Materialgesichtspunkt näher zu beachten. Es gibt im Zusammenhang mit IuK-Technologien nur sichere Daten in Bezug auf die allgemeinen Materialflüsse (Behrendt *et al.* 1998: 61–93); ihr Zusammenhang mit E-Commerce wurde noch nicht untersucht. Die folgende allgemeine Information steht immerhin zur Verfügung:

> 98 % der Materialflüsse, die in die Herstellung von IuK-Technologien gehen, enden als Abfall

- Nur 2 % der Materialflüsse, die in die Herstellung (inklusive vorhergehender Herstellungsstadien) fließen, gehen in das Endprodukt, wohingegen 98 % als Abfall enden (Hilty und Ruddy 2000).
- Im Jahre 1998 wurden in der Europäischen Union 6 Mio. Tonnen Elektro- und Elektronikschrott (Waste Electrical and Electronic Equipment [WEEE]) erzeugt (4 % des kommunalen Abfallstromes). Das Volumen des WEEE wird voraussichtlich auf mindestens 3 % bis 5 % pro Jahr ansteigen (vgl. CEC 2000). Unterhaltungselektronik macht ca. 25 %, IuK-Technologien rund 12 % des Elektro- und Elektronikschrottes aus. Da mehr als 90 % des Elektro- und Eletronikschrotts ohne Vorbehandlung deponiert, verbrannt oder demontiert werden, verursachen diese

Geräte einen großen Anteil verschiedener Schadstoffe im kommunalen Abfallstrom (vgl. CEC 2000). Die verbleibenden 10% werden einem stofflichen Recycling zugeführt. Eine Wiederverwendung der Geräte ist hingegen selten. Auch ein hohes Innovationstempo trägt zu einer im Durchschnitt verringerten Lebensdauer der Produkte bei, was wiederum das Abfallproblem vergrößert.

Sekundäreffekte durch veränderte Prozesse und Märkte

Die Internetnutzung verändert Produktions- und Konsumprozesse und führt häufig zu einer Erweiterung von Transaktionsräumen und Märkten. So bietet E-Commerce etwa Gelegenheiten, Geschäfte schneller abzuwickeln, Kosten zu reduzieren, neue Kunden zu erreichen, neue Geschäftsmodelle zu entwickeln und neue Märkte zu erschließen. Die Konstituierung und Entwicklung elektronischer Märkte bleibt nicht ohne Einfluss auf die Produkt- und Materialströme. In folgenden Gebieten könnten Sekundäreffekte auftreten, die veränderten Prozessen und Märkten geschuldet sind:

Digitalisierung von Waren und Dienstleistungen

Die Kernerkenntnisse der bislang verfügbaren Studien (Greusing und Zangl 2000; Kortmann und de Winter 1999; Quack und Gensch 2001; Reichart und Hischier 2001) lassen sich wie folgt zusammenfassen: Es gibt keine pauschale Antwort auf die Frage, ob die Nutzung neuer Medien zu mehr oder weniger Umweltverbrauch führt.

- Wie bei der Ökobilanzierung generell, hängen die Ergebnisse der Untersuchungen maßgeblich von den Annahmen und Systemgrenzen ab, die zugrunde gelegt werden.
- Elektronische Medien sind oftmals kein Substitut für Print- oder andere Medien, sondern eine Ergänzung, was den Umweltverbrauch tendenziell erhöht. Hier besteht die Gefahr von Additionseffekten und das Problem unvollständiger Substitution.
- Die Umweltverträglichkeit von Internetnutzung und elektronischen Medien hängt stark von der Art und

Weise der Stromgewinnung und damit vom Strommix ab. Bei den Printmedien hat die Frage des Papierrecyclings einen starken Einfluss auf die Umwelteffekte.

• Bei Energie- und Umweltverbrauch spielt neben den Endgeräten auch die Netzinfrastruktur (Server, Router usw.) eine beträchtliche Rolle.

• Wichtige Einflussfaktoren der Umweltwirkung von Internetnutzung und E-Business sind: Häufigkeit und Dauer der Mediennutzung, Auslastungs-/Nutzungsgrad einzelner Geräte/Medien (Unterschied beruflich, privat), Multifunktionalität der Geräte/Medien, Nutzungsformen/-verhalten.

Die Wahlfreiheit der Mediennutzung ist beschränkt, daher stellt sich in erster Linie die Frage, wie die Optimierungs- und Effizienzsteigerungsmöglichkeiten der einzelnen Medien genutzt werden können.

Wirkungen auf Produktion und Lagerbestände

Erste Fallstudien lassen positive Effekte auf die Ressourcenproduktivität durch E-Commerce in Beschaffung und Vertrieb erkennen (Behrendt *et al.* 2002: 69). Kurz- und mittelfristig erscheint eine Verringerung des Materialverbrauchs pro produzierter und verkaufter Endproduktmenge von bis zu 5 % möglich, was in erster Linie auf verringerte Lagerverschrottungen bei technologisch schnell veraltenden Produkten, wie z. B. IT-Produkten, zurückzuführen ist. Die Fallstudien zeigen aber auch, dass keine „Quantensprünge" bei der Dematerialisierung von Stoff- und Energieströmen zu erwarten sind.

Positive oder negative Umwelteffekte sind in den untersuchten Unternehmensbeispielen eine bisher nicht oder kaum beachtete und zufällige Nebenwirkung bei der Einführung von E-Commerce und E-Business-Lösungen. Ein diesbezügliches Umweltmonitoring fehlt weitgehend und sollte in Zukunft als Teil des Umweltmanagements und Umweltcontrollings aufgebaut werden (Behrendt *et al.* 2002: 70).

Bei der Dematerialisierung von Stoff- und Energieströmen sind keine „Quantensprünge" zu erwarten

Wirkungen auf die Logistik

Elektronischer
Buchhandel: klares
Umweltentlastungs-
potential

Während bislang nur wenige Daten über die Effekte auf
Produktion und (Lager)bestände vorliegen, existieren
bereits einige detaillierte Studien über die Transport-
auswirkungen des E-Commerce. Das Augenmerk richtet sich dabei auf den Energiebedarf und den mit Trans-
porten verbundenen Verpackungsaufwand. Die meisten
Untersuchungen konzentrieren sich auf E-Commerce
im Privatkundenbereich. Verglichen wird dabei entweder der traditionelle mit dem elektronischen Buchver-
kauf im Einzelhandel (vgl. Caudill *et al.* 2000; Jönson
und Johnsson 2000; Kuhndt und Geibler 2001; Matthews
und Hendrickson 2001; Williams und Tagami 2001;
Reichlin und Otto 2002) oder der traditionelle mit dem
elektronischen Lebensmitteleinkauf (vgl. Bratt und
Persson 2001; Cairns 1999; Flämig 2002; Freire 1999;
Murto 1996; Orremo *et al.* 1999; Punakivi und Holmström 2001). Die Studien im Bereich Buchhandel zeigen
zwar, dass im elektronischen Verkauf ein Umweltentlas-
tungspotential liegt, aber die zusammenfassende Botschaft lautet: Unter Umweltgesichtspunkten ist weder
der traditionelle noch der elektronische Handel *per se*
zu bevorzugen. Die Umweltverträglichkeit hängt von
Einflussgrößen wie Transportentfernung, Rückgabe-
raten, Art und Ladungsdichte der Verkehrsträger, Be-
völkerungsdichte, Entfernung zum nächsten Buchladen
usw. ab.

Elektronischer
Lebensmitteleinkauf:
Verringerung von
Gesamttransport,
Energieverbrauch und
Emissionen

Studien über Onlineshopping im Lebensmittelbereich offenbaren eine ganz andere Situation als im
Buchhandel. Die elektronische Bestellung von Lebensmitteln und ihre gebündelte Zustellung an Privathaushalte bieten, wie es scheint, ein beträchtliches Potential
für den Umweltschutz: Durch den elektronischen Handel lässt sich der mit dem Einkauf von Lebensmitteln
verbundene Gesamttransport verringern und damit
auch der Energieverbrauch sowie die Emissionen. Simulationen zeigen, dass Hausanlieferungen die Kilome-
terzahl des beim Lebensmittelkauf anfallenden Verkehrs
um 2 % bis 19 %, den Energieverbrauch um 5 % bis
35 % und den CO_2-Ausstoß um 7 % bis 90 % reduzieren
könnten, je nach Zusammenhang und Annahmen. Für

die unterschiedlichen Ergebnisse spielen verschiedene Einflussfaktoren eine Rolle, etwa ob das Auto für die Einkäufe benutzt wird (Heiskanen *et al.* 2001). Die Fallstudien betonen auch, dass die indirekten Folgen (z. B. sich verändernde Einkaufsgewohnheiten und Verbrauchermobilität) von größerer Bedeutung für die Umwelteffekte sind als direkte Auswirkungen des elektronischen Lebensmitteleinkaufs. Bisher weiß man jedoch noch sehr wenig über die Veränderung von Konsum- und Lebensstilen durch Onlineshopping und Heimlieferdienste.

Markttransparenz und Kommunikation mit dem Kunden

Das Internet trägt zu größerer Markttransparenz bei. Kunden können sich heutzutage besser als je zuvor über die Breite des Angebots informieren, das ihnen zur Verfügung steht. E-Commerce eröffnet neue Möglichkeiten, Produktinformationen zu verbreiten und für Produkte zu werben. Verbraucherinformation kann auf eine verständlichere, bequemere und kundenindividuellere Weise verbreitet werden als vorher. Gruppenspezifische Massenkommunikation, wie sie durch die Interaktions- und Individualisierungspotentiale des Internet ermöglicht wird, erlaubt eine Verbraucheraufklärung, die flächendeckend, kosteneffizient und zielgruppenspezifisch zugleich ist. Informationsquellen reichen von Herstellern und Händlern, die umweltbezogene Produktinformationen zur Verfügung stellen, über etablierte Institutionen des Verbraucherschutzes bis hin zu neuen Dienstanbietern, die Internetportale und Online-Einkaufsführer über Produkte und Dienste verwalten.

Produktverwertung, Wiederverwertung und Recycling

Durch die Senkung von Transaktionskosten eröffnet das Internet neue und bessere Möglichkeiten für die Rücknahme, Weiternutzung und das Recycling von Gebraucht- und Altprodukten. Die elektronische „Rückfluss-Logistik" umfasst die Internetunterstützung bei der Rücknahme und Verwertung von Gebrauchtwaren (Sarkis, Meade, Talluri 2002). Das Internet schafft die

Senkung der
Transaktionskosten

Basis für neue Geschäftsmodelle. Ein Unternehmens-
beispiel für die erweiterte Produktnutzung stellt die
Firma Renet (www.renet.de) dar, die mit ihrem Inter-
netportal den gewerblichen Handel mit gebrauchten
Kfz-Teilen ermöglicht und damit die Nutzungsdauer
von Fahrzeugen und Fahrzeugkomponenten verlängert.
Auch das Remarketing neuwertiger oder gebrauchter
Computer wird durch Internetlösungen unterstützt.
Dies zeigt das Beispiel Hewlett-Packard, die eine Wie-
dervermarktungsabteilung eingerichtet haben und
werksüberholte Computer zu niedrigen Kosten im Internet zum Kauf anbieten (www.b2net.co.uk/hp/
hp_remarketing.html).

Ein anderes Beispiel für einen elektronischen Business-to-Business (B2B)-Markt repräsentiert www.GoIn-
dustry.com, die alle Dienstleistungen anbieten, die man
für den Erwerb von gebrauchten Investitionsgütern und
Produktionsmitteln braucht: technische Expertise, Hilfe
bei Fragen zu Finanzierung, Versicherung und dem Abschluss von Onlineverkäufen. Die Betreiber der B2B-
Plattform unterstreichen, dass die Effizienz der angebotenen Leistungen ohne das Internet nicht möglich wäre.

Tertiäreffekte: Folgewirkungen und Rebound-Effekte

Erhöhte Produktivität
und Zeiteinsparung

Tertiäreffekte ergeben sich aus der Reaktion von Unternehmen und Verbrauchern auf erhöhte Produktivität
und Zeiteinsparungen durch die Nutzung von IuK-
Technologien und Internet. Die Effekte können entweder umweltentlastend oder -belastend sein. Ein Nega-
tiveffekt tritt ein, wenn die Effizienzsteigerungsrate
niedriger als die Konsumzuwachsrate ausfällt. Fallende
Preise für Mikrochips und die sich rapide verbessernde
Leistung von IuK-Technologien tragen zum strukturel-
len Wandel der Wirtschaft und zur Veränderung von
Konsum- und Lebensstilen bei.

Das „papierfreie" Büro ist
eine Illusion

Ein positiver Effekt auf der Makroebene, der der Internetökonomie zugeschrieben wird, ist die – zumindest vorläufige – Abkoppelung des Gesamtenergiever-
brauchs vom ökonomischen Wachstum, wie er für die
Vereinigten Staaten ermittelt wurde (Laitner *et al.* 2001).
Diese Tatsache wird jedoch nicht verhindern können,

dass in den USA der Gesamtausstoß an CO_2 von 2000 bis 2010 um rund 10 % ansteigen wird. Die jüngste Geschichte bietet noch andere interessante Beispiele. Entgegen den meisten Erwartungen hat die Ausstattung der Büros mit Computern nicht zum papierfreien Büro geführt. Zwischen 1988 und 1998, als der Computer nicht nur allgemeine Verbreitung fand, sondern auch immer größere Datenmengen zu speichern imstande war, schoss der durchschnittliche Pro-Kopf-Verbrauch an Druck- und Schreibpapier um 24 % in die Höhe (Cohen 2001).

Verbraucherausgaben sind ein Indikator für Rebound-Effekte. Wenn durch energiesparende Geräte Geld eingespart wird, wo fließen diese Mittel dann hin? Anders gefragt: Wenn Verbraucher mehr Geld für ihre Internetrechnungen ausgeben, woran sparen sie dann? Um unerwünschte Folgewirkungen der Internetnutzung zu erforschen, lassen sich also die Zeitbudgets von Privathaushalten untersuchen: Wenn Onlineshopping Zeit spart, was wird dann in der frei werdenden Zeit getan? Hierzu liegen bislang keine Untersuchungsergebnisse vor. Es existiert ein erheblicher Forschungsbedarf.

> Forschungsbedarf: Zeitbudget von Privathaushalten

Negative Folgewirkungen der Internetnutzung sind eine bedeutende Herausforderung für die nationale und internationale Umweltpolitik. Ein erster Schritt besteht in der Erforschung der sich unter dem Einfluss von Internetnutzung und E-Commerce verändernden Lebensstile und Konsummuster. Rebound-Effekten kann mit ordnungsrechtlichen Instrumenten (z. B. Verboten von gewissen Stoffen in IuK-Technologien wie Blei und bromierte Flammschutzmittel), mit Regulierungen wie der EU-Richtlinie zu elektrischen und elektronischen Altgeräten, mit ökonomischen Instrumenten wie Energie- und Emissionssteuern oder mit Informationsinstrumenten wie Umweltkennzeichen begegnet werden.

Umweltwirkungen der Internetnutzung: ein Zwischenfazit

Bislang liegen nur wenige Daten über die Umwelteffekte der Internetnutzung vor. Die vorhandenen Fallstudien und Untersuchungen bieten jedoch ein vielfältiges Bild

> Die vorhandene Datenbasis lässt vielfältige Schlüsse zu

von positiven, neutralen und negativen Umweltwirkungen. Die Gesamtauswirkung auf die Umwelt kann gegenwärtig nicht prognostiziert werden. Es ist jedoch offensichtlich, dass die Internetökonomie weder eine
„schwerelose Ökonomie" ist noch sein wird. Die Welt
des E-Commerce und E-Business ist von erheblicher
Stoffstrom- und Umweltrelevanz. Internet und E-Commerce-Anwendungen sind nicht *per se* umweltschonend
oder umweltbelastend. Als ökologische Chancen und
Risiken von Internetnutzung und E-Commerce lassen
sich identifizieren:

Chancen

- Erhöhung der Ressourcenproduktivität durch die
  Optimierung von Beschaffungs- und Produktionsprozessen (Reduzierung von Lagerbeständen, Über-
  schussproduktion, Fehlerquoten, kundenindividu-
  elle „maßgenaue" Produkte usw.)
- Ökologisierung der Märkte und Unterstützung einer
  integrierten Produktpolitik durch größere Markttransparenz und verbesserte Kundeninformationen
  und -einbindung
- Produktnutzungsverlängerung und -intensivierung
  durch neue internetgestützte Servicemodelle (z. B. zu
  Wiederverwendung und Recycling)
- Umweltentlastungseffekte durch den Einsatz energie-
  sparender, problemstofffreier und recyclingfähiger
  IuK-Technologie-Geräte und energieeffizienter Netzstrukturen

Risiken

- Verstärkung des generellen Trends der Beschleunigung von Produktentwicklungs-, Beschaffungs- und
  Produktionsprozessen. E-Commerce trägt hier möglicherweise zur weiteren Verkürzung von Produktlebenszyklen bei
- Verstärkung des generellen Trends der Zunahme des
  Güterverkehrsaufkommens, z. B. durch Senkung der
  Transaktionskosten in der weltweiten Beschaffung
  („global sourcing")
- Additionseffekte durch die zusätzliche Nutzung
  neuer Medien neben den traditionellen Medien (z. B.

Nutzung von Online-Bestellkatalogen zusätzlich zum Printkatalog)
• Rebound-Effekte (z. B. Zeiteinsparungen durch Onlineshopping werden von Verbrauchern möglicherweise für zusätzliche Freizeitverkehre genutzt)

Basisstrategien für nachhaltige IuK-Technologien und Internetnutzung

Bislang sind Umweltentlastungen durch die Nutzung von Internet und E-Commerce in der Regel nicht-intendierte zufällige Nebeneffekte. Der wirtschaftliche und ökologische Bedeutungszuwachs von E-Commerce und E-Business macht für die Zukunft aber eine gezielte Berücksichtigung von Umweltanforderungen im Rahmen von Unternehmens- und Innovationsstrategien notwendig. Grundsätzlich können vier Strategiefelder für nachhaltige E-Commerce-Lösungen unterschieden werden (Fichter 2002) (Abb. 2):
1. „Greening" der Informationstechnik: Umweltverträgliche Gestaltung, Produktion, Nutzung und Entsorgung der Geräte und Netze
2. E-Substitution: Dematerialisierung durch Substitution physischer Produkte mit Hilfe elektronischer,

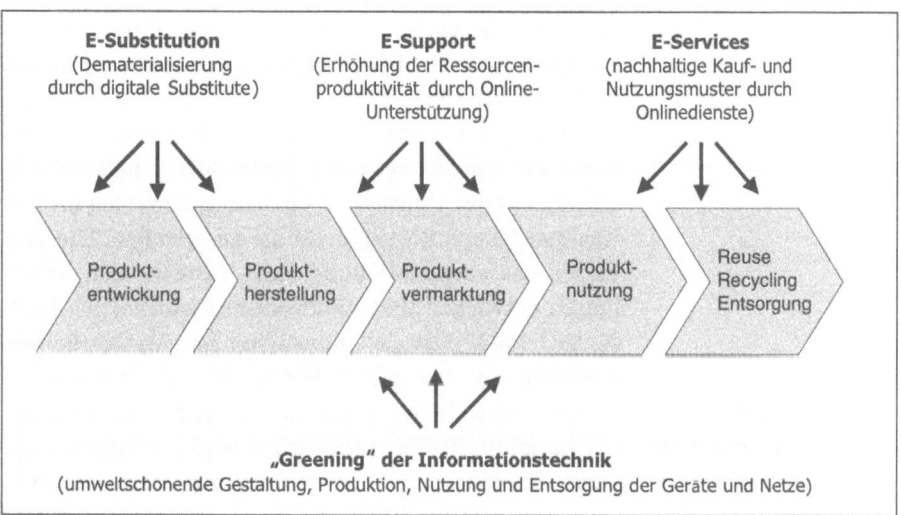

Abb. 2. Basisstrategien für nachhaltige IuK-Technologien und Internetnutzung

umweltverträglicherer Produkt-, Versand- und Nut-
zungsalternativen
3. E-Support: Erhöhung der Ressourcenproduktivität
durch die Nutzung von Internet und E-Commerce für
intelligente, öko-effiziente Beschaffungs-, Vertriebs-,
Logistik-, Nutzungs- und Recyclingprozesse
4. E-Services: Entwicklung eigenständiger Online-
Dienstleistungen zur Unterstützung nachhaltiger
Kauf- und Nutzungsmuster

Handlungsfelder für nachhaltige E-Business-Lösungen

Bei der Entwicklung umweltschonender und nachhaltiger Formen der Internetnutzung spielen neben politischen Rahmenbedingungen Unternehmen eine zentrale
Rolle. Wenn man die gängige Praxis von Internetnutzung und E-Commerce-Anwendungen untersucht, stellt
sich heraus, dass bislang drei entscheidende Voraussetzungen für die Entwicklung nachhaltiger Lösungen fehlen:

Voraussetzungen für die Entwicklung nachhaltiger Lösungen (margin)

Die Ausdehnung von Umweltleistungsmessung und -management

Bisher werden die Umwelteffekte von E-Business und E-
Commerce weder überwacht noch gesteuert. Selbst
große Firmen mit zertifizierten Umweltmanagement-
systemen beschränken die Messung ihrer Umwelt-
schutzleistung auf herkömmliche Produktionsprozesse
und physische Produkte. Der erste Schritt in Richtung
nachhaltiger E-Commerce- und E-Business-Lösungen
muss es deshalb sein, die laufenden E-Business-Ge-
schäfte aus der Umweltperspektive zu bewerten und ein
Nachhaltigkeits-Portfolio für sie zu erstellen. Die Life-
Cycle-Assessment-Methode (LCA), die in den letzten
Jahren entwickelt und standardisiert wurde (ISO 14040
bis ISO 14049), ist als Untersuchungsmethode für Um-
welteinflüsse verwendbar. Für die Komplexität, die sich
beispielsweise beim Vergleich von elektronischem versus herkömmlichem Lebensmitteleinkauf ergibt, emp-
fiehlt sich jedoch die Verwendung von Methoden, welche weniger Daten benötigen und trotzdem verlässliche
Ergebnisse garantieren. Eine solche weniger komplexe

Life-Cycle-Assessment und Erfassung des kumulierten Energieverbrauchs (margin)

Methode stellt etwa die Erfassung des kumulierten Energieverbrauchs dar.

Die Leistungsbemessung ist jedoch nur der erste Schritt, um Umweltmanagement und -steuerung im Bereich von E-Business und E-Commerce zu etablieren. Als Nächstes gilt es, ökologische Zielvorgaben, Maßnahmen und Branchenstandards zu entwickeln. Ein Vorbild dafür ist die „*3-G-Greenbook*"-Initiative von großen internationalen Telekommunikationsunternehmen wie der Deutschen Telekom und Vodafone (The Greenbook Initiative 2001). Die *Greenbook*-Initiative wurde im Jahr 2000 gestartet, um aufeinander abgestimmte Umweltanforderungen für die dritte Generation mobiler Kommunikationsnetze einzuführen (UMTS usw.). Auf den ersten Entwurf, der den Aufbau, das Betreiben und die Entsorgung der dritten Generation mobiler Kommunikationsnetze abdeckt, haben sich verschiedene Netzbetreiber weltweit geeinigt; Anbieter von Hardware für die Netzinfrastruktur und von mobilen Geräten haben sich diesem Konsens angeschlossen. Das *Greenbook* beinhaltet präzise Anforderungen für die Hardwareanbieter in Bezug auf Produktdesign (z. B. verbesserte Energieeinsparung), Material- und Bauteileauswahl (Ausschluss von Blei, Kadmium usw.), Auslieferung, Verpackung, Produktanwendung und das Produktlebensende (Rücknahme, Wiederverwertung, Materialrecycling usw.). Die Anforderungen für die Betreiber werden nach und nach entworfen (z. B. was den Energieverbrauch von Basisstationen und den Standort der Antennenmasten betrifft). Die gebündelten Umweltanforderungen sollen (dann) sowohl für die Anbieter als auch für die Betreiber verbindlich sein. Das Ganze wird als „eine historische Chance" gesehen, „die Koexistenz von ökonomischen und ökologischen Notwendigkeiten zu optimieren", „und es kann langfristig allen Betreibern und Anbietern Geld sparen" (The Greenbook Initiative 2001: 4). Die Groupe Spéciale Mobile (GSM) Association, der weltweite Dachverband der Telekommunikationsbranche, gehört zu den Unterstützern der Initiative (Deutsche Telekom AG 2001).

3-G-Greenbook-Initiative

Die Innovation der Innovation: Neue kooperative und interaktive Ansätze

Innovationen insbesondere im IT- und E-Commerce-Sektor sind durch hohe Dynamik und schnelle Veränderlichkeit gekennzeichnet. Die Steuerbarkeit von Innovationen in diesem Bereich wird außerdem durch die hohe Komplexität von Umwelteffekten (Sekundär- und Tertiäreffekte) erschwert. Vor diesem Hintergrund sind neue kooperative und interaktive Formen der Innovationsplanung und des Innovationsmanagements notwendig. Mit zunehmender Komplexität und Dynamik muss sich der Schwerpunkt von Planung und direkter Steuerung auf die Schaffung geeigneter Innovationskontexte verschieben.

Roadmapping-Projekt

Ein Vorbild für die Integration von Umwelt- und Nachhaltigkeitsanliegen bei Innovationsplanung und -management in den Branchen IT, Telekommunikation und E-Commerce stellt das vom Deutschen Bundestag initiierte Roadmapping-Projekt „Nachhaltige Informations- und Kommunikationstechnologie" (NIK) dar. Das Ziel von NIK ist es, die Entwicklung hin zu einer Informationsgesellschaft mit dem Konzept Nachhaltigkeit zu verknüpfen. Der Dialog zwischen Wirtschaft, Wissenschaft und Forschung und denen, die Politik machen, soll dabei „Innovationspfade" bereiten für technologische, ökonomische und soziale Entwicklungen. NIK zielt nicht allein darauf ab, Übereinstimmung bei technologischen und gesellschaftlichen Trends und Nachhaltigkeitszielen herzustellen, sondern soll auch zu konkreten Initiativen und kooperativen Formen bei der Entwicklung von Prozess-, Produkt- und Dienstleistungsinnovationen führen.

Transparenz und Wahlmöglichkeiten für den Kunden

Gegenwärtig haben Verbraucher und Kunden nur wenige Informationen über die Umweltverträglichkeit von E-Commerce-Anwendungen und können daher, selbst wenn sie es wollten, keine aufgeklärte Wahl unter verschiedenen Angeboten treffen. Natürlich ist die Kundenentscheidung hauptsächlich bestimmt von Faktoren

Umweltabzeichen und Umweltberichterstattungssysteme

wie Servicenutzen, Schnelligkeit, Flexibilität und Preis. Es spricht jedoch viel dafür, dass Fragen der Nachhaltigkeit sich zu einem Entscheidungskriterium entwickeln, zumindest mit Blick auf gewisse IT-Produkte und E-Commerce-Dienste. Zum Beispiel ist die Information über elektromagnetische Strahlung von Handys und Antennenmasten für Kunden von Relevanz, die sich über mögliche Gesundheitsrisiken Gedanken machen. Schon heute gibt es Wege, um dem Kunden eine echte Wahl zu ermöglichen. So hat etwa die unabhängige deutsche Jury des Umweltabzeichens „Blauer Engel" einen Standard für Handys mit geringer Strahlung eingeführt (www.blauer-engel.de).

Die Entwicklung umweltschonender individueller IT-Produkte wird aber in Zukunft nicht ausreichen. Neben der Ausdehnung von Umweltleistungsmessung und -management müssen Telekommunikations-, E-Commerce- und Medien-Unternehmen, wie etwa eBay und Amazon, Umweltberichterstattungssysteme entwickeln, die sich mit den Primär-, Sekundär- und Tertiäreffekten befassen. Selbst wenn diese Unternehmen nur einen begrenzten direkten Einfluss auf Produktion und Produkte haben, wie es auch bei Banken und Versicherungen der Fall ist, kann ihr indirekter Einfluss (z. B. auf die

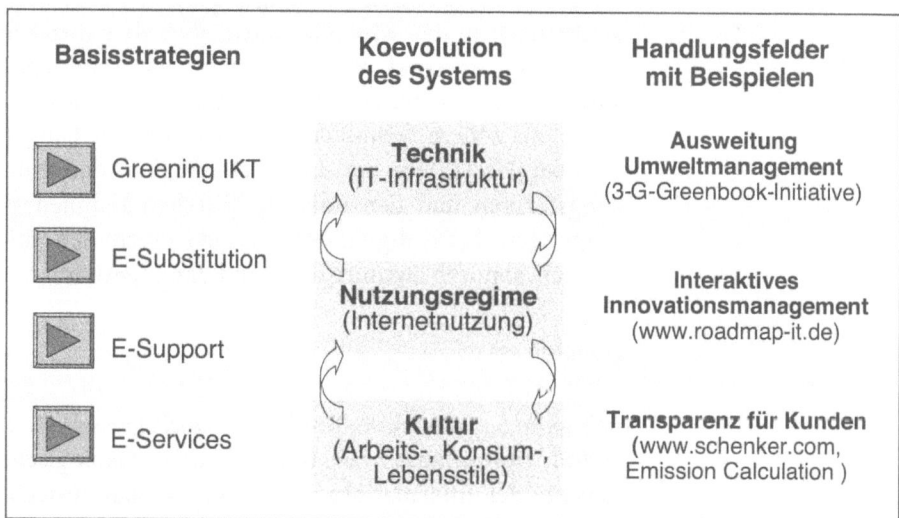

Abb. 3. Handlungsfelder für nachhaltige E-Business-Lösungen

Logistik, Einkaufsgewohnheiten, Lebensstile) beträchtlich sein.

Elektronischen Dienstleistern, die über kein eigenes
Logistiksystem verfügen, müssen die Umweltdaten und
Emissionsberechnungen durch das beauftragte Logi-
stikunternehmen zur Verfügung gestellt werden. Als einer der führenden internationalen Anbieter integrierter
Logistikdienste bietet die Firma Schenker einen Online-
service zur Emissionsberechnung an (http://www.schen-
ker.com/english/services/landTransport/environment/
Green_Logistics/EmCalc.html). Das Programm erstellt
Schätzungen über den Umwelteinfluss einzelner Über-
landtransporte durch das Unternehmen in Europa. Man
kann mit ihm die Emissionsmenge pro transportierter
Frachtmenge berechnen. Emissionsberechnungen helfen elektronischen Dienstleistern dabei, die Umweltlei-
stung integrierter virtueller und physischer Wertschöpfungsketten zu bewerten und darüber Auskunft zu geben.

Fazit

Als Medium und marktliche Transaktionsform der Zukunft sind Internet und E-Commerce von zentraler Bedeutung für eine nachhaltige Entwicklung. Die Forschung über die Umweltwirkungen der Internetnutzung
steckt noch in den Kinderschuhen, aber sie entwickelt
sich rasant. Internet und E-Commerce-Anwendungen
sind nicht *per se* umweltschonender oder umweltbelas-
tender als andere Techniken. Die Umwelteffekte hängen
von der Gestaltung der IuK-Technologien, den Nut-
zungsformen und den umweltpolitischen Rahmenbedingungen ab. Die digitale Revolution ist nicht determi-
nistisch, sondern zukunftsoffen und damit gestaltbar.

Literatur

Behrendt, S., Pfitzner, R., Kreibich, R. und Hornschild, K.
(1998): Innovationen zur Nachhaltigkeit. Ökologische
Aspekte der Informations- und Kommunikationstechniken. Berlin.

Behrendt, S., Fichter, K., Heinze, M. und Jonuschat, H. (2002): Literaturbericht zu den ökologischen Folgen des E-Commerce. Im Auftrag des Büros für Technikfolgenabschätzung beim Deutschen Bundestag (TAB). Berlin.

Berkhout, F. und Hertin, J. (2001): Impacts of Information and Communication Technologies on Environmental Sustainability: Speculations and Evidence. Report to the OECD. Brighton, UK.

Bratt, M. und Persson, A. (2001): Future CO_2 Savings from On-Line Shopping Jeopardised by Bad Planning. In: Proceedings of the 2001 ECEEE Summer Study: Further than Ever from Kyoto? Rethinking Energy Efficiency Can Get Us There. June 11–16. Mandelieu, France, S. 480–492.

Cairns, S. (1999): Home Delivery of Shopping: The Environmental Consequences. TSU working paper 1999/5, April. ESRC Transport Studies Unit, Centre for Transport Studies, University of London.

Caudill, R. J., Luo, Y, Wirojanagud, P. und Zhou, M. (2000): Exploring the Environmental Impact of eCommerce on Electronic Products: An Application of Fuzzy Decision Theory and Lifecycles Studies. In: H. Reichl und H. Griese (Hrsg.): Electronics Goes Green 2000+. A Challenge for the Next Millenium. Proceedings, Vol. 1. Technical Lectures. Berlin, Offenbach, S. 877–886.

CEC (Commission of the European Communities) (2000): Proposal for a Directive of the European Parliament and of the Council on Waste Electrical and Electronic Equipment (WEEE). Brussels, 13.6., COM(2000) 347 final, 2000/0158(COD).

Cohen, N. (2001): The Environmental Impacts of E-Commerce. In: L. M. Hilty und P. W. Gilgen (Hrsg.): Sustainability in the Information Society. 15th International Symposium Informatics for Environmental Protection, Zurich 2001. Marburg, S. 41–52.

Deutsche Telekom AG. (2001): Sustainability Report 2000/2001. Bonn.

Fichter, K. (2001): Umwelteffekte von E-Business und Internetökonomie. Erste Einsichten und Schlussfolgerungen für die Umweltpolitik. Berlin (verfügbar als pdf-Dokument: www.borderstep.de).

Fichter, K. (2002): Sustainable Business Strategies in the Internet Economy. In: J. Park und N. Roome (Hrsg.): The Ecology of the New Economy. Sheffield, S. 22–34.

Flämig, H. (2002): E-Commerce in der lebensmittelbezogenen Prozesskette. Ausgebliebene Effizienzrevolution. In: Ökologisches Wirtschaften, 3–4, S. 16–17.

Freire, I. (1999): Environmental Benefits from the Traditional Supermarket Shopping versus Internet/Home Delivery Shopping. EPCEM (European Postgraduate Course in Environmental Management) Internship Report, June. IVAM Environmental Research, University of Amsterdam.

Greusing, I. und Zangl, S. (2000): Vergleich von Print- und Online-Katalogen: Akzeptanz, ökologische und ökonomische Analyse. IZT-Werkstattbericht Nr. 44, Berlin.

Heiskanen, E., Halme, M., Jalas, M., Kärnä, A. und Lovio, R. (2001): Dematerilization: The Potential of ICT and Services. The Finish Environment 533. Finish Ministry of the Environment, Helsinki.

Hilty, L. M. und Ruddy, T. F. (2000): Towards a Sustainable Information Society. In: Informatik, 4 (August), S. 2–9.

Jönson, G. und Johnsson, M. (2000): Electronic Commerce and Distribution Systems. Lund Institute of Technology, Lund (available as pdf-download: http://www.kfb.se/ junikonf/upps/G_Jonsson.pdf).

Koomey, J. G. (2000): Rebuttal to Testimony on 'Kyoto and the Internet: The Energy Implications of the Digital Economy'. Berkeley, CA. August (http://enduse.lbl.gov/Projects/InfoTech.html) (Referenz vom 17.03.2003).

Kortmann, J. und de Winter, S. (1999): Online Applications in The Netherlands. Looking up Telephone Numbers by Internet. IVAM. Universiteit Amsterdam.

Kuhndt, M. und Geibler, J.(2001): Elektronischer Geschäftsverkehr und Ressourceneffizienz. UmweltWirtschaftsForum, 9(3), S. 15–19.

Laitner, J. A., Koomey, J., Worrell, E. und Gumerman, E. (2001): Re-estimating the Annual Energy Outlook 2000 Forecast Using Updated Assumptions about the Information Economy. Presented at the American Economic Association Conference. New Orleans, LA. January 7. (http://enduse.lbl.gov/Projects/InfoTech.html) (Referenz vom 17.03.03).

Langrock, T., Ott, H. E. und Takeuchi, T. (Hrsg.) (2001): International Climate Policy and the IT-Sector. Wuppertal Spezial 19. Wuppertal Institute for Climate, Environment and Energy.

Matthews, H. S. und Hendrickson, C. T. (2001): Economic and Environmental Implications of Online Retailing in the United States. In: L. M. Hilty und P. W. Gilgen (Hrsg.): Sustainability in the Information Society. 15th International Symposium Informatics for Environmental Protection, Zurich 2001. Marburg, S. 65–72.

Murto, R. (1996): Päivittäistavarakaupan sijoittumisen liikenteelliset vaikutukset Tampereen seudulla. (Traffic Effects of Locating Grocery Stores, Case Tampere). Tampere University of Technology, Transportation Engineering Research Reports 15. Tampere (in Finnisch).

Negroponte, N. (1995). Being Digital. New York, NY.

Orremo, F., Wallin, C., Jönson, G. und Ringsberg, K. (1999): IT, mat och miljö – en miljökonsekvensanalys av alektronisk handel med dagligvaror. (IT, Food and the Environment, an Analysis of the Environmental Impacts of Electronic Grocery Shopping). Swedish Environmental Protection Agency report 5038 (in Schwedisch).

Punakivi, M. und Holmström, J. (2001): Environmental Performance Improvement Potentials by Food Home Delivery. The Ecomlog Research Program, Department of Industrial Engineering and Management, Helsinki University of Technology. (http://www.tai.hut.fi/ecomlog/) (Referenz vom 07.08.2002).

Quack, D. und Gensch, C.-O. (2001): Potential for Reducing Environmental Impacts by Means of Dematerialization, Exemplified by Deutsche Telekom's Virtual Telephone-Call Manager, the "T-NetBox". In: L. M. Hilty und P. W. Gilgen (Hrsg.): Sustainability in the Information Society, 15th International Symposium Informatics for Environmental Protection, Zurich 2001. Marburg, S. 143–150.

Reichart, I. und Hischier, R. (2001): Environmental Impact of Electronic and Print Media: Television, Internet Newspaper and Printed Daily Newspaper. In: L. M. Hilty und P. W. Gilgen (Hrsg.): Sustainability in the Information Society, 15th International Symposium Informatics for Environmental Protection, Zurich 2001. Marburg, S. 91–98.

Reichling, M. und Otto, T. (2002): The Environmental Impact of the New Economy In: J. Park und N. Roome (Hrsg.): The Ecology of the New Economy. Sheffield, S. 119–129.

Sarkis, J., Meade, L. und Talluri, S. (2002): E-logistics and the Natural Environment. In: J. Park und N. Roome (Hrsg.): The Ecology of the New Economy. Sheffield, S. 35–51.

Schaefer, C. und Weber, Ch. (2000): Mobilfunk und Energiebedarf. In: Energiewirtschaftliche Tagesfragen, 50(4), S. 237–241.

The Greenbook Initiative (2001): 3 G Greenbook, Environmental Requirements for Third Generation Mobile Communication Networks. First Draft, 21th March 2001, Bonn. (Ansprechpartner: klaus.rick@t-mobile.de).

Williams, E. und Tagami, T. (2001): Energy Analysis of e-Commerce and Conventional Retail Distribution of Books in Japan. In: L. M. Hilty und P. W. Gilgen (Hrsg.): Sustainability in the Information Society, 15th International Symposium Informatics for Environmental Protection, Zurich 2001. Marburg, S. 73–80.

Effects of Virtual Mobility: Environmental Implications of Electronic Commerce Systems

H. Scott Matthews
Carnegie Mellon University, Pittsburgh

Introduction

Many people in developed countries are adapting to electronic purchasing methods. This includes individuals buying from e-commerce shopping sites (e.g. Amazon) as well as corporate supply-chain procurement systems. Many discussions about the efficiency of such systems have indicated that there are large economic benefits for users from reduced prices and increased selection. Similarly, online retail and wholesale companies can enhance efficiency considerably by better electronic order-management, inventory and distribution processes. In all, there are significant financial incentives associated with electronic commerce.

Despite growth in Internet use around the world, online retail purchases remain a fairly insignificant part of the global economic pie. In the U.S., use of the Internet for shopping (i.e. business-to-consumer – or B2C – retailing) is increasing rapidly. However, in the third quarter of 2002, retail e-commerce sales (as defined, not including travel or other commission-based products) were only $11 billion[1] – slightly more than one percent of total retail sales. In the other major consumer markets, Europe and Japan, there are similar trends of increasing online sales yet small overall contributions to retail volume.

E-tailing: growing worldwide, but remains commercially insignificant

---

[1] Retail e-commerce sales in third quarter 2002 were 11.1 billion, up 34.3 percent from third quarter 2001 (United States Department of Commerce 2002).

Environmental
implications of
logistics systems

Even considering the media attention devoted to the growth of e-commerce activity, relatively few studies have considered any of the social effects of this growth. This includes, for example, a consideration of the relative energy or environmental implications of electronic-purchasing methods. It is tempting to assume that the sale of products on the Internet is beneficial to the environment. For example, emissions from vehicles driven to shopping malls can be avoided, retail space reduced, and inventories and waste cut. However, a product ordered online may be shipped partially by airfreight across the country and then require local truck delivery. Also, the product is likely to be packaged individually – even if ordered with other items – and the packaging may not be reused or recycled. The adverse impact on the environment of such transportation can be significant, and the net effect of different logistics systems is not obvious (Matthews, Hendrickson and Lave 2000).

Of course, many shoppers use online information sources to research purchases but then go on to make those purchases using traditional methods. These so-called "net-influenced" purchases pose an even more problematic question – how do we consider or allocate the environmental effects of electronic window-shopping? In this chapter, the effects of buying books via electronic and traditional retail methods is studied to show the relative economic, energy and environmental implications of the two methods.

Examples: energy use
and packaging

Before discussing the details of the comparison made, we would introduce one further relevant concept in order to consider the "net effect" of traditional versus electronic methods. This is the observation that even if it can be shown that one of the retail purchasing methods has significant benefits – financial or social – over the other, such benefits will not be realized overall until a complete switchover occurs. For example, even if it should turn out that online retail purchases are more energy efficient, the energy used in shipping these purchases via courier methods (as opposed to traditional bulk methods) generally represents net additional energy use. Until a significant amount of transactions are completed online and some level of traditional retail logistics eliminated, there will be no visible savings in energy use.

Case Study of Retail Book Purchasing

Book publishing is an excellent industry to study when assessing the environmental impact of e-commerce. Books are regularly purchased online as well as in retail stores. The high number of remainders (books that remain unsold) also makes the publishing industry an interesting case study. After sales have peaked, these remainders are discarded, recycled or sold to a discount bookstore. The e-commerce method of selling books allows for lower inventories (since there is only one inventory point) and a smaller number of remainders. As such, it generates environmental benefits as a result of reduced warehousing requirements and lower paper production. Other goods such as music and video titles, electronics, computers etc. are also major contributors to the growth of e-commerce retail sales.

The environmental implications of e-commerce have not received much attention to date, at least not in terms of the economic and social implications of this emerging commercial paradigm. E-commerce warrants attention because of its widespread impact and its susceptibility to corporate and public policy. Further, there are implications in the area of business-to-business (B2B) e-commerce systems as well. For example, the movement towards virtual warehousing has large potential environmental benefits as firms consolidate inventories and outsource such processes to firms with more efficient scale economies (Matthews and Hendrickson 2003).

Comparison Framework

Below we summarize the relative energy and economic implications of purchasing books via traditional and e-commerce retail methods. In making this model, we derive estimates of the economic requirements needed to deliver books via both methods, including the books, packaging and delivery. These estimates are then used as inputs into the Economic Input-Output Life Cycle Assessment (EIO-LCA) model. EIO-LCA is available free on the Internet at <http://www.eiolca.net>.

Energy use: comparison
of book retailing
and e-tailing
Two generic models of logistics networks will be considered in this case study. First, traditional retailing involves selling a book through a brick-and-mortar retailer (e.g. a mall bookstore). In this method, the book is shipped from the publisher via various distributors and warehouses and finally to the retail outlet. The customer then purchases the book at the retail store and brings it home. Second, the e-commerce model involves shipping the book from the publisher to a single warehouse by truck and then by airfreight to a regional airport/hub, from where the book is delivered by truck to the customer's home.

The monetary costs incurred in each model will be evaluated first. The calculations are based on the comparative costs involved in selling a million dollars worth (at production) of books, or roughly 286,000 books at an assumed production cost of $3.50 each. We assume each book weighs 1.1 kilograms (2.4 pounds). As the issue of remainders is especially significant for bestsellers on account of the extra volume of books printed, our calculations will focus on the costs associated with bestsellers. Following this, the environmental impact of each of the logistics models can be estimated.

Traditional Retailing Method

The traditional method of retailing, whereby books are sold through retail stores, can be modeled as a series of transport links between organizations and facilities as in Fig. 1. The books are transported from the printer to a national warehouse and then shipped again to a regional warehouse. From the regional warehouse, the books are transported to a retail store, from where a

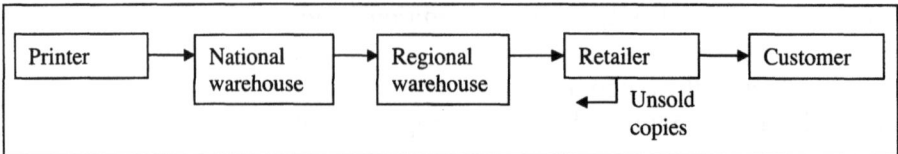

Fig. 1. Traditional book-publishing logistics chain

customer purchases a book and takes it home. In addition, there is a return link for unsold copies, as roughly 35 percent of best sellers are not sold (*Publishers Weekly* 1997). An assumption of our model for this method is that all transportation in the traditional distribution network is carried out by truck. We also assume that the distance between each point in the network (e.g. regional warehouse and retailer) is 805 kilometers (500 miles). This allows the model to be easily adjusted for differing distances. The average consumer lives 16 kilometers (10 miles) away from a bookstore (Brynjolfsson and Smith 2000). However, as consumers tend to buy more than one item at a bookstore (or as part of a larger shopping trip), only a distance of five miles was allocated for the round trip to the bookstore.

We assume that the 35 percent remainder rate for books in traditional retailing inherently causes the production of 35 percent more books than are sold. This means we are dealing with a total of 386,000 books. All of these books are transported in boxes of 10 to bookstores along the network in Figure 1. Assuming that each box weighs 0.91 kilograms (two pounds), the cost of each box is $1.33(ULINE 2001). Thus the total cost of the packaging used in traditional retailing is roughly $51,000.

The environmental effects of the automotive trips made by consumers to bookstores to purchase books must also be taken into account. A weighted average of the environmental impact of trips by passenger cars and light trucks can be taken into account given the percentage of light trucks in the passenger fleet is approximately 35 percent (National Highway Traffic Safety Administration 1988). The environmental impact of an average trip made to the bookstore is shown in Table 1.

Returns of unsold books from retailers in the traditional model are an important issue. Shipping of returns involves an additional truck leg, which we again assume to be 805 kilometers (500 miles). We ignore returns from customers after purchase; we assume this would involve similar personal trips for both traditional and e-commerce retailing. Further details about the model can be found in previously published works (Matthews,

Methodology

Book retailing and e-tailing: calculating energy expenditures of distribution, packaging and purchasing

Table 1. Environmental impact of round trip to bookstore in passenger vehicle

Effect	Impact/km		Impact for 5-mile round trip		Total impact for 286,000 trips (65% cars, 35% trucks)
	Passenger car	Light truck	Passenger car	Light truck	
Energy use	3.6 MJ/km	5.3 MJ/km	29 MJ	43 MJ	9.7 TJ
Hydrocarbons	1.8 g/km	2.3 g/km	14.5 g	18.5 g	4,550 kg
Carbon monoxide	13.7 g/km	18 g/km	110 g	145 g	35,000 kg
Nitrogen oxides	0.9 g/km	1.2 g/km	7.5 g	9.5 g	2,350 kg
Carbon dioxide	225 g/km	338 g/km	1,818 g	2,728 g	611,000 kg

Sources: United States Environmental Protection Agency (2001), National Highway Traffic Safety Administration (1998). Results inferred from Table 3.

Hendrickson and Soh 2001; Matthews, Williams, Tagami et al. 2002).

E-Commerce Retailing Logistics

We assume that the e-commerce method of selling a book (whereby a book is marketed and sold online) has fewer links but involves airfreight from the e-commerce warehouse to a regional logistics center (Fig. 2). We also assume that this warehouse is located near to, or at, an air hub of a major logistics carrier (e.g. UPS or FedEx), so that transfer from warehouse to the carrier is not included. While not all orders are shipped by air, this assumption is employed in order to construct a "worst-case" scenario for analysis.

The books are shipped from the printer to the company's major distribution warehouse via truck; we assume 805 kilometers (500 miles) for this link. The books are then airfreighted to a regional center (again assuming a distance of 805 kilometers), from where the books are delivered by local courier truck to the customer's residence.

The packaging used in e-commerce tends to be corrugated cardboard boxes. Assuming each box weighs 0.317 kilograms (0.7 pounds), the cost of each box to be

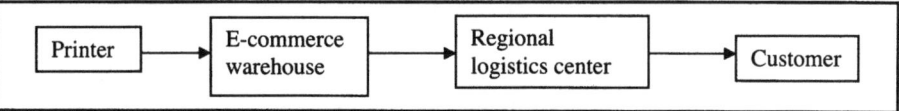

Fig. 2. E-commerce book-retailing logistics

$0.41(ULINE 2001), and that the books are packaged individually, we can calculate the cost of packaging the total shipment of $1 million worth of books as $117,000. We assume no remainders or returns in this model. However, the cost of $38,000 for the bulk packaging of 286,000 books also needs to be included. This makes a total of $155,000.

Comparative Effects of Traditional and E-Commerce Logistics

In this section, we compare the different categories of costs for the sale of $1 million of books using the two generic logistics systems. We calculate approximate costs, without including small categories of costs or items such as external congestion costs. Given the assumption of a 35 percent remainder rate, selling $1 million of books in the traditional model with remainders requires 386,000 books to be produced and shipped. The total weight of shipments in the traditional model is 454 metric tons (501 short tons), comprising 420 metric tons (463 short tons) of books and 34.5 metric tons (38 short tons) of bulk packaging. A base production of $1 million of bestseller books in the e-commerce (no remainders) model requires only 286,000 books to be shipped. The e-commerce model without returns ships a total of 336.5 metric tons (371 short tons) in bulk, comprising 312 metric tons (343 short tons) of books and 26 metric tons (29 short tons) of packaging. The total costs of shipping in the e-commerce model are $992,000, while the traditional models vary between $1.2 and $1.8 million.

Comparing the figures for the two systems

Our results indicate that the proportion of books returned is critical in assessing relative overall costs. With a zero return rate, the traditional system has a slightly higher overall cost than e-commerce but nonetheless offers immediate service to customers. In general, however, a certain proportion of the books published will

Book return rates a crucial factor in comparative costs: e-commerce is cheaper

remain unsold and will be either returned to the publisher to be recycled or sold to discount stores. Assuming an average return rate for bestsellers of 35 percent, our estimate of e-commerce retailing costs is far lower than that of the traditional system. General booksellers have a lower overall average return rate of 11.2 percent, while specialty booksellers have an average return rate of 6.4 percent (American Booksellers Association 2000).

Several items that affect the benefits and marketing effectiveness of the two retailing modes have not been included in these retail and logistics costs. First, our estimates do not include any costs associated with stock-outs in the traditional system; the e-commerce model places books not immediately available on back-order for eventual delivery. Second, there are benefits associated with being able to peruse and purchase books immediately. Third, online booksellers may have a wider selection than conventional bookstores.

Specific advantages of each system not included in study

Comparative Environmental Costs

Turning to the environmental implications, e-commerce logistics systems involve more reliance upon airfreight service than truck or rail transport. Figure 3 shows a comparison of energy and fuel use for shipments by air, truck or rail within the U.S. Both direct inputs and total inputs (including the entire supply chain) are shown for the three modes of transport.[2] As can be seen, airfreight requires much higher energy and fuel usage, with correspondingly large air-pollution emissions. In our model, we assume trucking is used in the traditional system rather than rail; we include rail only for completeness.

Detailed quantification of environmental impact of each system

Using EIO-LCA and the assumptions mentioned above, Tables 2 and 3 show the use of energy, the emission of conventional air pollutants, the hazardous waste and the greenhouse-gas emissions associated with the trucking, airfreight, packaging, fuel production and book production for the retail models described above.

---

2   Using Economic Input-Output Life Cycle Assessment software, Carnegie Mellon University Green Design Initiative. Retrieved October 1, 2002. Available at <http://www.eiolca.net>.

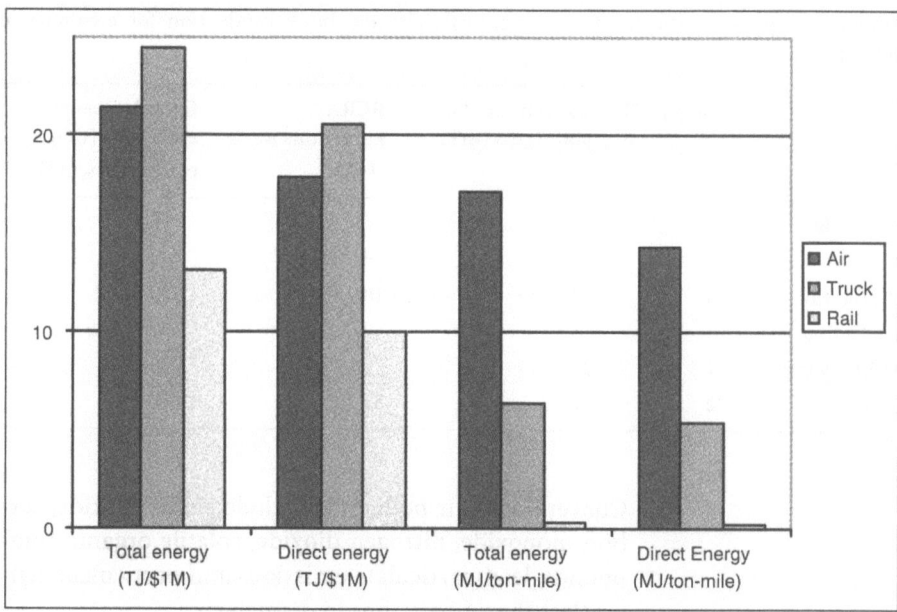

Fig. 3. A comparison of air, truck and rail-freight modes for cost and energy use

Table 2. Comparative effects of trucking, airfreight and book production for traditional retailing (with and without returns)

		Energy (TJ)	Conventional air pollutants (mT)	RCRA hazardous waste (mT)	Greenhouse-gas emissions (CO_2 equivalents, mT)
Traditional retailing (with 35% returns)	Trucking (inc. returns)	5	12	6	390
	Production	5	6	13	370
	Packaging	1	1	2	60
	Passenger trips[a]	10	42	0	600
	Pass. fuel prod.	1	1	25	80
	Total	22	62	46	1,500
Traditional retailing (no returns)	Trucking	4	8	4	270
	Production	4	4	10	280
	Packaging	1	1	2	50
	Passenger trips	10	42	0	600
	Pass. fuel prod.	1	1	25	80
	Total	19	57	41	1,300

[a] For passenger trips, this figure includes only carbon monoxide, nitrogen oxides and hydrocarbons. For all other categories, the figure includes carbon monoxide, nitrogen dioxide, sulfur dioxide, VOC, lead and PM10.

Table 3. Comparative effects of trucking, airfreight and book production for e-commerce retailing

	Energy (TJ)	Conventional air pollutants (mT)	RCRA hazardous waste (mT)	Greenhouse-gas emissions (CO_2 equivalents, mT)
Trucking	1	3	1	90
Air	4	2	6	280
Production	4	4	10	280
Packaging	3	3	7	190
Delivery trips	11	24	12	800
Total	22	37	37	1,600

Conventional air pollutants include sulfur dioxide, carbon monoxide, nitrogen dioxide, volatile organic compounds, lead particulate emissions and particulate matter (less than 10 microns in diameter).

In order to quantify the environmental impact associated with the production of the gasoline used in passenger vehicles, a producer price of $0.90 per gallon (3.785 liters) was assumed for our calculations. This figure was then combined with the values for the fuel efficiencies of passenger cars and light trucks above to arrive at the dollar amount of fuel used for passenger trips to the bookstores. Using a fleet composition of 35 percent light trucks and 65 percent passenger cars (National Highway Traffic Safety Administration 1988), the dollar cost of fuel for one round trip to the bookstore is $0.225. For 286,000 trips to the bookstore, the monetary cost of the fuel used is therefore $64,400.

Our results indicate significant differences between the retail modes, with e-commerce having less of an environmental impact in all categories when compared to the traditional model with returns – except for that of greenhouse gas emissions, which are nearly equal. The comparison between e-commerce and the traditional model without returns is less clear.

Overall, emissions from passenger vehicle trips (including fuel production) have a significant environmental impact. By eliminating these trips, emissions of greenhouse gases and conventional air pollutants are

Table 4. Estimates of effects of traditional and e-commerce logistics per book

	Traditional with returns	Traditional no returns	E-commerce
Energy (MJ)	80	70	80
Conventional air pollutants (kg)	0.2	0.2	0.1
RCRA hazardous waste (kg)	0.2	0.1	0.1
Greenhouse-gas emissions (CO2 equiv., kg)	5	5	6

significantly reduced. At the same time, however, the increased airfreight and packaging used for the e-commerce system undo much of the benefits from reduced passenger trips. It can also be seen that the environmental savings due to the omission of production and transportation of the remainders are significant and again help to offset the environmental impact of airfreight. Table 4 summarizes the energy and environmental impact of the source categories on a per book sold basis. It can be seen that the energy and environmental impact of e-commerce lies roughly between the two traditional models. Thus, the e-commerce model is at worst comparable to the traditional model. Under other conditions, however, such as full truck delivery, it is superior. The only issue of concern is that of greenhouse-gas emissions, which result from the substitution of airfreight and increased packaging.

e-tailing cheaper, but uses more packaging than retailing

As noted above, this paper assumes that all e-commerce book orders are shipped using airfreight (a worst-case scenario). In fact, many orders are shipped exclusively by truck. This means that the actual effects from e-commerce delivery would be generally lower on account of the trucking. This would make e-commerce even more competitive from an energy and environmental perspective.

Transportation: greenhouse gas production a decisive factor

This analysis does not seek to account for any substitution effects that may occur as a result of a shift towards e-commerce-enabled business systems. Examples of potential spillover effects from electronic commerce that are not analyzed here include structural changes to the economy, substitution of manual or physical processes by digital systems, etc. (Romm 1999). All of these effects could have additional environmental benefits.

Conclusions

On balance, book e-tailing has the advantage

We have analyzed a generic scenario for traditional versus e-commerce retailing of a single commodity, bestselling books. Our analytical approach can be adjusted for different assumptions about shipping distances, return rates or amount of energy per shopping trip allocated to individual products. By altering these critical parameters, e-commerce can be found to be more or less costly than the traditional system. Nevertheless, our base analysis case suggests that e-commerce sales have a cost advantage and environmental benefits.

Acknowledgements
The author would like to thank the AT&T Industrial Ecology Faculty Fellowship Program, the Organisation for Economic Co-operation and Development, the US/ Japan Foundation, and National Science Foundation/ U.S. Environmental Protection Agency Grant #R826740 for funding support of this project.

References

American Booksellers Association (1998): In Fact. Industry newsroom, September 28, 1998. Retrieved July 14, 2000. <http://www.bookweb.org>.

Brynjolfsson, E. and Smith, M. D. (2000): Frictionless Commerce? A Comparison of Internet and Conventional Retailers. In: Management Science, Vol. 46, No. 4, pp. 563-585.

Matthews, H. S. and Hendrickson, C. (2003): The Economic and Environmental Implications of Centralized Stock Keeping. In: Journal of Industrial Ecology, Vol. 6, No. 2, pp. 71-81.

Matthews, H. S., Hendrickson, C. and Lave, L. (2000): Harry Potter and the Health of the Environment. In: IEEE Spectrum, November 2000, pp. 20-22.

Matthews, H. S., Hendrickson, C. T. and Soh, D. L. (2001): Environmental and Economic Effects of E-Commerce: A Case Study of Book Publishing and Retail Logistics. In: Transportation Research Record, No. 1763, pp. 6-12.

Matthews, H. S., Williams, E., Tagami, T. and Hendrickson, C. T. (2002): Energy Implications of Online Book Retailing in the United States and Japan. In: Environmental Impact Assessment Review, Vol. 22, No. 5, pp. 493-507.

National Highway Traffic Safety Administration (1998): Traffic Safety Facts 1998. National Center for Statistics and Analysis.

Publishers Weekly (1997): They Shall Return, April 7, 1997.

Romm, J. (1999): The Internet Economy and Global Warming. In: Technical Report, Center for Energy and Climate Solutions, Global Environmental and Technology Foundation, December 1999.

United States Department of Commerce (2002): Census Bureau Reports. Bureau of Census press release, November 22, 2002.

United States Department of Transportation (1999): National Transportation Statistics 1999

United States Environmental Protection Agency (2001): Annual Emissions and Fuel Consumption. National Vehicle and Fuel

ULINE Shipping Supply Specialists (2001): Information retrieved December 10, <http://www.uline.com>.

Emissions Laboratory EPA420-F-97-037. Retrieved March 25, 2001. <http://www.epa.gov/otaq/ann-emit.html>.

Matthews H.S., Hendrickson, C. E. and Soh, D. L. (2001).
   Environmental and Economic Effects of E-Commerce: A
   Case Study of Book Publishing and Retail Logistics. In
   Transportation Research Record, no. 1763, pp. 6–12.

Matthews H. S., Williams, E., Tagami, T. and Hendrickson, C. T. (2002). Energy Implications of Online Book
   Retailing in the United States and Japan. In Environmental Impact Assessment Review, vol. 22, No. 5, pp.
   493–507.

National Highway Traffic Safety Administration (1998).
   Traffic Safety Facts 1998. National Center for Statistics
   and Analysis.

Publishers Weekly (1997). They Shall Return, April 7,
   1997.

Romm, J. (1999). The Internet Economy and Global
   Warming: A Technical Report. Center for Energy and
   Climate Solutions, Global Environment and Technol-
   ogy Foundation, December 1999.

United States Department of Commerce (2002). Census
   Bureau Reports. Bureau of Census [press release, November 22, 2002].

United States Department of Transportation (1997). National Transportation Statistics 1995.

United States Environmental Protection Agency (2001).
   Annual Emissions and Fuel Consumption. National Vehicle and Fuel ...

Mobilitätswirkung von E-Commerce und Online-Banking (1. Arbeitsgruppe)

10 Überblick und Zusammenfassung der Beiträge der ersten Arbeitsgruppe

Peter Zimmermann
Unternehmensberater, Ottobrunn

E-Commerce: Die Definition für Vorträge und Diskussion

Unter dem Begriff E-Commerce wurde im Rahmen der Vorträge und der Diskussionen der elektronische Handel bzw. elektronische Transaktionen zwischen Unternehmen (z. B. Einzelhandel, Banken, Reisebranche) und Endverbrauchern verstanden – also das klassische Business-to-Consumer (B2C). Der Handel zwischen Unternehmen (Business-to-Business) (B2B) wird nicht betrachtet.

Einige Fakten zum E-Commerce

Für das Segment B2C hat der Hauptverband des Deutschen Einzelhandels (HDE) unter seinen Mitgliedsunternehmen eine Umfrage durchgeführt. Danach ergaben sich folgende Werte und Prognosen:

2001: 5,0 Mrd. Euro Online-Umsatz – das entspricht ca. 1,0 % des gesamten Einzelhandelsumsatzes

2002: 8,0 Mrd. Euro Online-Umsatz – das entspricht ca. 1,6 % des gesamten Einzelhandelsumsatzes

2003: Die Prognose wurde kürzlich von 13,6 auf 11 Mrd. Euro reduziert

Der Bundesverband des deutschen Versandhandels nennt 1,8 Mrd. Euro online getätigten Umsatz bei einem Gesamtumsatz von 20,4 Mrd. Euro für das Jahr 2001. Dies entspricht 8,8 % Onlineanteil mit steigender Tendenz. Nach einer Stagnation oder gar einem Rückgang zum Jahreswechsel 2001/2002 ist beim E-Commerce wieder eine Stabilisierung festzustellen. Bei der Internetanwendung stehen für die Nutzer weiterhin Informations- und Kommunikationsbedürfnisse im Vordergrund. Dennoch nimmt die Anzahl der Onlinekäufer stetig zu. Im Jahr 2002 hatten nach Angaben des Instituts für Demoskopie Allensbach 45,7 % der Bevölkerung zwischen 14 und 64 Jahren einen Internetanschluss und 29,6 % haben schon im Internet eingekauft. 5,9 % dieser Bevölkerungsgruppe haben dies schon häufiger getan. Die am häufigsten online gekauften Produkte sind Bücher und CDs. Der größte Umsatz wird jedoch durch den Onlineverkauf von Reisen bzw. Flug- und Fahrscheinen getätigt, gefolgt von Bekleidung und Schuhen, PC-Zubehör und Büchern.

Einkaufsverkehre werden sich auf absehbare Zeit kaum verändern

Nach einer vom Bundesministerium für Verkehr, Bau- und Wohnungswesen in Auftrag gegebenen Studie werden sich die Einkaufsverkehre auf absehbare Zeit nur unwesentlich verändern. Durch kleinteiligere Sendungen zu einer Vielzahl von Endkunden mit individuellen Zustellorten und -zeiten werden vor allen Dingen Kurier-Express-Paket-Verkehre (KEP) verursacht. Die fristgerechte Lieferung ist preissensibel und führt fast immer zu Straßentransporten. Eine besondere Bedeutung haben die Retouren, da sie einerseits Kosten verursachen und andererseits zusätzlichen Verkehr erzeugen.

Diskussionsergebnisse in der Arbeitsgruppe

E-Business und Verkehrsaufkommen: Der Endkunde als Einflussfaktor

Florian Eck (Deutsches Verkehrsforum e.V., Berlin) legt dar, dass das Internet in absehbarer Zeit noch nicht umfassend als Einkaufsplattform etabliert sein wird, es sich aber eine „nachwachsende" Nutzungsbereitschaf ergibt.

Die „letzte Meile" als qualitativer und quantitativer Engpassfaktor für den E-Commerce

Räumliche Differenzierung war bei der Endkundenbefragung des Deutschen Verkehrsforums durch infas nicht enthalten. Der Onlinekunde entscheidet sich lieber selbst, ob er die Sendung beim Nachbarn oder bei der Post abholt. Für PickupPoint und „Tower 24" ist eine steigende Akzeptanz zu beobachten. Dennoch sind die

Potentiale von Bündelungseffekten beim Endkunden aufgrund dieser logistischen Innovationen derzeit eher gering einzustufen. Gute Steuerungsmöglichkeiten ergeben sich eher über die Lieferkosten und -bedingungen. Lieferkosten können aber eine Barriere für E-Commerce darstellen. Das könnte ein Grund gewesen sein, dass ein Angebot von DaimlerChrysler an seine Mitarbeiter, über E-Commerce zu bestellen, wenig Akzeptanz fand. Der Wunschtermin stellt eine neue logistische und kostenseitige Herausforderung an die Lieferdienste und Verlader dar, zumal Margen für die kostenfreie Einführung dieser Dienstleistung nicht vorhanden sind. Die letzte Meile könnte sich insofern zum qualitativen und quantitativen Engpassfaktor des E-Commerce entwickeln und die Kostenproblematik der Unternehmen verschärfen.

Ein weiteres Hemmnis können die Bestellbedingungen sein. Derzeit muss im Allgemeinen der Rechner hochgefahren werden. Wenn sich mobile Rechner (wireless LAN) durchgesetzt haben, wird Onlineshopping eher an Akzeptanz gewinnen. Auch interaktives Fernsehen könnte ein Weg dahin sein.

Die „letzte Meile" erweist sich auch als kritischer Punkt für die Akzeptanz vom Lebensmittel-Onlinehandel, wie *Alexander Pflaum* (Fraunhofer Arbeitsgruppe für Technologien der Logistikdienstleistungswirtschaft, Nürnberg) darlegt.

Im Lebensmittel-Onlinehandel gibt es keine Retouren, sondern Geld zurück. Hauptkundengruppen sind Singles, Doppelverdiener und Haushalte mit kleinen Kindern. Ältere Menschen sind eher ein Nischenmarkt.

Die Lebensmittelversorgung

Die Konzeption der „letzten Meile" ist ein kritischer Punkt für die Akzeptanz. Von den verschiedenen Konzepten, die keine Heimlieferung vorsehen, hat sich noch keines durchsetzen können.

Generell gilt, dass teure bzw. kostenpflichtige Zusatzleistungen wie Feierabendservice selten genutzt werden, die klassischen kostenlosen Zustellversuche dagegen häufig. Durch persönliches Marketing im Internet kann die Nachfrage erhöht werden, so das Fazit, das sich aus *Christina Ulbrichts* (Hermes General Service GmbH, Hamburg) Vortrag ergibt.

Gütertransport und Logistik

Wechselverhältnis von virtuellen Mobilitäts-formen und physischer Mobilität

Simone Kimpeler (ISI, Karlsruhe) diskutiert an den Beispielen Online-Banking und Online-Reiseangebote das Wechselverhältnis zwischen neuen, virtuellen Mobilitätsformen und physischen Formen der Bewegung. Ist ein Substitutionseffekt zu erwarten? Oder induziert eine Zunahme der virtuellen Bewegung auch das Anwachsen der physischen Bewegung und somit des Verkehrs? Wie viele verschiedene Aspekte bei dieser Frage ineinandergreifen, zeigt sich etwa schon daran, dass die Banken z. B. eine hohe Zahl von Online-Banking-Kunden wegen der Verschlankung ihrer Struktur wünschen. Das bedeutet aber, die Dichte der Filialen lässt nach und damit würde das Verkehrsaufkommen wieder wachsen.

Mobilitätswirkung von Online-Banking

Dass aber ohnehin die Ersparnis von Wegen durch Online-Banking marginal ist, kann *Dirk Wölfing* (Detecon International GmbH, Eschborn) deutlich machen. Onlinekunden besuchen die Filialen an 43 statt 54 Tagen im Jahr. Bankwege werden meist in Verbindung mit anderen anfallenden Wegen oder Aktivitäten verbunden und sind kurz.

E-Commerce wird stationären Handel nicht verdrängen

Aus dem Vorgetragenen ergibt sich, dass E-Commerce im Allgemeinen ein weiterer Vertriebskanal neben den herkömmlichen Handelsstrukturen ist. Die Verschiebungen zum Internet gehen langsam vor sich. Mit der Übung kommt der Appetit – dennoch ist nicht absehbar, dass E-Commerce den stationären Handel verdrängen wird.

Nach wie vor besteht eine hohe Diskrepanz zwischen dem Onlinekauf-Interesse und dem tatsächlich getätigten Onlinekauf. Güter des täglichen Bedarfs werden heute kaum online bestellt. Insgesamt ist die Affinität der Branchen/Produktgruppen zum Internethandel unterschiedlich ausgeprägt. Online-Reisebuchungen sind zwar der umsatzstärkste Zweig des E-Commerce, aber die Onlineangebote werden sehr häufig nur zur Information und zum Vergleich genutzt. Aber auch hier steigern Angebote die Nachfrage. Online-Banking erfährt mit derzeit 8 Mio. aktiven Onlinekonten eine rasche Marktdurchdringung. Die Verhaltensweisen sind zwar nicht merklich mobilitätsbeeinflussend, aber sie beschleunigen den Umbau im Bankenwesen.

Die verschiedenen Auslieferungskonzepte werden nach wie vor kontrovers diskutiert – die Lösung des Problems der letzten Meile wird über Erfolg oder Misserfolg des Internethandels ebenso entscheiden wie pfiffige E-Logistics-Konzepte. Die Anforderungen an Logistik-Dienstleister werden hinsichtlich Umfang, kleinteiligeren Sendungen und Änderungsgeschwindigkeiten steigen. PickupPoints werden derzeit häufig nur zum Abliefern der Retouren genutzt. Der Retourenanteil ist mit ca. 20 % noch hoch. E-Commerce erzeugt straßenaffinen Lieferverkehr und erhöht mit seinen kleinteiligeren Sendungen das KEP-Aufkommen. Das Bündelungspotential braucht eine kritische Masse, um zu greifen. Man kann annehmen, dass nur wenige Einkaufsverkehre ersetzt werden. Kaufverbund und Einkaufserlebnis sind hier die Stichworte. Ein Saldo der Beeinflussung der Verkehrsleistung (Lieferverkehre/Einkaufsverkehre) kann aus heutiger Sicht nicht gezogen werden.

Auslieferungskonzepte entscheidend für verkehrliche Wirkungen des Onlinehandels

E-Business und Verkehrsaufkommen: Der Endkunde als Einflussfaktor

Florian Eck
Deutsches Verkehrsforum e. V., Berlin

Zielsetzung

Der Kunde steht beim so genannten „electronic business" (E-Business) im B2C als Auslöser am Anfang aller Prozesse und zugleich am Ende der Lieferkette als Empfänger. Sein Verhalten und seine Logistikpräferenzen sind daher wichtige Wirkungsfaktoren, die es zu ermitteln gilt, um die verkehrlichen Wirkungen von E-Business abschätzen zu können und sowohl verkehrspolitische wie auch -wirtschaftliche Handlungsoptionen festzulegen. Mit einer Repräsentativbefragung hat das Deutsche Verkehrsforum im Herbst 2001 Daten zu den Kundenbedürfnisse im B2C erhoben und damit sowohl einen wichtigen Beitrag zur Diskussion um die verkehrlichen Wirkungen des E-Business geliefert als auch grundlegende Daten zu Logistikpräferenzen und Zahlungsbereitschaft der Endkunden im B2C bereitgestellt.

Die Auseinandersetzung mit den Wirkungszusammenhängen zwischen Verkehr und E-Business in Expertengesprächen vor Projektbeginn zeigte, dass B2C mit Priorität untersucht werden muss. Im Bereich des B2B kann unterstellt werden, dass die Unternehmen vergleichsweise rationalen Strukturen folgen und sich kostenbewusst verhalten, indem sie Transportvorgänge rationalisieren. Der Trend zu „just-in-time" muss sich also nicht zwangsläufig in atomisierten Güterströmen niederschlagen. Im Bereich des B2C ist eine Bündelung der Güterströme jedoch nur bis zu einem gewissen Grad von den Unternehmen steuerbar,

Endkundenverhalten als Basis für die Gestaltung der B2C-Strukturen und Abläufe

der Endkunde gestaltet durch Bestellverhalten und Lieferwünsche die verkehrliche Seite im B2C nachhaltig. Die vorliegende Untersuchung konzentriert sich daher auf das Endkundenverhalten im B2C und die Auswirkungen auf die so genannte letzte logistische Meile zum Kunden.

Prognosen und verkehrliche Effekte

Die nachfolgenden Wachstumsraten und Umsatzzahlen stehen beispielhaft für die Vielzahl geäußerter Prognosen über die Entwicklung des E-Business-Marktes (Zahlen jeweils 2004 zu 2000) (Daten nach Forrester Research 2001).

1. Zunahme des Anteils des Internethandels am Einzelhandelsumsatz in Deutschland von 1,13 % auf 9,70 %
2. Zunahme des Umsatzes im B2C in Europa von rund 9 Mrd. Euro auf rund 232 Mrd. Euro (rund 26fach)
3. Zunahme des Umsatzes im B2B in Europa von rund 74 Mrd. Euro auf rund 1.318 Mrd. Euro (rund 18-fach)

Vermeidung von Prognosefehlern

Das Scheitern vieler Geschäftsmodelle in den Jahren 2001/2002 hat diese Prognosen *ad absurdum* geführt. Teils wurde am Markt vorbei produziert, teils wurde der idealtypische Endbenutzer im Kopf der Unternehmer selbst geschaffen. Auch die aus den Prognosen abgeleiteten verkehrlichen Wirkungen, die auf der Annahme einer Welle von Paketsendungen beruhten, sind demnach heute zu überdenken. Um ähnliche Prognosefehler künftig zu vermeiden, muss das Endkundenverhalten quantitativ und qualitativ verstärkt in die Wirkungsanalysen einbezogen werden.

Die nachfolgend benannten unterschiedlichen Dimensionen der verkehrlichen Wirkungen des E-Business im B2C verdeutlichen die Komplexität der Materie und zeigen, dass eindeutige quantitative Aussagen nach dem heutigen Wissensstand nicht belastbar sind:

1. Wo treten die verkehrlichen Effekte auf (Nahbereich versus Fernbereich)?
2. Gibt es substitutive Effekte (z. B. Zunahme Freizeitfahrten)?

3. Gibt es reduzierende Effekte (z. B. Nutzung reiner Serviceleistungen, Informationsangebote über Internet und Verzicht auf Verkehrsaufwand)?
4. Gibt es induktive Effekte (z. B. Onlinekauf als Konsumerlebnis, Bezug von Kleinstmengen)?
5. Welche Einkäufe lassen sich nicht durch B2C substituieren (Notwendigkeit des sofortigen Einkaufs, Freude am realen Kauferlebnis)?

Zwei Wirkungsstränge lassen sich bei den verkehrlichen Wirkungen des E-Business im B2C festmachen (Abb. 1): geringere Losgrößen, individuelle Liefertermine und -zeitfenster sowie eine sinkende Auslastung der Fahrzeuge führen zu einer Atomisierung der Güterströme. Steigende Transportkosten durch größeren – weil kundenspezifisch abgestimmten – logistischen Aufwand und maßgeschneiderte Produkte, eingerichtete Bündelungspunkte in Kundennähe, eine Entzerrung der Lieferströme, Kooperationsmodelle und die neuen Entwicklungen beim so genannten „collaborative commerce" (C-Commerce) führen auf der verkehrlichen Ebene eher zu rationalisierenden Effekten. Ob E-Business letztendlich zu mehr oder weniger Verkehr führt, lässt sich per Saldo folglich nur bestimmen, wenn eindeutig festgelegt werden kann, ob die rationalisierenden Effekte von E-Business die atomisierenden Effekte überwiegen. Im B2C spielt das Endkundenverhalten hierbei eine wichtige Rolle.

Rationalisierende versus atomisierende Effekte des E-Business

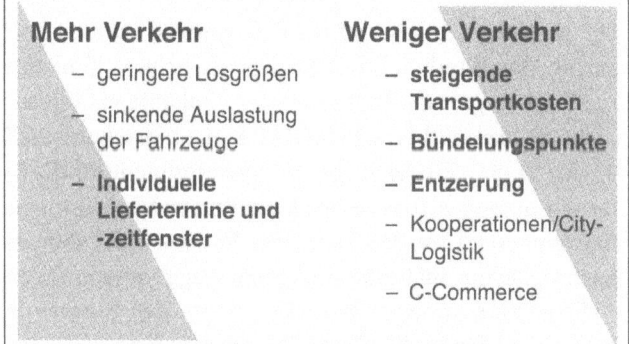

Abb. 1. E-Business im B2C und verkehrliche Wirkungen

Wichtige Fragestellungen im Hinblick auf das Endkundenverhalten sind:
1. Wie ist der Zugang des Endkunden zum Internet?
2. Wird B2C als Alternative zum traditionellen Einkaufsgang akzeptiert?
3. Was wird online gekauft, wie ist der digitale Warenkorb?
4. Ist reales Einkaufen eine willkommene Freizeit-
   beschäftigung?
5. Was will der Endkunde für die Anlieferung bezahlen,
   und welche Lieferkonditionen wünscht/akzeptiert er?
   Akzeptiert er Bündelungspunkte als Alternative zur
   Hauslieferung?

Endkundenverhalten: Zugang zu neuen Medien

Insbesondere im so genannten „mobile commerce"
wurden bisher neue Chancen für den mobilen Einkauf
gesehen. Hier ergibt sich jedoch eine deutliche Akzep-
tanzbarriere: Die neuen Technologien, wie z. B. WAP
werden nur von 13 % der Besitzer von neuen Handys
überhaupt genutzt, und von weniger als 10 % für Einkäufe. Die Umstiegsbereitschaft von Handybesitzern
auf neuere Geräte ist mit 12 % gering. Allerdings ist die
regelmäßige Computernutzung der 14- bis 29-Jährigen
von 1993 bis 1999 von 16 % auf 29 % deutlich gestiegen
und zeugt von einer „nachwachsenden" Bereitschaft,
diese Medien auch einzusetzen (vgl. GFK, Heyde 2001).

Akzeptanz der neuen Kundenschnittstellen

Die Nutzung des Internet für E-Business ist zurzeit noch
gering, das Handy wird überwiegend nicht als Einkaufs-
medium eingestuft. Zudem werden Einkäufe via Internet
nicht als Freizeit betrachtet (BAT Freizeitforschung 2000:
40–42; 54–84). Ein wichtiges Kundenargument für die Internetnutzung ist, dass es als Medium zur Marktinforma-
tion eingesetzt werden kann; der Einkauf wird aber danach weiterhin auf herkömmlichem Wege vorgenommen.

Sicherheitsbedenken   Ernst zu nehmende Barrieren gegen den Einsatz des
als Haupthemmnis   E-Business für Einkäufe im B2C sind Sicherheitsbeden-
für E-Business   ken (74 % der Internetnutzer in Deutschland, 37 % der

Nutzer in den USA) sowie die Unsicherheit über Art und Umfang der gekauften Leistung (rund 41 % der Internetnutzer in Deutschland). Nur 20 % der Internetnutzer nennen den eigentlichen Liefervorgang als Hemmnis – insofern ist das Vertrauen in die bestehenden Lieferdienstleister vorhanden (Zahlen nach: TNS-Interactive 2001).

Digitaler Warenkorb

Um die verkehrlichen Wirkungen von E-Business zu erfassen, muss zunächst bestimmt werden, welche Waren im B2C geordert werden und welchen Anteil E-Business am Gesamtmarkt hat. Diese Zahlen sind von den Vorrednern bereits genannt worden. Große Anteile verzeichnen insbesondere Medien wie Musik/Video und Bücher sowie Computer-Hardware und -Software. Dienstleistungen (ohne verkehrliche Wirkungen) sind noch unterentwickelt, jedoch ergeben sich insbesondere im Bereich des Online-Banking hohe Zuwachsraten. Der Warenkorb dehnt sich insgesamt aus, aber auf geringem Niveau (TNS-Interactive 2001). Umfang und Marktanteil des digitalen Warenkorbes ermöglichen die Beibehaltung traditioneller Logistikkanäle, und wo nicht, handelt es sich um reine Dienstleistungen ohne verkehrliche Wirkung des Vertriebes wie z. B. Finanz- und Versicherungsprodukte oder Reisen.

Der digitale Warenkorb ermöglicht die Beibehaltung traditioneller Logistikkanäle

Freizeitwert Einkaufsbummel

Ein weiterer wichtiger Entscheidungsfaktor beim Endkunden über die Vornahme „digitaler" Einkaufsaktivitäten ist die Einschätzung, inwieweit ein Einkaufsbummel als Freizeit angesehen wird. Repräsentative Umfragen aus dem Bereich der Freizeitforschung haben gezeigt, dass die Beschaffung von hochwertigen Konsumartikeln wie z. B. von Elektrogeräten oder Schmuck im Laden durchaus als Freizeit eingeschätzt wird, alltägliche Einkaufsdinge wie etwa Lebensmittel oder Drogerieartikel jedoch den Freizeitwert mindern (vgl. BAT-Freizeitforschungsinstitut 2000; Opaschowski 1999). Dies legt nahe, dass der Endbenutzer es vorziehen würde, alltäg-

Alltägliche Einkaufsgänge sollten durch B2C ersetzt werden – die Realität sieht noch anders aus liche Einkaufsgänge durch B2C zu ersetzen und hochwertige Konsumartikel beim Einkaufsbummel in der Freizeit zu erstehen. Die digitale Realität sieht leider anders aus, da B2C bisher noch nicht in der Lage ist, alltägliche Einkaufsgänge beispielsweise im Frischwarenbereich umfassend zu ersetzen.

Endkundenbefragung des Deutschen Verkehrsforums

Nach Auswertung anderer Studien verblieben die *Zahlungsbereitschaft* des Endkunden für die Lieferung und die *logistischen Präferenzen* als unbekannte Variablen. Das Deutsche Verkehrsforum hat versucht, diese Wissenslücke im Rahmen einer Repräsentativbefragung durch infas im Herbst 2001 zu füllen (Daten im Folgenden nach: Deutsches Verkehrsforum 2001). Zunächst ließen sich die nachfolgenden generellen Zusammenhänge ableiten:

1. *Zusammenhang Alter:* Mit zunehmendem Alter nimmt die Nutzungsbereitschaft für E-Business im B2C ab
2. *Zusammenhang Einkommen:* Mit zunehmendem Einkommen nimmt die Nutzung von E-Business im B2C zu
3. *Zusammenhang Ausbildung:* Während der Ausbildung sind die befragten Personen „zugänglicher" gegenüber E-Business im B2C

Frage: Nutzung des Internet für Einkäufe

Auch bei der Frage nach Nutzung des Internet für Einkäufe (Abb. 2) zeigt sich, dass die Bereitschaft zu B2C nachwächst: bei jüngeren Generationen lehnen lediglich 44 % das Ersetzen „realer" Einkaufsgänge durch Einkäufe per Internet ab, bei älteren Generationen (über 44 Jahre) sind dies 79 %. Zunächst wird jedoch nur ein Bruchteil der Einkäufe über das Internet abgedeckt: 38 % der Altersgruppen bis 44 Jahre würden bis zu 10 % ihrer Einkäufe auf das Internet verlagern, 11 % dieser Altersgruppen würden bis zu 25 % verlagern.

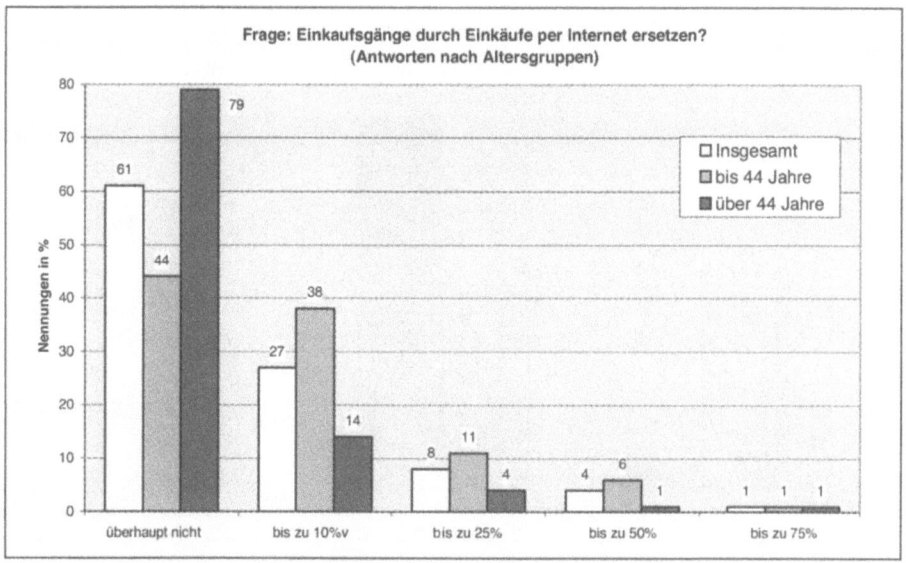

Abb. 2. Nutzung des Internet für Einkäufe (Quelle: Repräsentativbefragung durch infas im Auftrag des Deutschen Verkehrsforums, Herbst 2001)

Frage: Bewertung des Internet als Einkaufsplattform

Der überwiegende Teil der Befragten mit E-Business-Erfahrung sagt aus (Abb. 3), das Internet sei lediglich als Informationsmedium geeignet, der eigentliche Einkaufsvorgang finde überwiegend im Laden statt. Allerdings geben immerhin 42 % der Befragten mit E-Business-Erfahrung an, das Internet sei als Einkaufsplattform geeignet. Von dieser Gruppierung halten nur 4,1 % das Internet für ein ungeeignetes Medium im Rahmen von B2C.

Frage: Umgang mit anfallenden Lieferkosten

Unter dieser Fragestellung (Abb. 4) wurde nach der Zahlungsbereitschaft generell gefragt sowie nach der Reaktion auf anfallende Lieferkosten durch Bündelung, d. h. nach der Empfindlichkeit des Endkunden gegenüber Staffelpreisen, Mindestmengen oder Preisobergrenzen bei der Lieferung. Dass sich eine Lieferkostenfreiheit auf Dauer nicht durchhalten lässt, zeigt sich etwa daran,

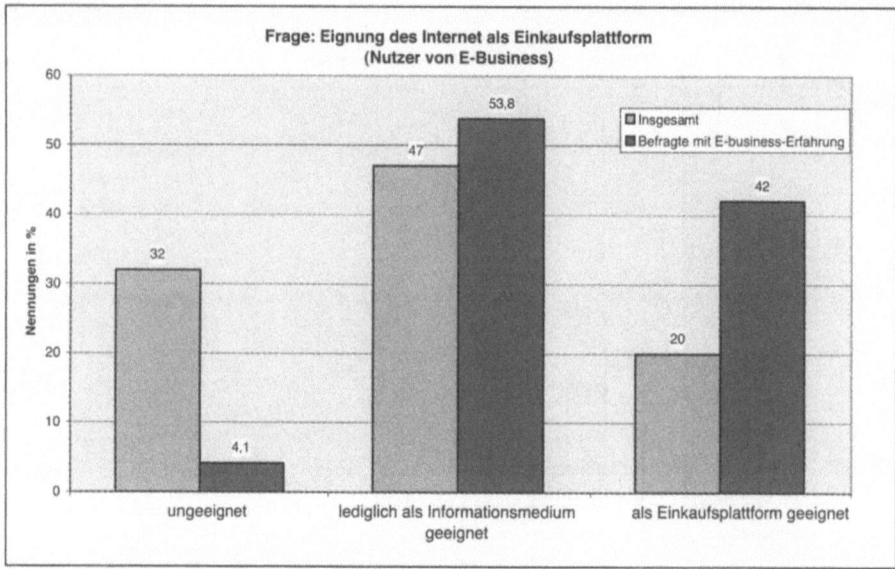

Abb. 3. Bewertung des Internet als Einkaufsplattform (Quelle: Repräsentativbefragung durch infas im Auftrag des Deutschen Verkehrsforums, Herbst 2001)

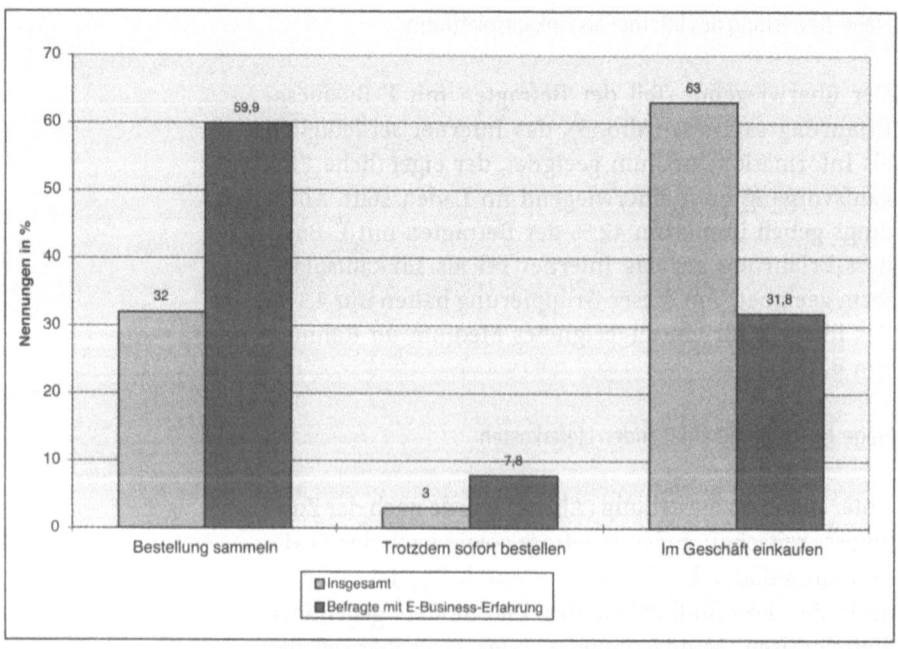

Abb. 4. Umgang mit anfallenden Lieferkosten bei Bestellungen über Internet (Quelle: Repräsentativbefragung durch infas im Auftrag des Deutschen Verkehrsforums, Herbst 2001)

dass Amazon.de zum 20. Februar 2002 Lieferkosten bis zu einer Mindestbestellmenge von Euro 20,00 eingeführt hat. Aktuelle Studien der Deutsche Post AG in Zusammenarbeit mit dem Fraunhofer Institut für Materialfluss und Logistik (IML) weisen nach, dass derzeit keine Margen für zeitfensterspezifische Zustellungen vorhanden sind, Kosten hierfür also an den Kunden überwälzt werden müssen.

Befragte mit geringerem Einkommen akzeptierten zu über 70 % die im B2C anfallenden Lieferkosten nicht und zogen den Einkauf im Geschäft vor. Höhere Einkommensstufen reagierten auf anfallende Lieferkosten mit einer Bündelung, d. h. dem Ansammeln von Bestellwünschen. In Bezug auf die Lieferkosten kann insofern von einem scheinbar „rationalen" Verhalten der Endkunden ausgegangen werden. Die Bündelung von Liefervorgängen des Unternehmens zum Besteller ist somit durch Lieferkosten steuerbar. Dieses Verhalten der Endkunden ist allerdings nur insofern rational und nachvollziehbar, als die für den Einkaufsvorgang benötigte Freizeit vom Kunden als kostenloses Gut angesehen wird. Würde der Kunde allerdings seine durch Einkaufen entgangene Freizeit monetär bewerten, bekämen die Lieferkosten eine andere Dimension. Die Abwägung zwischen virtuellem und realem Einkaufsgang oder zwischen Einzelbestellung und Bündelung erfolgt dann aufgrund veränderter Prämissen.

Kunden mit niedrigem Einkommen scheuen Lieferkosten – Besserverdiener bündeln Bestellungen

Frage: Bewertung von Liefermöglichkeiten

Um die logistischen Präferenzen der Endkunden im B2C zu erfragen (Abb. 5), sollten jeweils folgende Alternativen bewertet werden: Wunschadresse (herkömmliche Zustellmethode der Deutschen Post AG), Wunschadresse und Wunschtermin, der so genannte PickupPoint (Tankstelle, Kiosk o. ä.), sowie die so genannte DropBox (Schließfachsystem mit Zugangscode). Die Bewertung der Liefermöglichkeiten fällt eindeutig zugunsten der Kombination von Wunschadresse und -termin aus, darauf entfallen 93,2 % der Nennungen mit „sehr gut/gut". Mit rund 57 % ist der PickupPoint zumindest bei den erfahrenen E-Business-Nutzern noch akzep-

Zustellmethode „Wunschadresse und Wunschtermin" wird vom Kunden bevorzugt …

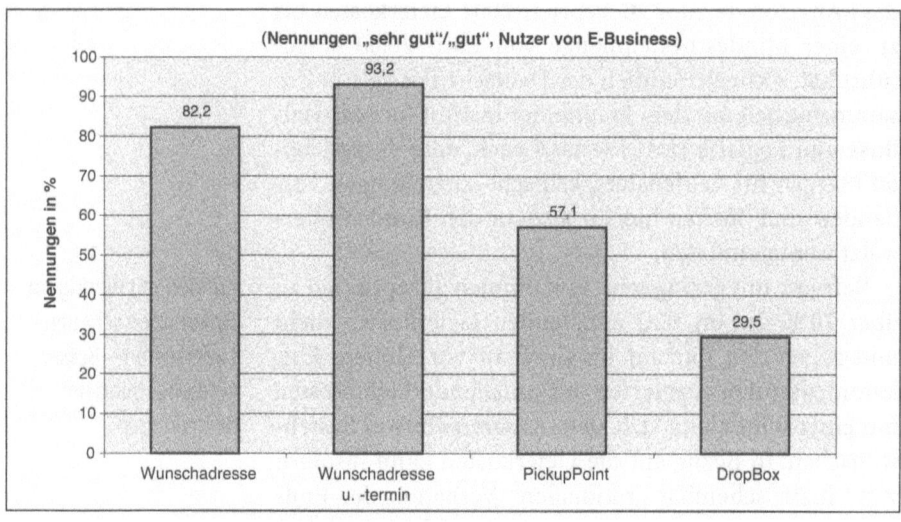

Abb. 5. Bewertung von Liefermöglichkeiten (Quelle: Repräsentativbefragung durch infas im Auftrag des Deutschen Verkehrsforums, Herbst 2001)

tiert, die DropBox ist mit weniger als 30 % der Nennungen für „sehr gut/gut" nicht akzeptiert.

Schlussfolgerungen aus der Umfrage

Das Internet ist als Einkaufsplattform in absehbarer Zeit noch nicht etabliert. Die Potentiale von Bündelungseffekten beim Endkunden aufgrund von logistischen Innovationen wie PickupPoint oder DropBox sind derzeit eher gering einzustufen. Gute Steuerungsmöglichkeiten ergeben sich eher über die Lieferkosten und -bedingungen. Der Wunschtermin stellt neue logistische und kostenseitige Herausforderungen an die Lieferdienste und Verlader dar, zumal Margen für die kostenfreie Einführung dieser Dienstleistung nicht vorhanden sind.

... ist allerdings für Unternehmen teuer
Die „letzte Meile" könnte sich insofern zum qualitativen und quantitativen Engpassfaktor des B2C entwikkeln und die Kostenproblematik der Unternehmen verschärfen.

Problemfaktor letzte Meile?

Die erwartete Belastung der Innenstädte durch die Lieferströme aus B2C kann allerdings auch bei einer endkundenseitigen Ablehnung von so genannten Bündelungspunkten unter anderem durch die Kombination von Liefernetzen oder dem kooperativen Ansatz der City-Logistik abgefangen werden, so dass Logistikdienstleister zum einen Mehrkosten vermeiden und zum anderen zusätzliche Lieferzeitfenster anbieten können. Eine zeitliche Entzerrung der Lieferströme könnte durch einen Kostenauf- oder -abschlag des Logistikdienstleisters gegenüber dem Verlader entsprechend der Lieferzeit erreicht werden. Über Lieferkosten und -bedingungen könnte eine Bündelung der Bestellungen beim Endkunden oder eine Flexibilisierung des Liefertermins angeregt werden – die entsprechende Sensibilität des Endkunden konnte in der hier vorgestellten Untersuchung des Deutschen Verkehrsforums nachgewiesen werden.

Belastungsreduktion der Innenstädte durch Kombination von Liefernetzen oder Kooperation in der City- Logistik

Innovative Ansätze für die Feinverteilung nutzen

Der kooperative Ansatz einer City-Logistik überzeugt durch die insgesamt geringere Kilometerleistung bei der Zustellung zum jeweiligen Endkunden. Problematisch hat sich bei den bisherigen Projekten allerdings der zusätzliche Aufwand an Zeit und Kosten durch den notwendigen Umschlag im Nahbereich erwiesen. Eine dann entfallende Mehrfachnutzung der Fahrzeuge sowie die notwendige Qualitätskontrolle der Partner sind ebenfalls kritische Punkte.

Eine Alternative ist die Kombination von verschiedenen Liefernetzen: Entweder werden für vorhandene Netze eines Betreibers neue Gütergruppen akquiriert oder verschiedene Netze mehrerer Betreiber werden zusammengelegt, mit dem Ziel, vorhandene Routen zu verdichten und Zeitfenster auszulasten. Die Kontrolle verbleibt in der Hand des Systemführers. Ein gutes Beispiel hierfür ist der Ansatz der Fiege-Gruppe, gemeinsam mit der FAZ die vorhandene Zeitungslogistik für weitere Auslieferungen zu nutzen. Ebenso denkt HERMES darüber nach, seine vorhandenen Netzwerke durch Kombination mit anderen Aktivitäten wie Postdienstleistungen besser auszulasten.

Beide Ansätze sind geeignet, auch bei weiterer Individualisierung der Lieferzeitfenster eine Auslastung der Fahrzeuge sicherzustellen.

Bündelungspunkte im Fokus

Relativ geringe Akzeptanz bei Endkunden

Auch über Bündelungspunkte wie DropBox und PickupPoint kann die Reduzierung der Wege in den Innenstädten sichergestellt werden. Die Umfrage hat jedoch gezeigt, dass die Akzeptanz dieser Lösungen beim Endkunden relativ gering ist. Vor diesem Hintergrund muss die Qualität der Angebote an den Haus-zu-Haus-Lösungen der KEP-Dienste gemessen werden. Bestandteile eines Benchmarking sind:

1. Wie ist die räumliche Verfügbarkeit, welche Partner stehen zur Verfügung, um die Versorgung auszudehnen?
2. Wie ist der Zugang zum Bündelungspunkt geregelt, wie ist seine zeitliche Verfügbarkeit, d. h. welchen zeitlichen Einschränkungen unterliegt der Endkunde?
3. Faktor „Mensch": Gibt es einen Ansprechpartner vor Ort bzw. ist das letzte (menschliche) Glied in der Logistikkette verzichtbar? Dieser Punkt ist das „'one'-oder-'none'-face to the customer".
4. Welche Kosten entstehen zusätzlich zu der Lieferung zum Bündelungspunkt (Miete, Personalkosten usw.), und wie wirkt sich dies auf den Transport-/Endpreis aus?
5. Wie ist der technische Aufwand der Lösung?
6. Die eigentliche Zustellung wird auf den Kunden überwälzt: Inwieweit erhöht sich der Aufwand für den Kunden und bis zu welchem Grad wird dies akzeptiert?
7. Stichwort Kapazität: Wie werden Spitzenzeiten (etwa zu Weihnachten) abgedeckt, und wie berechenbar ist die notwendige vorzuhaltende Kapazität eines Bündelungspunktes, da sich das Abholverhalten der Endkunden nicht steuern lässt?

The „right" face to the customer

Ein wesentliches Hemmnis zur vermehrten Nutzung von B2C liegt darin, dass der Zugang zum „virtuellen Ladenlokal" bisher nicht standardisiert ist, d. h. die Benutzer müssen sich anbieterspezifisch in die Zugangsmodalitäten jeweils neu einarbeiten. Zudem sind die unterschiedlichen Medien nur unzureichend miteinander verknüpft, so dass ein Einkaufsportal nicht nur optisch, sondern auch in der Struktur über WAP anders aussieht als in i-mode oder HTML. Der elektronische Einkaufsvorgang muss zukünftig eher am Endbenutzer als am Designer ausgerichtet werden, der Zugang über die Benutzeroberfläche muss ähnlich dem SAA-Standard für Softwarebedienung in den 1980er Jahren vereinheitlicht werden.

Einkaufsportale müssen am Endkunden ausgerichtet sein

Das Fulfillment der Bestellung wird gerade bei kleineren Unternehmen einem Dienstleister – dem Zusteller – überlassen, der nur begrenzt steuerbar ist. Rating, Malus und ein effizientes Retourenmanagement sind an dieser Stelle wichtige Stichworte für eine notwendige Qualitätssicherung.

Verkehrsvermeidung durch E-Business

Dennoch ergibt sich auch eine Vielzahl von Möglichkeiten, das Verkehrsaufkommen im Liefer- und Einkaufsverkehr durch konsequenten und effizienten Einsatz von E-Business zu verringern. Dazu gehören etwa:

1. Die Abwicklung klassischer „reiner" Dienstleistungen im B2C (Versicherungen, Bankgeschäfte, Electronic-Ticket/-Ticketing)
2. Der konsequente Einsatz von B2B in der Logistik mit dem Ziel, den Auslastungsgrad in der gesamten Logistikkette zu erhöhen, da alle relevanten Informationen auf der zeitlichen, räumlichen, mengenmäßigen Ebene erfasst werden können
3. Der Einsatz von B2C als Informationstool, um die vorgelagerten Informationswege der Kunden zu vermeiden

Diese Effekte müssen jedoch in den Strategien der Unternehmen berücksichtigt werden. So gilt es, Informati-

onen über die mittels B2C ersparten Zeitkosten in Wer-
bemaßnahmen aufzunehmen und die Vorteile von E-
Business klar zu artikulieren. Ebenso können Anreize
zur Bündelung oder Entzerrung der Lieferzeitfenster
durch den Besteller geschaffen werden (z. B. durch Zu-
oder Abschläge bei den Versandkosten). Letztendlich
müssen jedoch vor allem die Zugangsmedien für E-
Business verbessert und vereinheitlicht werden, insbesondere durch Standardisierung und Steigerung der Attraktivität über alle Medien hinweg.

Bewertung

Unzureichende
Datenbasis

Um einen quantitativen Überblick über die verkehrlichen Wirkungen von E-Business im B2C zu erlangen, ist
mehr Transparenz über die zugrunde liegenden Prozesse erforderlich. Notwendige Primärdaten über das
digitale Einkaufsverhalten der Endkunden liegen derzeit
nur in unzureichendem Umfang vor. In einem ersten
Schritt sollten daher zumindest bei bestehenden Untersuchungen zum herkömmlichen Verkehrsverhalten entsprechende Daten erhoben werden, denn auch E-Business und speziell E-Shopping sind über den Bereich Datenkommunikation dem Verkehrssektor zuzurechnen.
Mit vergleichsweise geringem Aufwand ließe sich somit
eine erste Datenbasis schaffen, an der Kundenverhalten
und Bedürfnisse abgelesen und Marktentwicklungen
zuverlässiger als bisher prognostiziert werden können.

Die Kurseinbrüche am Neuen Markt haben gezeigt,
dass die New Economy insbesondere im Bereich des
Versandhandels und der Logistik von der Old Economy
durchaus noch lernen kann, dass einige Bereiche sogar
untrennbar miteinander verzahnt sind. Hier bietet es
sich an, auf das Wissen und die Kompetenz etablierter
Logistikdienstleister zurückzugreifen, die Qualität im
Transport gegenüber dem Endkunden zu sichern und
Kostentransparenz zu schaffen. Kundenfreundliche und
standardisierte Zugangsmöglichkeiten schaffen eine höhere Akzeptanz beim Endkunden und erhöhen damit
die Nutzung und den Nutzen von E-Business.

Wirtschaft, Wissenschaft und Politik sind hier gleichermaßen in die Pflicht genommen, den Endkunden

zu sensibilisieren, die Datenkommunikation und ihre Technologien als Verkehrsträger wahrzunehmen und damit auch der Implementierung von E-Business in die verkehrlichen Prozessketten die notwendige Aufmerksamkeit und Förderung zukommen zu lassen.

Literatur

BAT Freizeitforschungsinstitut (2000): Freizeit-Monitor 2000. Hamburg.

Deutsches Verkehrsforum (2001): Repräsentativbefragung zum Thema „E-Business und Verkehrsaufkommen: Der Endkunde als Einflussfaktor". Berlin.

Forrester Research (2001): ISM/Forrester Research: Report on e-Business. (http://www.forrester.com)

GfK, Heyde (2001): Marktuntersuchung von GfK zu „Mobile Commerce" im Auftrag der Heyde AG, nach: FAZ Nr. 63, S. 30.

Opaschowski, H. W. (1999): Generation @. Die Medienrevolution entlässt ihre Kinder. Hamburg.

TNS (Taylor Nelson Sofres) Interactive (2001): Global e-Commerce Report. (http://www.tnsofres.com/interactive)

12 Die Lebensmittelversorgung: Eine Kette mit vielen Gliedern

Alexander Pflaum
*Fraunhofer Arbeitsgruppe für Technologien
der Logistikdienstleistungswirtschaft, Nürnberg*

Online-Supermärkte: Rückblick

Die Geschichte der Online-Supermärkte beginnt 1989 mit der Gründung des Unternehmens Peapod in Boston. Die Liste der Anbieter, die sich seitdem dem Anspruch gestellt haben, dem Konsumenten Lebensmittel ins Haus zu liefern, könnte Seiten füllen. Gegen Ende der 1990er Jahre spricht eine Studie (ECR Europe 2000) von mehr als achtzig Dienstleistern. Der Zusammenbrauch des neuen Marktes lässt diese Zahl schlagartig zusammenschrumpfen. Von den 25 Diensten, die Ende 2000 in einer Studie der Fraunhofer Gesellschaft (Pflaum *et al.* 2000) näher untersucht werden, überleben ein Drittel die nächsten sechs Monate nicht, ein weiteres Drittel kämpft mit finanziellen Problemen. Inzwischen hat sich das Angebot an Online-Supermärkten deutlich konsolidiert. Die Unternehmen, die versucht haben, den Markt mit kapitalintensiven High-End-Logistiksystemen aufzurollen, mussten ihre Aktivitäten zum größten Teil einstellen. Die „Gewinner" sind derzeit Unternehmen, die in gleicher Geschwindigkeit mit dem Nachfragemarkt wachsen.

Die aktuelle Situation

Der Markt für Lebensmittelheimlieferdienste

Im Zusammenhang mit Lebensmittelheimlieferungen spielen derzeit die folgenden vier Unternehmenstypen eine Rolle:

Unternehmenstypen für Lebensmittellieferdienste

- *Typ 1: Klassische Lieferdienste für Gefrierprodukte*
  Zu dieser Gruppe zählen Unternehmen wie Eismann oder Bofrost. Innerhalb der Produktkategorie wird das vollständige Sortiment abgedeckt. Konsumenten werden über zentrale Distributionszentren in ganz Deutschland beliefert. Die Verwendung spezieller Kühlfahrzeuge garantiert die Einhaltung der Kühlkette. Geliefert wird in der Regel im Abstand von mehreren Wochen zu fest vereinbarten Zeiten. Die existierenden Dienste sind gewachsen und betriebswirtschaftlich effizient. Internet- und E-Commerce ergänzen den früheren Katalog. Es ist davon auszugehen, dass ein großer Teil des E-Commerce-Umsatzes durch Umschichtung aus dem klassischen Geschäft entsteht. Logistische und verkehrliche Konsequenzen dürften deswegen eher gering ausgeprägt sein.

- *Typ 2: Klassischer Versand- oder Distanzhandel*
  Zu dieser Gruppe zählt unter anderem Ottos Supermarkt Service. Üblicherweise wird ein breites Sortiment trockener und abgepackter Waren angeboten und national flächendeckend verteilt. Das klassische Geschäft wird entsprechend erweitert. Genutzt werden die standardisierten Leistungen der Paketdienste oder eigene Distributionsstrukturen (Otto). Lieferzeitpunkte können typischerweise nicht festgelegt werden. Das Verhältnis zwischen Erlösen und Kosten ist zwar relativ unkritisch, die geringen Handelsspannen machen aber dennoch hohe Auftragsvolumina erforderlich. E-Commerce stellt auch hier nur einen zusätzlichen Vertriebskanal dar. Ein großer Teil des E-Commerce-Umsatzes entsteht durch Umschichtung aus dem früheren Kataloggeschäft.

- *Typ 3: Versandhandelsunternehmen für Spezialitäten*
  „Manufactum.de" oder „Wein.de" sind typische Beispiele für diesen Typus. Manufactum nutzt Kühlspeditionen für die Auslieferung von ausgewählten frischen Lebensmitteln. Die hohen Transportkosten werden an den Kunden weitergereicht und machen die Dienstleistung sehr teuer. Wein wird über klassische Paketdienste zugestellt. Geringe Logistikkosten und hoher Warenwert lassen den Service hier auch für den Durchschnittsbürger erschwinglich werden.

Die globale Verfügbarkeit durch das Internet generiert im Spezialitätensegment echtes Zusatzgeschäft. Da es sich in allen Fällen allerdings um Nischen handelt, fließen nur geringe zusätzliche Mengen.

- *Typ 4: Lokale und regionale Lebensmittellieferdienste*
  Unter diese Kategorie fallen Services wie Tengelmann und Kaiser's Lieferdienst. Kommissioniert wird entweder in Ladengeschäften oder in eigens eingerichteten Distributionszentren. Angeboten wird das gesamte Supermarktsortiment. Die Auslieferung erfolgt frühestens am Tag nach der Bestellung mit eigenen Fahrzeugen innerhalb eines vom Kunden bestimmten Zeitfensters. Die Ertragssituation ist hier wegen extremer Orientierung an Kundenwünschen und hochkomplexer Logistik kritisch. Zudem wird der Massenmarkt angesprochen. Auswirkungen auf Verkehr und Logistik sind deswegen gerade hier zu vermuten.

Aktuelle Auswirkungen auf Verkehr und Logistik

In den letzten beiden Jahren ist deutlich geworden, dass die E-Commerce-Umsätze (B2C) weit hinter den Erwartungen der späten 1990er Jahre zurückbleiben. Dies gilt insbesondere für „Lebensmittel und Weine". Bevor jedoch auf die Gründe hierfür eingegangen wird, soll geklärt werden, inwieweit sich das bisherige Geschäft auf Verkehr und Logistik auswirkt. Für eine erste Analyse sind grundsätzlich drei Gruppen von Transaktionen zu unterscheiden:

Gruppen von Transaktionen

- *Gruppe 1: Transaktionen ohne deutliche Auswirkungen auf Verkehr und Logistik, die sich aus der Umschichtung von Geschäften aus der „Old Economy" in die „New Economy" ergeben*
  Hierzu zählt der größte Teil der bei Typ 1 und vor allem bei Typ 2 anfallenden Transaktionen. Hier werden klassische Bestellmedien wie Telefon oder Brief durch Formulare im Internet ersetzt. An der Struktur der Logistiksysteme und an den Mengenströmen ändert sich zunächst nichts.
- *Gruppe 2: Transaktionen, die durch E-Commerce-Aktivitäten zusätzlich zum klassischen Geschäft gene-*

riert werden und Auswirkungen auf den Verkehr, nicht aber auf logistische Strukturen haben

Vor allem „paketaffine" Typ-3-Transaktionen lassen sich hier einordnen. Die üblichen Standardleistungen der Paketdienste erfüllen alle wesentlichen Anforderungen. Die zusätzlichen, vor allem durch das internationale Geschäft generierten Mengen sind zwar durchaus bemerkenswert, stellen für existierende Systeme aber kein Problem dar.

Die größten Auswirkungen auf Verkehr und Logistik

- *Gruppe 3: Transaktionen, die durch E-Commerce-Aktivitäten zusätzlich zum bisherigen Geschäft generiert werden und neue logistische Strukturen erfordern*

  In diese Gruppe fallen Transaktionen, die dem Dienstleistungstyp 4, also den auf den Massenmarkt ausgerichteten lokal und regional tätigen Unternehmen zuzuordnen sind. Hier wird mittels E-Commerce tatsächlich neues Geschäft mit extremen Anforderungen an die Logistik generiert.

Die größten Auswirkungen auf Verkehr und Logistik sind in Gruppe 3 und damit bei den lokal und regional tätigen Dienstleistungsunternehmen zu erwarten. Die folgenden Ausführungen konzentrieren sich auf diesen Dienstleistungstyp.

Abb. 1 zeigt die Supply-Chain der stationären Lebensmittelversorgung in Deutschland (Klaus, Erber, Voigt 2001: 61).

In der Vertikalen sind Wirtschaftsbranchen dargestellt, in der Horizontalen finden sich die Stufen einer typischen Wertschöpfungskette. Innerhalb des so aufgespannten Netzes sind die an der Versorgungskette beteiligten Unternehmen positioniert und durch Mengenströme verbunden. Die Tabelle beschreibt diese Mengenströme quantitativ (Schätzungen).

Anhand von Abb. 1 soll zunächst aus quantitativer Sicht erläutert werden, wie die klassischen Distributionsstrukturen durch B2C-E-Commerce-Aktivitäten verändert werden:

- Mengenströme und physische Logistiksysteme bleiben bis nach den Produktionseinrichtungen der Lebensmittelhersteller unverändert. Direkte Lieferungen an den Konsumenten sind unüblich.

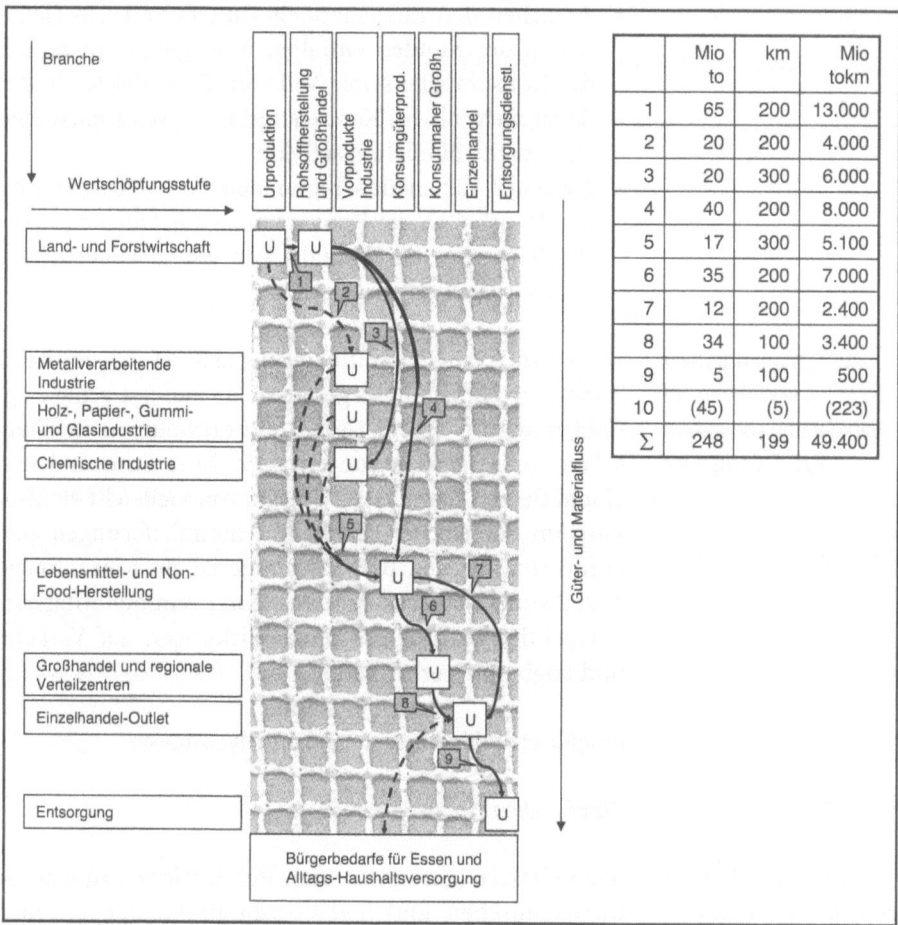

Abb. 1. Supply-Chain der stationären Lebensmittel-Alltagsversorgung in Deutschland. Illustration eines Mengengerippes der Ist-Situation (Quelle: Klaus, Erber, Voigt 2001: 61)

- Bei geringer Anzahl an Aufträgen wird in Ladengeschäften kommissioniert. Am Distributionsweg und an den transportierten Mengen ändert sich in diesem Fall bis zum Outlet grundsätzlich nichts.
- Bei größerer Zahl an Aufträgen werden regionale Verteilzentren aufgebaut, aus denen die Haushalte bedient werden. Ein Teil der Mengen aus (7) und (6) wird auf einen neuen Verkehrs- und Distributionsweg umgeschichtet. Aufgrund geringerer Bündelungseffekte können sich hier Mengenströme (Tonnenkilometer) geringfügig erhöhen.

- Zwischen den Einzelhandels-Outlets und den Haushalten der Kunden entfallen Besorgungsfahrten auf der Konsumentenseite. Weil vom Dienstleister in der Regel mehr als ein Kunde angefahren wird, entstehen zusätzliche Bündelungseffekte.
- Zwischen den neuen regionalen Verteilzentren und den Haushalten der Konsumenten entstehen zusätzliche Verkehre, die ebenfalls von einem Dienstleister abgewickelt werden.

Aus rein quantitativer Sicht keine Wirkung auf Verkehr und Logistik im B2C-E-Commerce

Der Versuch einer Quantifizierung erweist sich auf Basis bisheriger Forschungsergebnisse als äußerst schwierig. Geht man von einem Gesamtumsatzvolumen in deutschen Supermärkten von etwa 150 Mrd. Euro und von einem derzeit maximalen Umsatz von vielleicht 40 Mio. Euro im Bereich der Lebensmittelheimlieferungen aus, ergibt sich für den B2C-E-Commerce ein prozentualer Anteil von annähernd null. Aus einer rein quantitativen Perspektive sind damit keine Wirkungen auf Verkehr und Logistik zu erkennen.

Prognose: Probleme, Lösungen und Hypothesen

Die aktuellen Probleme der Praxis

Marketingtechnische und logistische Probleme für Heimlieferdienstleistungen

In den letzten Jahren sind viele Publikationen zu marketingtechnischen und logistischen Problemen erschienen. Im Folgenden seien die wichtigsten Probleme nur kurz skizziert:

- *Größe des Nachfragemarktes für Heimlieferdienstleistungen*
  Die Größe des über das Internet erreichbaren Marktes für Lebensmittel-Heimlieferdienstleistungen wird von den Anbietern allgemein als zu gering empfunden. Die Angebote werden von den Internetnutzern kaum wahrgenommen.
- *Komplexität der Dienstleistung*
  Aus den hohen Anforderungen des Kunden resultieren komplexe und teure Abwicklungsprozesse. Allerdings sind die Gewinnmargen in Deutschland mit maximal 2 bis 3 % des Umsatzes eher niedrig. Um das ungünstige Verhältnis zwischen Kosten und Erträgen

zu verbessern, muss die Service-Komplexität reduziert werden.

- *Qualität der Dienstleistung*
  Kritisch ist unter anderem der Umgang mit Out-of-
  Stock-Situationen, welche im stationären Einzelhandel aufgrund der sofortigen Verfügbarkeit der Information für den Kunden kaum ein Problem darstellen.
  Im Online-Supermarkt werden solche Situationen
  hingegen oft erst bei der Lieferung bemerkt. Hier existiert deutlicher Verbesserungsbedarf.
- *Loyalität des Kunden*
  Bei Problemen tendieren Onlinekäufer wegen des
  schwer zu argumentierenden Mehrwerts der Dienstleistung generell dazu, einen anderen Lieferanten zu
  wählen oder zum Einkaufen in das stationäre Outlet
  zurückzukehren. Für den Dienstleister ist dies wegen
  der kostenintensiven Neuakquisition extrem kritisch.
- *Auslastungs- oder „Levelling"-Problem*
  Das ungünstige Verhältnis zwischen Kosten und Erlösen resultiert unter anderem aus wenig „ausbalan-
  cierten" Prozessen. Kunden wählen etwa vorzugs-
  weise die am Morgen oder Abend angebotenen Zeitfenster. Dies hat zur Folge, dass Ressourcen dann oft
  überlastet sind, in den Mittagsstunden aber über
  freie Kapazitäten verfügen.
- *Produktivitätsproblem*
  Erst ab einer kritischen Menge an Aufträgen rentie-
  ren sich für den Internethandel optimierte Kommis-
  sionierläger. In der Regel wird im Laden kommissioniert. Weil das typische Shop-Layout aber schnelle
  Kommissionierprozesse nicht unterstützt, können
  Aufträge nicht optimal abgearbeitet werden.

Ungeachtet einer ganzen Reihe von „smart practices",
die in den letzten Jahren herausgearbeitet wurden (vgl.
Prockl und Wilhelm 2002), bleiben die beschriebenen
Probleme nach wie vor bestehen. Voraussetzung für das
Funktionieren eines Heimlieferdienstes ist vor allem
eine genügend hohe Kundendichte im bedienten Gebiet.
Nur dann lassen sich Skaleneffekte erschließen, und nur
dann verlieren statistische Schwankungen ihre Bedeutung.

Hohe Kundendichte als Voraussetzung

Vor diesem Hintergrund wird die aktuelle Situation –
Heimlieferdienste mit umfassendem Angebot konnten
sich innerhalb der Bundesrepublik bislang nur in Hamburg, Berlin und München etablieren – verständlich. Allein in diesen Städten ist die Kundendichte ausreichend
hoch.

Der Markt für Lebensmittelheimlieferdienste scheint
sich in einer Sackgasse zu befinden. Der prognostizierte
E-Commerce-Anteil von 10 % im Jahr 2010 ist angesichts der tatsächlichen Situation auf jeden Fall in Frage
zu stellen.

Nur technologische Innovationen und gesellschaftli-
cher Wandel könnten für eine Erhöhung des E-Commerce-Umsatzes im Bereich der Lebensmittel sorgen.

Erkennbare Lösungsansätze und Entwicklungen

Nach einer Umschau in der Forschungslandschaft lassen sich eine Reihe von Entwicklungen erkennen, die
den Online-Supermärkten „auf die Sprünge" helfen
könnten. Im Folgenden seien nur einige wesentliche genannt:

- *Home Replenishment*
  In der Konsumgüterindustrie gilt Efficient Consumer
  Response (ECR) als der Ansatz zur Optimierung der
  Versorgungskette. An der Schnittstelle zwischen Handel und Konsumenten wird das Konzept bislang nicht
  angewandt. Im Rahmen eines Forschungsvorhabens
  wird aber versucht, die Idee des „continuous replenishment" (eines der Basiskonzepte der ECR) auf die
  „letzte Meile" zu übertragen (Pflaum 2002). Der Konsument legt hier für jedes Produkt Bestandsgrenzen
  fest und überträgt die Aufgabe des Nachfüllens einem
  Dienstleister, der eigenständig entscheidet, wann der
  Kunde beliefert wird. Einige der oben beschriebenen
  Probleme könnten auf diese Weise gelöst werden.
- *Innovative Anlieferkonzepte*
  Eine weitere Neuerung stellt das Konzept der „unat-
  tended delivery" dar. Die physische Entkoppelung
  von Warenübergabe und -annahme verspricht ebenfalls einen Zuwachs an Effizienz. Die Palette an heute
  bereits existierenden Lösungen reicht von ausrei-

chend großen „Hausbriefkästen" über Boxen-Arrays
mit unterschiedlich temperierten Fächern bis hin
zum begehbaren, für den Dienstleister zugänglichen
Vorratsraum. Bislang haben sich solche Systeme aber
noch nicht flächendeckend durchgesetzt. Hier müssten Lösungen gefunden werden. Für die Umsetzung
des Replenishment-Konzepts sind innovative Anlieferkonzepte übrigens eine dringende Voraussetzung.

- *Neuartige Zugriffsmöglichkeiten auf das Internet*
  Neue Generationen von mobilen Endgeräten stellen
  für den klassischen PC eine echte Konkurrenz dar.
  Während die Zahl der PCs pro 100 Einwohner im
  Jahr 2001 in der Bundesrepublik bei 33 lag, betrug
  der Vergleichswert für Mobiltelefone bereits 69. Die
  Zahl der mobilen Anschlüsse hat die Zahl der Fest-
  netzanschlüsse inzwischen ebenfalls weit überholt.
  Durch den mobilen Zugriff auf die Dienstleistung
  lässt sich der potentielle Nachfragemarkt für Lebensmittellieferdienste damit also heute bereits mehr als
  verdoppeln (vgl. hierzu auch NFO Infratest 2002).

- *Neue Identifikationstechnologien*
  Der Barcode gilt heute als die Identifikationstechno-
  logie in logistischen Systemen. Die geringe Speicher-
  kapazität wird in der Praxis allerdings immer öfter
  zum Problem. Eine Alternative bieten elektronische
  Etiketten (oft auch als Transponder oder Tags bezeichnet). Auf Basis dieser Technologie können „intelligente Mülleimer mit Internetanschluss" realisiert
  werden, die Produktverpackungen beim Einwerfen
  vollautomatisch identifizieren und ohne menschli-
  ches Zutun entsprechende Verbrauchsmeldungen an
  einen Dienstleister versenden. Experten rechnen damit, dass die ersten Produktverpackungen mit elektronischen Tags bereits 2008 verfügbar sind (vgl.
  Broy *et al.* 2000: 140).

Vor diesem Hintergrund lässt sich ein erstes Referenzszenario für den Lebensmittelheimlieferdienst von morgen zeichnen:

Zukünftig wird möglicherweise zwischen typischen
„langweiligen" Replenishment-Produkten wie Drogerieartikel, Katzenfutter, Waschmittel, Lebensmittel in

In Zukunft: Replenish-
ment- Konzepte und
„intelligenter Mülleimer"

Dosen, Tütenmilch usw. und „Touch-and-feel"-Produkten wie Käse, frische Wurst, Salate und Obst unterschieden. Während die zweite Produktkategorie beispielsweise auf Wochenmärkten, in Metzgereien und Bäckereien eingekauft wird, erfolgt die Anlieferung der ersten durch einen Dienstleister direkt ins Haus. Der Konsument nutzt eine Kombination aus Mobiltelefon und PDA mit Zusatzmodulen zur Definition der Replenishment-Produkte und legt den minimalen und maximalen Bestand fest. Der Verbrauch wird beim Wegwerfen leerer Verpackungen vollautomatisch durch einen „intelligenten Mülleimer" erfasst. Ein Replenishment-Dienstleister liefert bei Bedarf direkt in einen Servicebereich im Haushalt.

Die beschriebenen Entwicklungen könnten bei entsprechender Steuerung in Richtung dieses Szenarios konvergieren. Dass dessen technische Realisierung langfristig aber durchaus denkbar ist, zeigt eine vom Bundesamt für Sicherheit in der Informationstechnik veröffentlichte Studie zur Entwicklung der Informations- und Kommunikationstechnologien bis 2010 (Broy *et al.* 2002). Die notwendigen Technologien stehen langfristig voraussichtlich alle zur Verfügung.

Allerdings bleibt die Frage zunächst offen, ob eine entsprechende Dienstleistung vom Konsumenten aber überhaupt akzeptiert wird.

Szenario: Zukünftige Auswirkungen auf Verkehr und Logistik

Keine gravierenden Auswirkungen auf den Straßenverkehr zu erwarten …

Wege aus der weiter oben beschriebenen Sackgasse existieren also. Unterstellt man, dass sich das im letzten Abschnitt beschriebene Replenishment-Konzept etabliert und dass die Vorhersagen bezüglich des E-Commerce-Umsatzes (10 % am Gesamtumsatz der Branche im Jahr 2010) richtig sind, ergeben sich die in Abb. 2 dargestellten quantitativen Effekte.

Die einzelnen Effekte seien kurz beschrieben:
• Geht man von einem E-Commerce-Umsatzvolumen von 10 % aus, reduziert sich das vom Kunden zwischen Einzelhandels-Outlet und Haushalt transportierte Mengenvolumen um etwa 5 Mio. Tonnen (10).

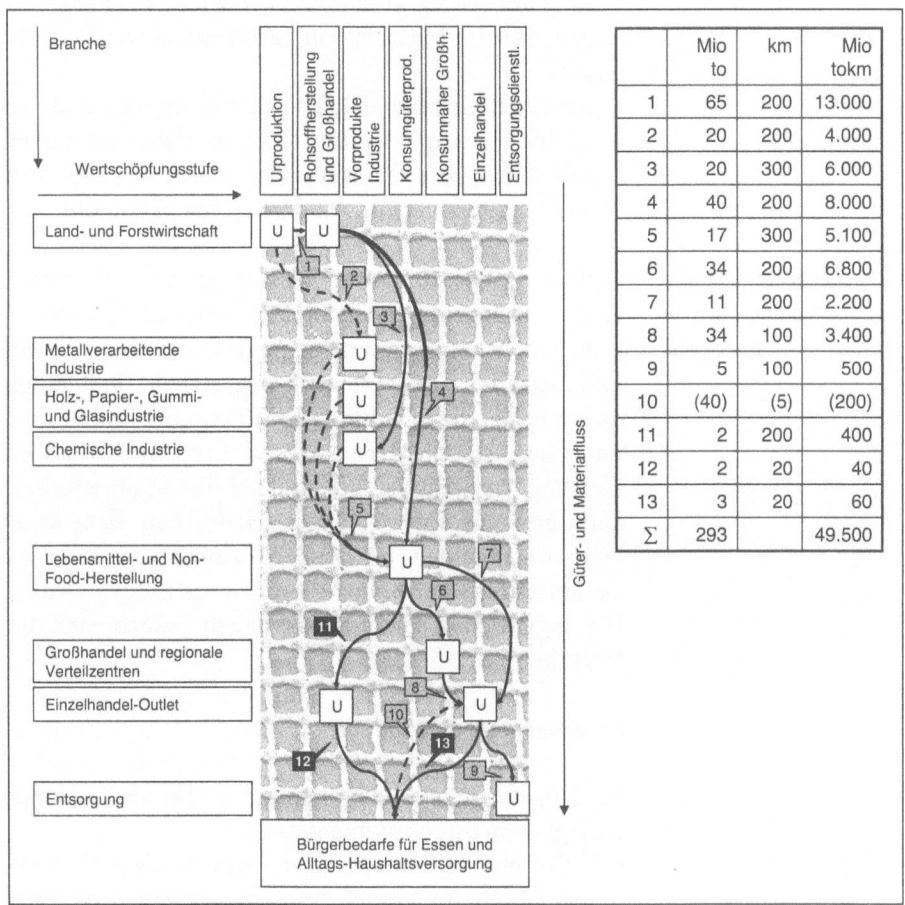

Abb. 2. Verkehrliche und logistische Effekte des E-Commerce (Quelle: Erweiterung der Darstellung aus Klaus, Erber, Voigt 2001: 62)

- Geht man davon aus, dass etwa 40 % der über das Internet vertriebenen Waren über regionale Verteilzentren der Heimlieferdienste und 60 % über die stationäre Ladeninfrastruktur des Handels an den Konsumenten zugestellt werden, kommt es zu einer Umschichtung zwischen (6), (7) und (11), die sich aber wegen ähnlicher Distanzen nicht bemerkbar macht.

- Eine zusätzliche Belastung ergibt sich durch die Fahrten zwischen den regionalen Verteilzentren bzw. den Outlets des Einzelhandels und den Haushalten, die jetzt zusätzlich im Rahmen der Heimlieferdienstleistung notwendig werden. Hier wurde davon ausgegangen, dass im Mittel 20 km zurückgelegt werden müssen.

- Als Ergebnis zeigt sich also eine marginale und vernachlässigbare Steigerung der quantitativen Güterverkehrsleistung im Konsumgüterbereich von 49,4 Mrd. Tonnenkilometer auf 49,5 Mrd. Tonnenkilometer.

... aber beträchtliche Herausforderungen für die Logistik

Entlastungseffekte durch Bündelung auf der letzten Meile wurden hier noch nicht eingerechnet. In erster Näherung ist aber anzunehmen, dass sich die positiven und negativen Effekte in etwa ausgleichen. Unabhängig davon liegen die quantitativen Effekte aber immer noch unter der Schwelle der verkehrsstatistischen Erfassbarkeit. Von gravierenden Effekten auf den Straßenverkehr kann also aus einer volkswirtschaftlichen Sicht selbst beim unterstellten E-Commerce-Anteil von 10 % am Gesamtumsatz der Branche kaum ausgegangen werden. Die logistischen Herausforderungen jedoch sind beträchtlich.

Zusammenfassende Thesen

Im Folgenden seien die wichtigsten Thesen nochmals schlaglichtartig zusammengefasst:

- E-Commerce-Transaktionen im klassischen Versandhandel und im Bereich gefrorener Waren wirken sich heute weder auf den Verkehr noch auf die Logistik aus. Hier wird nur ein Bestellmedium durch ein anderes ersetzt.
- Bei Spezialversendern ist mit einer Zunahme des Verkehrsaufkommens zu rechnen. Da es sich aber um Nischen handelt, wird sich die Zunahme in Grenzen halten und für die existierenden Systeme kein Problem darstellen. Neuartige Logistiksysteme sind nicht erforderlich.
- Auswirkungen auf Verkehr und Logistik sind vor allem durch eine vermehrte Inanspruchnahme der regional und lokal tätigen Heimlieferdienste zu erwarten. Hier ist der Massenmarkt der Verbraucher angesprochen. Völlig neue logistische Strukturen sind erforderlich.

- Im Zusammenhang mit B2C-Heimlieferungen werden sich entlang der Versorgungsketten bis nach den Produktionsanlagen der Hersteller keine Änderungen ergeben.
- Direktvertrieb zum Endkunden ist wegen der Notwendigkeit der herstellerübergreifenden Bündelung von Waren zu Einkaufskörben nicht oder kaum zu erwarten.
- In geografischen Räumen mit geringerer Einwohnerdichte wird auch auf Dauer die Ladeninfrastruktur als Quelle für Warenströme zum Haushalt des Kunden dienen.
- Nur in dicht besiedelten Regionen werden neue, speziell auf den E-Commerce ausgerichtete Distributionslager entstehen.
- Angesichts des derzeit extrem niedrigen Umsatzvolumens ist der B2C-E-Commerce-Umsatz im Lebensmittelbereich statistisch kaum relevant.
- Die Probleme der Praxis lassen sich auf Basis der bisher zur Verfügung stehenden Technologien und Hilfsmittel nicht lösen.
- Ohne die Entwicklung innovativer Problemlösungen und ohne den Einsatz im Anwendungsfeld grundlegend neuer Basistechnologien wird sich das Volumen des B2C-E-Commerce in den nächsten Jahren kaum erweitern.
- Soziale Innovationen könnten als zusätzlicher Katalysator wirken.
- Es zeichnen sich heute zunächst unabhängige Entwicklungen ab, die mittel- bis langfristig in Richtung eines neuartigen Versorgungskonzepts für private Haushalte konvergieren könnten.
- Unterschiedlich schneller Fortschritt bei einzelnen Entwicklungen macht steuernde staatliche Eingriffe erforderlich. In diesem Zusammenhang sollte ein Referenzszenario für den Heimlieferdienst entwickelt werden, welches von Industrie, Handel und Forschung akzeptiert und verfolgt wird.
- Insbesondere im Bereich der physischen Schnittstellen zwischen Dienstleister und Konsumenten muss schnell die notwendige Infrastruktur zur Verfügung gestellt werden. Hier ist der Staat gefordert.

- Auch bei einem E-Commerce-Anteil von 10 % am Gesamtvolumen in der Lebensmitteldistribution sind keine gravierenden quantitativen verkehrlichen Auswirkungen zu erwarten.

Literatur

Boston Consulting Group (2000): The Race for Online Riches: E-Retailing in Europe. (http://www.bcg.com/publications).

Broy, M., Hegering, H.-G., Picot, A., Buttermann, A. et al. (2000): Kommunikations- und Informationstechnik 2010 – Trends in Technologie und Markt. Studie im Auftrags des Bundesamts für Sicherheit in der Informationstechnik. Bonn.

ECR Europe und Roland Berger & Partners (2000): Consumer Direct: Shopping in the New Millenium – A collaborative r-@-volution. Eigenverlag, Brüssel.

Klaus, P., Erber, G., Voigt, U. (2001): Verkehrliche Wirkungen des E-Commerce – Stand des Wissens und Forschungsbedarfs, in: Logistik Management 3(2/3), S. 53–64.

NFO Infratest (2002): Monitoring Informationswirtschaft. Folienpräsentation, erstellt im Auftrag des Bundesministeriums für Wirtschaft und Technologie. (Online-Folienpräsentation: www.nfoeurope.com).

Pflaum, A. (2002): Logistical Advances in Consumer Direct Logistics Systems for Grocery and FMCG-Industry: Home Replenishment in Nuremberg – Bringing Theory into Practice. In: J. C. de Carvalho (Hrsg.): Tagungsband zur Konferenz International Meeting for Research in Logistics/Rencontres Internationales de la Recherche en Logistique. Lissabon, S. 926–939.

Pflaum A., Kille C., Wilhelm M., Prockl G. (2000) Consumer Direct: Heimlieferdienste für Lebensmittel und Konsumgüter des täglichen Bedarfs im Internet – die „letzte Meile" zum Kunden aus der logistischen Perspektive. Publikation des Fraunhofer Anwendungszentrum für Verkehrslogistik und Kommunikationstechnik, Nürnberg.

Prockl, G. und Wilhelm, M. (2002): Smart Practices in Consumer Direct Logistics – New Labels for Old Principles? Tagungsband zur Konferenz NOFOMA, Trondheim, Norwegen.

13 Neue Herausforderungen für Gütertransport und Logistik

Christina Ulbricht
Hermes General Service GmbH, Hamburg

Insbesondere der Einsatz der Neuen Medien in der Entwicklung innovativer Kommunikationsstrategien und die daraus resultierenden Anforderungen haben den Hermes General Service dazu veranlasst, sich der Thematik E-Commerce intensiv zu widmen.

Hermes General Service - Fulfillment aus einer Hand

Die Hermes General Service GmbH (HGS), Hamburg, ist die Vertriebsgesellschaft für die Service- und Logistikdienstleistungen der Otto-Gruppe. Der 1999 gegründete Hamburger Fulfillment-Spezialist bietet Geschäftskunden, die aus Kosteneinsparungs- oder Kapazitätsgründen einzelne Prozesse aus ihrer Wertschöpfungskette auslagern wollen, Outsourcing-Konzepte vom Einkauf bis zur Distribution. Als Tochterunternehmen der größten Versandhandelsgruppe der Welt beherrscht HGS die ganze Klaviatur der Wertschöpfungskette.

In der Otto-Gruppe werden die Synergiepotentiale von Katalogangebot, Stationärgeschäft und Internet zu einem zeitgemäßen Multichannel-Vertrieb verknüpft. So konnte Otto seine Führungsposition im weltweiten Versandhandel weiter stärken und sich zur Nummer zwei im Internetbusiness direkt hinter Amazon entwickeln.

Ein entscheidender Erfolgsfaktor ist die richtige Mischung aus redaktionellen Inhalten, attraktiven Angeboten und zielgruppenspezifischen Mehrwerten. Letztlich schließt Neues Bewährtes nicht aus, sondern die

Erfolgskonzept Synergie zwischen „New" und „Old Economy"

New Economy liefert neue Ideen und die „Old" Economy hat die langjährige Erfahrung. Mit Otto im Hintergrund kann Hermes General Service diese strategische Mixtur mit großem Potential auch Dritten zur Verfügung stellen. Die klassischen Distanzhandelsaktivitäten leisten zu diesem Erfolg einen entscheidenden Beitrag. In Zeiten gesättigter Märkte und steigender Verbraucheranforderungen ist der Distanzhandel über eine hohe Produktqualität und ein gutes Preis-Leistungs-Verhältnis hinaus mehr denn je auf kundenorientierte Dienstleistungen angewiesen.

Hermes General Service entwickelt und realisiert für jeden Geschäftskunden ein maßgeschneidertes Servicekonzept von A wie Adressmarketing bis Z wie Zustellung. Ob E-Commerce, Logistik, Merchandising, Direktmarketing oder sicherer Rechnungskauf – je nach Bedarf kann der Auftraggeber auf einzelne Bausteine oder ein individuelles Gesamtpaket zurückgreifen. Die Services werden schnittstellengerecht in die Systeme der Kunden integriert, so dass deren Wertschöpfungskette optimal ergänzt wird. Das Outsourcing bestimmter Prozesse ermöglicht den Geschäftspartnern, sich auf die eigenen Kernkompetenzen zu konzentrieren. So können beispielsweise E-Business-Unternehmen das eigene Kerngeschäftsfeld entwickeln und ausbauen, während HGS für das professionelle Fulfillment sorgt.

Renommierte Kunden

Mittlerweile nutzen zahlreiche namhafte Auftraggeber die Dienstleistungen von HGS. Zu ihnen gehören unter anderem SkyShop by Lufthansa, die Deutsche Bahn AG, Premiere World, Hawesko Holding AG, Palmers Textil AG, inmediaONE GmbH der Bertelsmann-Gruppe, Start Amadeus, Salamander GmbH, Conrad Electronic GmbH, eBay, Universal Marketing Group sowie der Fußballclub Hamburger Sportverein (HSV).

Was ist E-Commerce?

Mit dem E-Commerce ist es wie mit einem Eisberg: Man sieht nur 15 % des Gesamtumfangs, in diesem Fall der gesamten Wertschöpfungskette. Dies entspricht beim E-Commerce dem am Bildschirm sichtbaren Teil. Die Erwartungen des Kunden müssen nun „unsichtbar im Hintergrund" erfüllt werden. Nur wenn dies überzeugend gelingt, kommt es zu einem rentablen Geschäft mit Wiederholungskäufen.

Der deutschsprachige Internetnutzer entspricht immer mehr dem durchschnittlichen Bürger. Das Internet ist keine Spielwiese mehr für einige wenige Cracks und Studenten. Dementsprechend wird das Internet als Vertriebskanal auch immer interessanter. Nach den Pionieren wie Amazon und den Versandhändlern wie Otto, Schwab und Baur, die deren Beispiel folgten, wird das Internet nun auch zunehmend von der breiten Masse der Handelsunternehmen als Vertriebskanal erkannt und eingesetzt.

Internet wird als Vertriebskanal immer interessanter

Dadurch entstehen für den Logistikmarkt völlig neue Möglichkeiten. Mühen, die der Endverbraucher bisher auf sich nehmen musste, nimmt ihm jetzt der Logistiker mit besserem Service ab. Schließlich ist seit einiger Zeit zu beobachten, dass man sich den operativen logistischen Strukturen zuwendet, um sie nachhaltig zu optimieren. Zu Recht wird die Logistik als einer der wichtigsten Faktoren für den erfolgreichen Handel über das Internet gesehen. Erst mit der schnellen, erfolgreichen Abwicklung eines Auftrags ist Kundenzufriedenheit sicherzustellen.

Logistik entscheidend für den erfolgreichen Handel

Die Onlineshops sind im Internet zwar schnell errichtet, aber der Erfolg ist von vielen Faktoren abhängig. Entsprechendes Know-how ist also auf jeden Fall beim Fulfillment-Dienstleister gefragt. Das ganzheitliche Angebot der Wertschöpfungskette aus einer Hand bietet für Handel wie Konsumenten optimalen Nutzen. Der Händler befindet sich im Spannungsfeld zwischen effizient organisierten Prozessen, den individuellen Wünschen des Kunden und jeweils spezifischen Produkten. In der Welt der digitalen Vernetzung erhöhen sich die Anforderungen in Bezug auf Schnelligkeit und Serviceangebot.

Das ganzheitliche Angebot der Wertschöpfungskette aus einer Hand

Dieser Blick in die Zukunft bedeutet auch, dass wir über den eigenen Tellerrand hinausblicken und bereits jetzt die vertikale Integration aller Ebenen der Wertschöpfungskette in Angriff nehmen. Damit wird „just-in-time" in der digitalen Welt ebenfalls Wirklichkeit.

Was damit gemeint ist, soll im Rahmen dieses Beitrages lediglich anhand der wesentlichen Faktoren, nicht anhand einer zahlenmäßigen Darstellung des Internetmarktes verdeutlicht werden.

Unter E-Commerce versteht man den elektronischen Handel, der geschäftliche Prozesse auf digitalem Weg initiiert. Dieser teilt sich in die Zielgruppierungen B2B (Business-to-Business), B2C (Business-to-Consumer) und C2C (Consumer-to-Consumer z. B. über eBay) auf.

Fulfillment: ein komplexes Dienstleistungsspektrum innerhalb des E-Commerce ...

Das Fulfillment geht über die Services in der Logistik hinaus und bezeichnet ein sehr komplexes Dienstleistungsspektrum innerhalb des E-Commerce. Es ist ein zentrales Element der Wertschöpfungskette und deckt im Allgemeinen die folgenden Prozesse ab:

- Auftragseingang
- Lagerung und Kommissionierung
- Distribution
- Debitorenmanagement/Fakturierung
- After Sales Services und Retourenmanagement

Voraussetzungen für ein vor allem kosteneffizientes und leistungsfähiges Fulfillment sind daher schnittstellenübergreifende Geschäftsprozesse zwischen Kunden und Logistikpartnern. Im E-Commerce-Zeitalter wurde und wird das klassische Aufgabenspektrum des Logistikers um Mehrwerte erweitert. Bekannteste Konzepte hierfür sind neben den bereits genannten Fulfillmentprozessen das Tracking & Tracing sowie das Reporting. Somit können langfristige Mehrwerte im Interesse des Kunden durch das Fulfillment nachhaltig gebildet und ausgebaut werden.

... kann langfristig Mehrwerte im Interesse des Kunden bilden

Als Outsourcingpartner übernehmen die Logistikprovider neben den klassischen Transport-, Umschlags- und Logistikprozessen eben immer mehr Dienstleistungen und entwickeln sich zum Fulfillmentprovider. Mit eigener oder fremder Infrastruktur bietet dieser Systemlösungen für die Wertschöpfungskette der Kunden.

Herausforderungen an den Logistikmarkt

Warum beeinflusst nun der E-Commerce den Logistik-markt so wesentlich? Neben den bereits zuvor identifi-zierten Erfolgsfaktoren führt E-Commerce zu einem deutlich erhöhten Anteil an Home-Deliveries und Klein-sendungen. Außerdem hat der E-Commerce, was Ge-schwindigkeit und Qualität der Logistikleistungen be-trifft, zu einer weiteren Veränderung der Kundenanfor-derungen geführt. Damit ist die Inanspruchnahme von E-Commerce nach Umfang und Leistung deutlich ge-stiegen, insbesondere auf dem KEP-Markt (Kurier-, Ex-press- und Paketdienste).

Höherer Anteil an Home-Deliveries und Kleinsendungen

Der deutsche Logistikmarkt betrug im Jahre 2001 rund 125 Mrd. Euro. Dabei stehen klassische Spediti-onsdienstleistungen zu logistischen Mehrwertdienst-leistungen im Verhältnis von 70:30. Bis 2004 ist mit rund 200 Mio. zusätzlichen Paketen zu rechnen, wovon rund 100 Mio. Sendungen über das Internet generiert sein werden. Insbesondere der Distanz- bzw. Versandhandel wird hierbei die treibende Kraft sein. Damit liegen die jährlichen Wachstumsraten entgegen den generellen Tendenzen im B2C-Bereich mit 100 % bis 115 % deut-lich vor dem B2B-Segment mit nur 35 % bis 50 %.

Bereits heute entfällt ein bedeutender Teil der Um-sätze auf logistische Mehrwertdienstleistungen. Insbe-sondere beim Onlineshopping und dem anschließenden Fulfillment der Aufträge ist der KEP-Markt gefragt. In-nerhalb der vergangenen fünf Jahre hat sich der Service kontinuierlich verbessert. Der Anteil des Paketmarktes am Gesamtvolumen hat sich leicht verringert, während der Anteil des Express-Segments gestiegen ist. Neben der technologischen Entwicklung haben vor allem die Internationalisierung der Märkte und die Bildung von europäischen/weltweiten Logistiknetzen dazu geführt, dass der Service verbessert und die Sendezeiten ver-kürzt wurden. Die Bildung von globalen und europawei-ten Integratoren hat zur Folge, dass ein Unternehmen im Zuge des Fulfillment eine ganze Produktpalette an-bieten kann und muss.

In den vergangenen Jahren ist der Wert des KEP-Marktes auf 10,69 Mrd. Euro gestiegen. Der Anteil des

Harter Wettbewerb in
den Segmenten Paket
und Express

Expressmarktes liegt bei etwa 40 %, der Paketmarkt bei 41 % und der Kuriermarkt bei 19 % (vgl. Abb. 1 und 2).

In den Segmenten Paket und Express ist innerhalb der vergangenen Jahre durch internationale, oligopolistische Strukturen eine harte Wettbewerbssituation entstanden, die sich durch erbitterte Preiskämpfe auszeichnet. Vor allem der Paketmarkt ist betroffen, da er durch Standardleistungen in der Distribution definiert ist. Dabei liegt der mengenmäßige Hauptanteil des Paket-

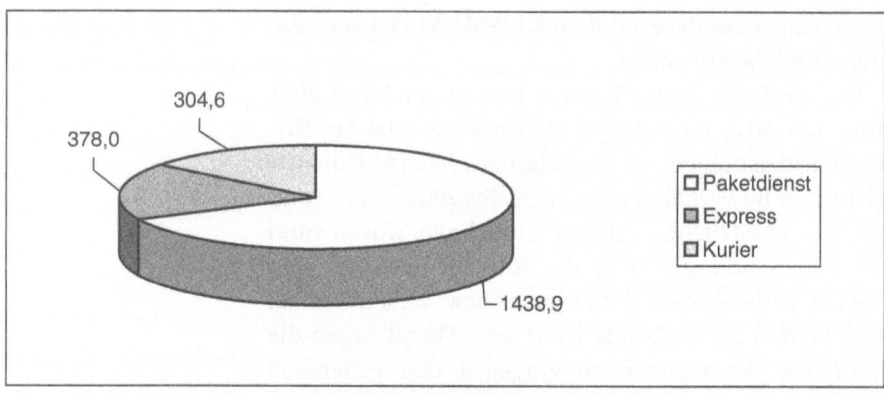

Abb. 1. Sendungsaufkommen Pakete im KEP-Markt (in Mio.)
(Quelle: MSI Marketing Research for Industry Ltd., Dez. 2001)

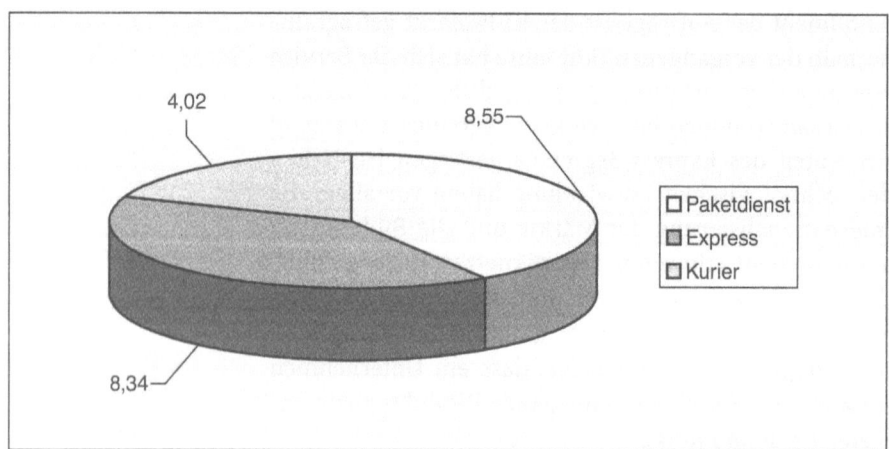

Abb. 2. Wertmäßiges Aufkommen im KEP-Markt in Mrd. DM
(Quelle: MSI Marketing Research for Industry Ltd., Dez. 2001)

marktes im B2B-Geschäft, allerdings hat sich auch der
wesentlich geringere B2C-Anteil durch die andauernde
Entwicklung des E-Commerce auf den Paketmarkt positiv ausgewirkt. 2001 wurden etwa 94 % des Gesamtvolu-
mens aus dem KEP-Markt von Firmen generiert und
6 % von Privaten. Dabei verzeichnet B2C gesteigertes
Wachstum. In diesem Zusammenhang muss vor allem
das „Problem der letzten Meile" gelöst werden. Hiermit
sind die Probleme der Zustellung an Privathaushalte
und Kleingewerbetreibende angesprochen. Während
rein logistisch gesehen eine schnelle, Rund-um-die-
Uhr-Zustellung möglich ist, scheitert diese in der Realität daran, dass Bewohner von Privathaushalten nicht
allzeit vor Ort sind, um die Sendungen entgegenzuneh-
men.

Da die Zustellung den kostenintensivsten Teil der
Dienstleistung darstellt, wird hier noch nach der kos-
tengünstigsten und kundenfreundlichsten Lösung ge-
sucht. Hol- und Bringepunkte wie die PaketShops (Hermes betreibt derzeit bundesweit rund 8.000) stellen eine
mögliche Problemlösung dar. Alternativen dazu sind
Modelle wie Sammel- und Aufnahmestellen oder Zu-
stellboxen. Hierbei gilt es allerdings, Kostengesichts-
punkte und Kundenakzeptanz sorgfältig gegeneinander
abzuwägen. Hermes wickelt monatlich bereits mehr als
600.000 Sendungen über seine PaketShops ab. Insbesondere zur Retournierung von Warensendungen sind die
PaketShops eine beliebte Alternative.

Zustellung als kosten-intensivster Teil der logistischen Dienstleistungen

Die kritischen Erfolgsfaktoren für Logistikprovider
sind somit neben den Wachstumsraten und Strukturen
des Marktes insbesondere die Mehrwertdienste. Neben
einer breit gefächerten Produktpalette (aus einer
Hand), Flexibilität und Schnelligkeit in der Dienstleistung und der technischen Ausführung sind die Kommunikation mit dem Kunden (digital) und gutes Kosten-
management gefragt. Gut ausgebildete Mitarbeiter sind
dabei die Basis für langfristigen Erfolg. Zwar ist auf dem
Markt einerseits eine Konzentration von einigen wenigen Anbietern feststellbar, andererseits bietet die zunehmende Flexibilisierung aber auch kleinen, individuellen
Nischenanbietern neue Chancen. Die großen Anbieter
bearbeiten mit Hilfe von anspruchsvollen Logistiknet-

Mehrwertdienste als kritischer Erfolgsfaktor

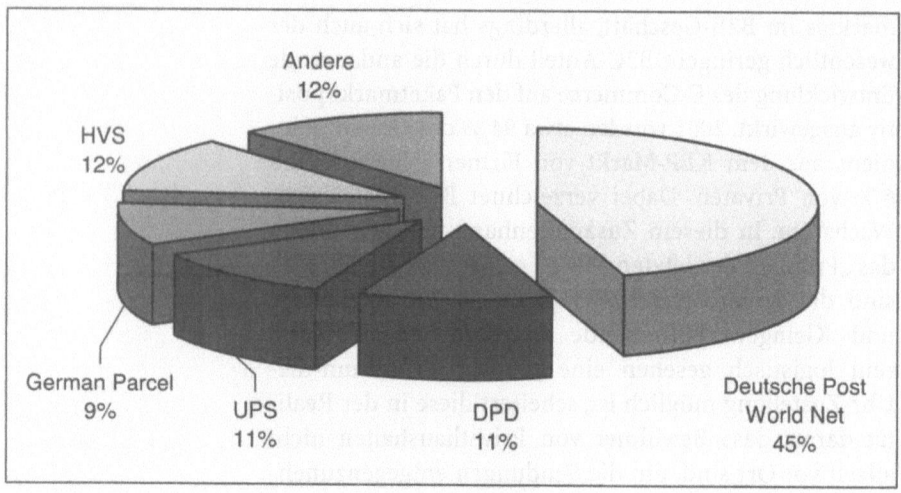

Abb. 3. Marktanteile für Paketdienste im deutschen Markt 2001
(Quelle: MSI Marketing Research for Industry Ltd., Dez. 2001)

zen umfangreiche Volumen. Diese hohen Ansprüche erfordern ein hohes Investitionsniveau, das nur wenige große Unternehmen halten können (vgl. Abb. 3).

Dabei ist der Hermes Versand Service (HVS) ausschließlich im B2C Markt tätig und hat sich auf den Distanzhandel spezialisiert. „Das können wir besser", sagte man sich beim Hamburger Otto Versand und gründete einen eigenen, postunabhängigen Zustelldienst – das war 1972. Inzwischen ist der HVS einer der führenden privaten Paketdienste in Deutschland mit dem Schwerpunkt im B2C-Geschäft. Zusammen mit seiner Tochter, dem Brief- und Infodienst Hermes Boten Service (HBS), bewegte der HVS im vergangenen Jahr rund 174 Mio. Sendungen und setzte damit insgesamt 407 Mio. Euro um.

Ob Pakete, hängende Konfektion, Gepäckstücke, Lebensmittel oder Einzelteile wie Fahrräder, Surfbretter und Kinderwagen: In den Fahrzeugen wird transportiert, was nicht mehr als 31,5 kg wiegt. Heute ist Hermes für zahlreiche Versender des Otto-Konzerns wie auch für Dritte tätig. Der Hermes Privat Service bietet sogar jedermann die Möglichkeit, seine Sendungen von Tür zu Tür bringen zu lassen. Hermes ist eben mehr als ein Paketdienst – getreu dem Motto: Weil's gut ankommt.

Die Produkte des HVS sind nach dem Bedarf des Endkunden und damit auch nach dem des Auftraggebers gestaltet. Neben der Normallieferung innerhalb von zwei bis drei Tagen mit bis zu vier Zustellversuchen gibt es auch einen 24-Stunden-Service und Wunschtag – beide auch mit Nennung des Halbtages. Die Lieferung am Feierabend von 17 bis 21 Uhr und die bereits genannten PaketShops stellen weitere Lösungen zur Überbrückung der letzten Meile dar. Darüber hinaus liefert Hermes auch an Samstagen, praktiziert die Nachbarschaftsabgabe und kommt sogar für die Retourenabholung bis zu zweimal.

Bereits in den 1970er Jahren setzte ein Trend zum Outsourcing ein. Den Anfang bildeten die klassischen Speditionsleistungen. Heute und in Zukunft sind in verstärktem Maße Mehrwertleistungen betroffen. Die

Trend zum Outsourcing

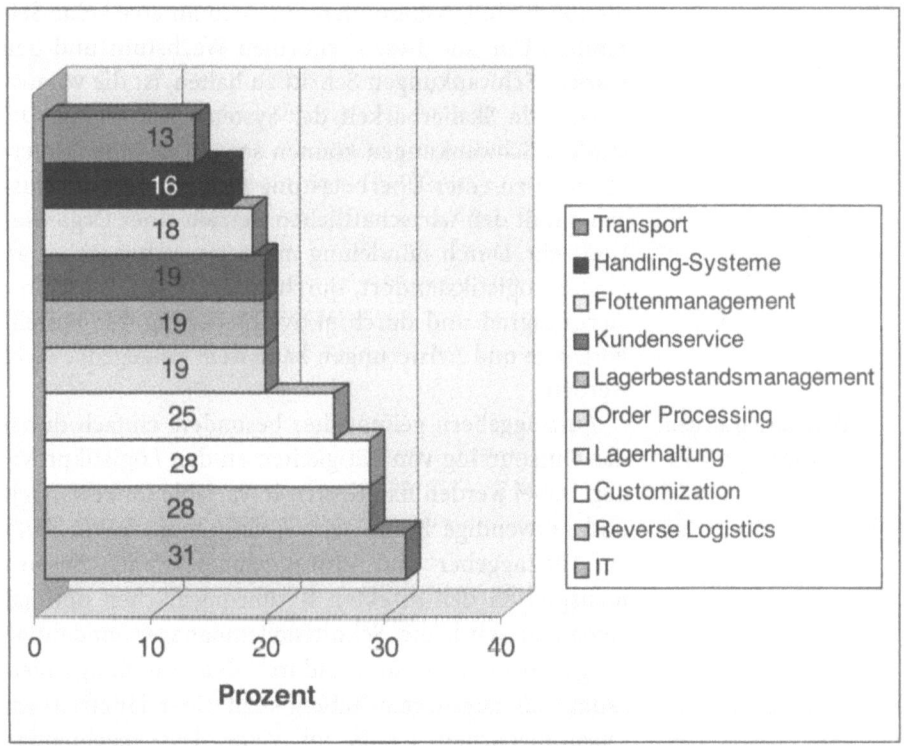

Abb. 4. Anstieg der Outsourcing-Ausgaben für logistische Aktivitäten von 1999 bis 2005 in % vom Gesamtmarkt (Quelle: Logistik – das Rückgrat der New Economy, HypoVereinsbank AG, 2001)

Volkswirte der HypoVereinsbank beziffern das theoretische Outsourcing-Potential in Westeuropa gegenwärtig auf rund 255 Mrd. Euro. Dieses Potential könnte ausgeschöpft werden, wenn alle logistischen Dienstleistungen fremdvergeben würden. Der Anteil der fremdvergebenen Logistikkosten in Deutschland beträgt 23 %.

Dabei haben sich die Gewichtungen bei der erwarteten Wachstumsrate innerhalb der Leistungsbereiche deutlich verschoben (vgl. Abb. 4)

Anforderungen der Auftraggeber

Starke Schwankungen der Auslastung

Die Konzeption und Planung logistischer Systeme stellt eine komplexe Aufgabe dar. Sowohl an den verschiedenen Wochentagen als auch über den Jahresverlauf schwankt die Auslastung der Systeme erheblich (siehe Paketstau Weihnachten 1999). Abweichungen um mehr als 100 % sind insbesondere im E-Commerce keine Seltenheit. Um mit diesem enormen Wachstum und den starken Schwankungen Schritt zu halten, ist die vorausschauende Skalierbarkeit der Systeme notwendig. Die starken Schwankungen können sowohl zu einer Unter- als auch zu einer Überbelastung führen und beeinflussen damit den wirtschaftlichen Betrieb einer Organisation sehr. Durch Bündelung mehrerer Auftraggeber an einem Logistikstandort, durch einen hohen Maschinisierungsgrad und durch aktive Steuerung der Bestellvorgänge und Avisierungen kann dem entgegengewirkt werden.

Outsourcing an den Logistikprovider

Auftraggebern gelingt dies besonders einfach durch das Outsourcing von Tätigkeiten an den Logistikprovider. Dabei werden fixe Kosten in variable umgewandelt und notwendige Kompetenzen eingekauft. Wenn dann auf Auftraggeber- und Auftragnehmerseite das Zusammenspiel an den direkten Berührungsflächen optimal gemanagt wird, die Schnittstellenmanager eindeutige Aufgaben definiert und dadurch den Handlungsspielraum klar abgegrenzt haben, steht einer langfristigen Zusammenarbeit nichts im Wege. Das regelmäßige Abstimmen der Aktivitäten mit zukunftsorientierten Maßgaben für die Outsourcing-Beziehung ist dabei von strategischer Bedeutung. Flache Hierarchien und Geschäftsbereiche mit eigener Verantwortung ermöglichen den Mitarbeitern dann eigenverantwortliche und dynamische Entscheidungen. Darüber hinaus erreicht man durch die höhere Autonomie und die angereicherten Aufgabenfelder eine größere Motivation.

14 Mobilitätswirkungen von Online-Reisen und Online-Banking

Simone Kimpeler
Fraunhofer-Institut Systemtechnik und Innovationsforschung ISI, Karlsruhe

Die Mobilität der Gesellschaft

Veränderungen der Mobilität in der Gesellschaft sind eng gekoppelt an technische und organisatorische Innovationen, an die Bereitstellung von Infrastruktur, an die Verbreitung von Verkehrsarten und an die Akzeptanz seitens der Nutzer. Die stetige Zunahme des physischen Verkehrs wirft die Frage auf, ob neue Informations- und Kommunikationstechnologien (IuK-Technologien) physischen Verkehr reduzieren helfen oder ihn sogar noch intensivieren werden.

Verkehrsreduzierung oder -intensivierung durch neue IuK-Technologien

Trotz einer Krise der Internetwirtschaft haben wir in den letzten Jahren einen starken Anstieg der privaten Internetnutzung erlebt. Laut der ARD/ZDF-Online-Studie 2002 (van Eimeren, Gerhard, Frees 2002) sind bereits rund 44 Prozent aller Erwachsenen in Deutschland online. Das Internet wird mittlerweile nicht mehr nur von jungen, männlichen und formal gebildeteren Anwendern, sondern von einer breiten Bevölkerung genutzt. Auch geht bereits die Hälfte aller Nutzer ausschließlich von zu Hause aus ins Internet, so dass sich das Internet von einem zunächst vorwiegend professionell genutzten Medium zu einem Alltagsmedium gewandelt hat. Grundsätzlich zeigt sich, dass die Nutzung des Internet inzwischen einen hohen Grad der Habitualisierung aufweist und entsprechend auf individuelle Weise in Alltagshandlungen integriert worden ist. Die meistgenutzten Anwendungen sind E-Mail, gefolgt von Informationssuche und „ziellosem Surfen". Zu den besonders

Das Internet wird immer mehr zum Alltagsmedium

Mobilitätsrelevante
Einsatzmöglichkeiten

Hoffnung auf
Verminderung des realen
Verkehrsaufkommens

mobilitätsrelevanten Einsatzmöglichkeiten des Internet zählen Homebanking, das Informieren über Reiseangebote, das Abrufen von Verkehrsmeldungen, Online-Ticketbestellung und Onlineshopping. Letzteres spielt jedoch noch eine untergeordnete Rolle, ebenso die Bereitschaft, kostenpflichtige Onlinedienste zu nutzen.

Was mögliche Auswirkungen der Onlinenutzung auf die Mobilität betrifft, so wird häufig davon ausgegangen, dass mit der Erweiterung des Handlungsraumes von physischen zu virtuellen Aktivitäten eine Reduzierung der physischen Mobilität der Gesellschaft einhergeht. Die Erwartungen gehen also meist in Richtung einer Verminderung oder zumindest eines gebremsten Wachstums des realen Verkehrsaufkommens durch einen Zuwachs von virtueller Aktivität bzw. Mobilität. Von virtueller Mobilität kann insofern mit Recht gesprochen werden, als durch die Nutzung von Onlinemedien in bestimmten Situationen körperliche Anwesenheit nicht mehr erforderlich ist und eine Simulation der Interaktionsprozesse ausreicht. Das hat zwangsläufig Auswirkungen auf das physische Mobilitätsverhalten der Nutzer. Es ist im Folgenden näher zu untersuchen, in welchem Wechselverhältnis neue, virtuelle Mobilitätsformen zu physischen Formen der Bewegung stehen. Ist ein Substitutionseffekt zu erwarten? Oder induziert eine Zunahme der virtuellen Bewegung auch ein Anwachsen der physischen Bewegung und somit des Verkehrs?

Im vorliegenden Beitrag wird zunächst eine geeignete Definition virtueller Mobilität hergeleitet sowie der Stellenwert der Onlinenutzung in Alltagsprozessen erläutert. Im Anschluss daran erfolgt auf der Grundlage von Studienergebnissen (Zoche, Joepgen, Kimpeler 2002) die Darlegung der Bedeutung der Onlinenutzung für das individuelle Mobilitätsverhalten anhand der Beispiele Online-Banking und Online-Reiseangebote. Abschließend werden weiterführende Forschungsfragen abgeleitet und zur Diskussion gestellt.

Internetnutzung und Mobilität

Das Internet ist in erster Linie ein Kommunikationsmedium. Es zeichnet sich dadurch aus, dass durch die digitale Übermittlung von Zeichen physische Entfernungen zwischen den Kommunikationspartnern überwunden werden können und durch simulierte Partizipation eine virtuelle Form der Mobilität entsteht.

Der Begriff der Mobilität ist komplex und kann sowohl Verhalten von Individuen als auch Eigenschaften eines gesellschaftlichen Systems beschreiben. Entsprechend haben unterschiedliche Disziplinen ein jeweils eigenes Verständnis von Mobilität entwickelt und begreifen diese etwa entweder als konkrete Bewegungen (z. B. Verkehrs-regulierung) oder als Bewegungspotentiale (z. B. Ver-kehrsmittelwahl). In sozialwissenschaftlichen Ansätzen steht individuelles und gesamtgesellschaftliches Mobili-tätsverhalten sowie dessen Veränderungen bzw. Auswir-kungen im Vordergrund. Im Folgenden wird der Begriff *Mobilität* als gesellschaftliche Beweglichkeit verstanden, als Potential der Bewegung von Individuen zum Zweck der Teilnahme an sozialen Prozessen. Mobilität befähigt zur Überschneidung individueller Wahrnehmungsberei-che. Die Befriedigung des individuellen Bedürfnisses nach sozialer Teilhabe ist an Ortsveränderung, also an Mobilität, gebunden und erzeugt physischen Verkehr. Zum zentralen Problem unserer Gesellschaft ist das dar-aus resultierende hohe Verkehrsaufkommen geworden, das sich zwar messen, aber nur teilweise leiten lässt, und das auch nur unter Einsatz geeigneter Verkehrsmittel so-wie mit nachhaltiger Organisation. Bei der wissenschaft-lichen Untersuchung des Phänomens ist inzwischen der Zusammenhang von Mobilitätsverhalten und sozialen Orientierungsebenen wie Verhalten, Einstellung und Zielgruppenzugehörigkeit in den Mittelpunkt des Inter-esses gerückt. Aufgrund der Tatsache, dass das Mobili-tätsverhalten von Individuen einer großen Vielfalt von Einflussfaktoren unterliegt, ist eine umfassende, allen Faktoren gerecht werdende Herangehensweise kaum möglich. Beispiele für Ansätze zur partiellen Untersu-chung von Mobilitätsverhalten sind etwa Langzeitstudien oder die Messung von Wanderungsbewegungen und den dazugehörigen Mobilitätstypen. Zudem wird versucht, die Abwägungen der Nutzung von Handlungsalternati-ven bei der Wahl eines Verkehrsmittels wissenschaftlich nachzuvollziehen bzw. zu untersuchen.

Definition von Mobilität

Sozial-systemtheoretisch gesehen stellt Mobilität ein grundlegendes Bedürfnis moderner Gesellschaften dar. Mobilität befähigt zur Teilnahme an sozialen, wirtschaftlichen und politischen Handlungen, welche aufgrund der sozialen Ausdifferenzierung sowie der Globalisierung – insbesondere von wirtschaftlichen Handlungszusammenhängen – an verschiedenen Orten lokalisiert sind. Mobilität erfüllt also die zentrale Funktion der Überwindung von räumlichen Distanzen und zunehmend auch von zeitlichen Unterschieden in dezentralisierten Gesellschaften. Kommunikation über Entfernungen hinweg, Telekommunikation, ermöglicht die zeitlich begrenzte Überschneidung von Wahrnehmungsfeldern, ohne an körperliche Präsenz gebunden zu sein. Virtuelle soziale Situationen entstehen. Dabei entfällt ein entscheidender Faktor der physischen Kommunikation, nämlich die Koorientierung, die gegenseitige Beobachtung der Kommunikationsteilnehmer. Je nach Wahrnehmungskanal findet sie eingeschränkt bzw. ausweichend statt. Soziale Handlungen, die von der physischen Präsenz der Akteure entscheidend geprägt sind, eignen sich entsprechend weniger für eine virtuelle, mediengestützte Ausführung.

Der Trend hin zu Individualisierung und Flexibilisierung der sozialen Strukturen und damit einhergehend auch zur Flexibilisierung individuellen Handelns hinsichtlich des räumlichen und zeitlichen Bezugs stützt die Hypothese der Komplementarität von virtueller und physischer Mobilität. Die Möglichkeiten der Bewegung nehmen zu.

Ein historischer Vergleich der Medien- und der Mobilitätsgeschichte zeigt, dass die technologische Weiterentwicklung raum- und zeitüberwindender IuK-Technologien mit der Ausweitung des Verkehrs einhergeht. Das zeitliche Verkehrsverhalten in unserer Gesellschaft ist seit Jahrzehnten relativ konstant, die zurückgelegten Entfernungen steigen jedoch drastisch an (vgl. Canzler und Knie 2000; Zumkeller 1997). Neue Erfahrungen von Anwesenheit, Vergegenwärtigung und Beschleunigung führen dazu, dass das menschliche Erleben und Handeln einen Verlust der Bezugspunkte Raum und Zeit erleidet (Schmidt 2000: 188). Der Aufbau einer zusätzlichen, virtuellen Infrastruktur ist die Folge. Ein Großteil der gesellschaftlichen Kommunikationsprozesse erfolgt heute medienvermittelt. Zu diesen neuen, virtuellen Wegen zählen das Telekommunikations- und Rundfunknetz, das Mobilfunknetz und das Internet. So ist ein vielfältiges Mobilitätsnetz entstanden, das lokale, regionale und globale Bezugspunkte und Kontakte ermöglicht. Neue Prozesse werden initiiert und neue Produkte und Dienstleistungsangebote entstehen. Diese verlangen nach neuen logistischen Lösungen und setzen wiederum neue Mobilitätspotentiale frei. Diese Wechselwirkung zwischen physischem Verkehr und virtueller Mobilität kann nur im Gesamtzusammenhang angegangen werden.

Im Folgenden wird, ausgehend von beobachtbarem individuellem Verhalten (Mikroebene), der Versuch gewagt, Schlüsse auf dessen Auswirkungen in einem gesamtgesellschaftlichen Zusammenhang (Makroebene) zu ziehen.

Virtuelle Mobilität

Neue IuK-Technologien tragen wesentlich zur Reorganisation der individuellen und sozialen Mobilitätsprozesse bei, da zu den physischen noch virtuelle Bewegungsmöglichkeiten hinzukommen. Beobachten ließ sich diese Entwicklung bereits bei der Einführung des Telefons, und mit dem Internet stehen nun immer mehr potentiell verkehrsrelevante Anwendungen zur Verfügung. Hierzu gehören Angebote wie Tele-Shopping, Tele-Banking, Tele-Learning usw., für die im Folgenden der Begriff „virtuelle Mobilität" verwendet werden soll.

Stellenwert der Onlinenutzung in Alltagsprozessen mit Verkehrsrelevanz

Die Ausgangsthese lautet, dass die Onlinenutzung das Mobilitätsverhalten der Menschen beeinflusst, wobei die Auswirkungen nach räumlichen und zeitlichen Dimensionen unterschieden werden können. Bisherige Studien weisen darauf hin, dass Personen mit hoher physischer Mobilität zugleich zu einer häufigen Nutzung von Telekommunikationstechnologien neigen; Teile der individuellen Mobilität werden virtuell ausgeführt. Die bereits wissenschaftlich belegte Komplementarität von On- und Offlinemedien ist somit übertragbar auf das Verhältnis von physischer und virtueller Mobilität, da Mediennutzung und Mobilität eine übereinstimmende soziale Funktion erfüllen: die Teilhabe an sozialen Handlungsprozessen.

Die im Folgenden angeführten Ergebnisse zur Stützung dieser Thesen stammen aus dem Forschungsprojekt „Virtuelle Mobilität privater Haushalte", welches das
Fraunhofer-Institut für Systemtechnik und Innovationsforschung (ISI) im Auftrag des Instituts für Mobilitätsforschung (ifmo) durchgeführt hat. Das Projekt umfasste erstens eine Analyse der relevanten Technologietrends in den Feldern Informations- und Kommunikationstechnologie sowie Verkehrstechnologie, zweitens
eine Sekundärauswertung der Delphi-Studie des Fraunhofer ISI zu ausgewählten mobilitätsrelevanten Zukunftsthesen und drittens eine repräsentative Befragung von
Onlinenutzern zu den Anwendungen Online-Banking,
Online-Reiseangebote und Chat. Die Befragung der
Nutzer sollte beispielhaft anhand unterschiedlicher Alltagsbereiche aufzeigen, wie neue netzbasierte Dienste
bereits in Anspruch genommen werden und ob erste
Auswirkungen der Nutzung auf das Mobilitätsverhalten
der User erkennbar sind. Zunächst wird daher der Zusammenhang von IuK-Technologien und Mobilitätsverhalten kurz skizziert, um vor diesem Hintergrund Kernergebnisse der Befragung zur Nutzung von Online-Reiseangeboten und Online-Banking vorzustellen.

Informations- und kommunikationstechnologische Innovationen und Mobilitätsverhalten

Onlinenutzung eröffnet neue virtuelle, reale Bewegungsfelder und schafft neue Strukturen

Die Onlinenutzung eröffnet *neue virtuelle Bewegungsfelder*, welche neue Anwendungsgebiete erschließen und
bestehende Nutzungsbereiche erweitern bzw. ergänzen.
Gute Beispiele sind Online-Informationsdienste, die zuvor schwer zugängliche Informationen bereitstellen,
oder Multimediaanwendungen aus dem Bereich der
Fahrzeugentwicklung. Es werden aber auch *neue reale
Bewegungsfelder* eröffnet, wenn etwa kranke oder in ihrer Beweglichkeit eingeschränkte Personen im Internet
Einkäufe tätigen. Und zusätzlich hat Onlinenutzung
neue Strukturen in realen Bewegungsfeldern zur Folge,
indem der physische Verkehr durch eine Optimierung

des Verkehrsflusses oder durch die Bereitstellung öffentlicher Verkehrsmittel reorganisiert wird.

Wie sich aus der Auswertung der Delphi-Befragung zu den Themen Mobilität und IuK-Technologien ergibt, erwarten die befragten Experten, dass die Organisation von Alltagshandlungen schon in wenigen Jahren vornehmlich an virtuelle Prozesse gebunden sein wird. Als absehbare Konsequenz der virtuellen Mobilität für das physische Verkehrsaufkommen zeichnet sich dieser Studie zufolge weiterhin eine Mobilitätserzeugung im Freizeitverkehr und eine Mobilitätsreduktion im Geschäftsverkehr ab.

Mit der absehbaren Konsequenz: Mobilitätserzeugung im Freizeitverkehr, Mobilitätsreduktion im Geschäftsverkehr

Die im Rahmen der Studie „Virtuelle Mobilität privater Haushalte" des Fraunhofer ISI durchgeführte repräsentative Befragung ausgewählter Onlinenutzer zum Verhältnis von virtuellem und physischem Mobilitätsverhalten deckt drei Lebensbereiche des privaten Alltags ab, die in besonderem Maße an Mobilität gekoppelt sind: Freizeit- und Reiseverhalten, Finanzgeschäfte und soziale Interaktion. Für diese Bereiche lassen sich jeweils Onlineanwendungen bestimmen, welche mit den herkömmlichen Angeboten bzw. Dienstleistungen konkurrieren:

- Freizeit- und Reiseverhalten: Online-Reiseangebote
- Finanzgeschäfte: Online-Banking
- Soziale Interaktion: Chat, MUD (Multi User Dungeons)

Von besonderem Interesse für die Untersuchung der Entwicklung von der physischen hin zur virtuellen Mobilität ist das Nutzungsverhalten im Bereich Online-Reiseangebote und Online-Banking. Im Folgenden werden daher die Ergebnisse der Befragung über die Erfahrungen der Onlinenutzer mit diesen beiden Bereichen zusammengefasst.

Reiseplanung und Online-Reiseangebote

Informationsangebote zur Reiseplanung im Internet stoßen mehrheitlich auf großen Anklang. Bei einer Verbesserung der technischen Handhabbarkeit und einer Vereinfachung der Anwendung wäre die Verbreitung noch höher. Zudem besteht ein positiver signifi-

Online-Reiseplanung erzeugt verkehrssteigerndes Mobilitätsverhalten

kanter Zusammenhang zwischen der Onlineerfahrung
der Nutzer und der Nutzung von Online-Reiseangeboten. Es liegt aber keine Segmentierung der Präferenzen
nach demografischen Merkmalen vor. Unterscheidet
man nach Onlineerfahrung, so zeigt sich, dass Vielnut-
zer eher außereuropäisch verreisen und gegenüber den
Wenignutzern entsprechend häufiger das Flugzeug als
Verkehrsmittel wählen. Für die Reiseplanung durch
Nutzung von Onlineangeboten lässt sich daher festhalten, dass sich das räumliche Mobilitätsverhalten aus-
weitet. Ein Verdrängungseffekt hinsichtlich des Be-
suchs eines Reisebüros scheint nicht einzutreten, da
fast die Hälfte der Onlinenutzer für die eigentliche Buchung ein Stammreisebüro aufsucht. In der Summe aller physischen Verkehrswege findet voraussichtlich
keine wesentliche Reduzierung der gesamten Wegstrecke, wohl aber eine partielle Substitution der Anzahl
der Wege statt. Zweckorientierte Besuche im Reisebüro
werden beibehalten, und das Internet wird primär als
Medium zur besseren Vorinformation und Vorauswahl
einzelner Angebote, weniger zur Buchung von Reisen
genutzt. Die im Netz angebotenen Reisen steigern das
Interesse an Reisen überhaupt und führen so zu verkehrssteigerndem Mobilitätsverhalten. Es entsteht einerseits bei der Reisevorbereitung eine Substitution
physischer durch virtuelle Mobilität und andererseits
eine virtuell induzierte Steigerung von physischen Rei-
seaktivitäten.

Online-Banking

Online-Banking hat eher
geringe Substitutions-
wirkung auf physischen
Verkehr

Online-Banking ist die unter privaten Haushalten am
stärksten verbreitete E-Business-Anwendung im Internet. Sie birgt noch unausgeschöpftes Nutzungspotential,
da bei Nichtnutzern vorwiegend Bedenken in Hinblick
auf Sicherheit, Zugangskosten und Bedienbarkeit geäu-
ßert werden, welche durch die fortlaufende Verbesserung des Angebots mittelfristig aus dem Weg geräumt
werden sollen. Demografisch gesehen ist das Online-
Banking stark segmentiert, was mit der noch häufig an-
zutreffenden Rollenverteilung finanzbezogener Tätigkeiten in unserer Gesellschaft zusammenhängt: Der ty-

pische Kunde von Online-Banking ist männlich, formal höher gebildet, vollbeschäftigt, über dreißig Jahre alt und lebt in einem Haushalt mit zwei Kindern. Die Inanspruchnahme von Online-Banking steigt außerdem mit höherer Onlineerfahrung allgemein. Bei zunehmender Erfahrung mit Online-Banking verbessert sich die Einstellung der Kunden zum Angebot. So liegt der Hauptvorteil des Online-Banking nach Aussage der Befragten in der zeitlichen Flexibilität, was indirekt auf Mobilitätseffekte verweist: Kunden von Online-Banking weisen eine größere räumliche Entfernung zu ihrer Bank auf. Ein weiteres signifikantes Ergebnis ist, dass über die Qualität und verschiedenen Möglichkeiten des Online-Banking noch Informationsdefizite bestehen. Die Inanspruchnahme von Bankdienstleistungen umfasst eine Vielzahl einzelner Aktivitäten, und ein vollständiger Wechsel der Nutzer zu Online-Banking ist nicht zu erwarten. Nach wie vor gibt es Dienstleistungsangebote der Bank, die die Kunden lieber persönlich in Anspruch nehmen. Durch eine adaptive Onlinenutzung könnten neue Verhaltensmuster entstehen. So würde mit steigendem Vertrauen der Kunden in die Onlineangebote ihrer Bank – das neben der Vereinfachung und stärkeren Sicherung des Angebots auch von einer längeren Erfahrung des Nutzers mit dem Medium abhängt – die Inanspruchnahme auch auf weitere Serviceleistungen ausgeweitet werden. Online-Banking birgt demnach zwar in der Tat Mobilitätseffekte, eine Substitutionswirkung auf physischen Verkehr ist aufgrund der Einbindung von physischen Bankbesuchen in andere Wege (sie werden häufig etwa auf dem Weg zur Arbeit oder zum Einkaufen erledigt) jedoch eher gering.

Fazit

Es ist deutlich geworden, dass Onlinenutzung als eine Form der virtuellen Mobilität neue Kommunikationsorte entstehen lässt. Die Nutzung der Onlineangebote im Alltag ist stark funktionsbezogen und dient letztlich einer Erhöhung des Bewegungspotentials der Nutzer. Bei Teilgruppen bzw. bestimmten Zielgruppen sind je nach Anwendung Besonderheiten im Nutzungsstil zu

Neue Kommunikationsorte und Verhaltensmuster entstehen

beobachten, die verkehrsrelevante Auswirkungen haben, z. B. eine Reduktion physischer Wege oder eine Erhöhung des Freizeitverkehrs.

Physische Präsenz bei Alltagshandlungen zweitrangig

Abschließend kann festgehalten werden, dass physische Präsenz bei Alltagshandlungen wie Reiseinformationen oder Finanz- und Bankdienstleistungen für die Akteure zweitrangig ist, solange der Handlungszweck erfüllt bleibt. Individuelle Entscheidungskalküle werden über die Wahl zwischen den Alternativen physische und virtuelle Bewegungen bestimmen. Zudem entstehen durch eine adaptive Nutzung zusätzlich neue Verhaltensmuster, die in den Alltag integriert werden müssen. Die bisher nicht angesprochene Frage nach den Akzeptanzfaktoren für Onlineservices verweist auf weiteren Forschungsbedarf. Zwar sind bei der Befragung der Onlinenutzer Fragen zu den relevanten Akzeptanzfaktoren für die Nutzung der ausgewählten Anwendungen gestellt worden, die Antworten liefern jedoch allenfalls Hinweise, denen in weiteren Studien nachgegangen werden muss. So wäre es wichtig, den Einfluss der sozio-ökonomischen Determinanten in Zukunft genauer zu untersuchen. Häufig sind sozio-ökonomische Faktoren bzw. spezifische Orientierungen oder Bedingungen zeitlich begrenzter Lebensphasen wichtige Kriterien der Akzeptanz virtueller Angebote. Für eine auf längere Frist hin verlässliche Einschätzung von qualitativen Wirkungen und quantifizierbaren Effekten zwischen physischer und virtueller Mobilität sind weitere Studien unerlässlich.

Keine verlässlichen Aussagen über allgemeine Mobilitätsrelevanz aller Anwendungsarten des Internet

Ein weiterer interessanter Aspekt, der in der hier vorgestellten Studie nur am Rande gestreift werden konnte, ist die Frage nach den online und offline jeweils konkurrierenden Alltagsaktivitäten. Bisher ist davon auszugehen, dass es nicht möglich ist, verlässliche Aussagen über eine allgemeine Mobilitätsrelevanz aller Anwendungsarten des Internet zu treffen. Stattdessen hat sich erneut gezeigt, dass der Zusammenhang von Erfahrung und Nutzung sowie eine Unterscheidung nach Handlungszweck bzw. Art der Integration in den Alltag entscheidend für die unterschiedlichen Mobilitätsauswirkungen sind.

Die Ergebnisse der Studie „Virtuelle Mobilität privater Haushalte" bestätigen die These, dass Internetnutzer eher intensiv in ein persönliches Kontakt- und Beziehungsnetzwerk eingebunden sind. Der einsame Chatter ist eine Ausnahme. Viel typischer für den Internetnutzer ist es, virtuelle Mobilität als weitere Option der Kommunikation und gesellschaftlichen Einbindung zu nutzen. Die Substitution von physischem Verkehr kann, muss jedoch nicht damit einhergehen.

Literatur

Canzler, W. und Knie, A. (2000): „New Mobility?" Mobilität und Verkehr als soziale Praxis. In: Aus Politik und Zeitgeschichte, 3. November, B4546, S. 29–38.

Schmidt, S. J. (2000): Kalte Faszination. Medien, Kultur, Wissenschaft in der Mediengesellschaft. Weilerswist.

Zoche, P., Kimpeler S. und Joepgen, M. (2002): Virtuelle Mobilität: Ein Phänomen mit physischen Konsequenzen? Zur Wirkung der Nutzung von Chat, Online-Banking und Online-Reiseangeboten auf das physische Mobilitätsverhalten. (Hrsg.: ifmo – Institut für Mobilitätsforschung). Berlin.

van Eimeren, B., Gerhard, H. und Frees, B. (2002): Entwicklung der Onlinenutzung in Deutschland: Mehr Routine, weniger Entdeckerfreude. ARD/ZDF-Online-Studie 2002. In: Media Perspektiven, 8, S. 346–362.

Zumkeller, D. (1997): Sind Telekommunikation und Verkehr voneinander abhängig? Ein integrierter Raumüberwindungskontext. In: Internationales Verkehrswesen, 49(1/2), S. 16–21.

15 Wirkungen der Entwicklung des Multikanalvertriebs auf die Mobilität

Dirk Wölfing
Detecon International GmbH, Eschborn

Vom Online-Banking zum Multikanalvertrieb

Mit der Entwicklung des Internet begann der Boom des Online-Banking. Seit 1995 ist die Anzahl der Onlinekonten von ca. 4 Mio. auf über 20 Mio. angewachsen (Bundesverband Deutscher Banken, Homepage). Damit wird mehr als jedes fünfte Konto direkt vom Kunden elektronisch verwaltet. Die Anzahl der Onlinekonten wird weiter wachsen. Parallel dazu, teilweise als Zwischenstufe, wurden Call Center für das Telefon-Banking aufgebaut. Ungebremst ist auch die Verbreitung des Vorreiters der maschinellen Kunde-Bank-Kommunikation: das Selbstbedienungs-Banking (SB). Nach der flächendeckenden Installation von Geldausgabeautomaten werden Selbstbedienungsterminals mit immer umfassenderen Funktionen ausgestattet. Diese Entwicklung verändert allmählich die Art der Kommunikation von Kunden mit ihrer Bank: Der Kunde hat sich daran gewöhnt, mit seiner Bank über verschiedene Medien zu kommunizieren.

Veränderte Kommunikation zwischen Kunde und Bank

Der Ausbau der neuen Vertriebskanäle geht weiter

Die Kunde-Bank-Kommunikation über die drei Wege „online", „SB" und „Telefon" (Sprache) wird immer häufiger genutzt. Eine signifikante Anzahl von Bankkunden hat schon mehrere Jahre keine Filiale mehr betreten. Beratungsgespräche finden häufig zu Hause beim Kunden statt. Ein Rückzug aus der lokalen Präsenz veranlasst jedoch nach wie vor viele Kunden zu einem Wechsel der Bank. Um die Abwanderung von Kunden zu vermeiden,

Elektronische Medien zwingen Banken zu Neudefinition ihrer Rolle

sollte die Filiale nicht geschlossen werden, sondern ihre Rolle neu definieren.

Schon jetzt deutet sich an, dass die elektronischen Medien für die Kunde-Bank-Kommunikation erst am Anfang ihrer Entwicklung stehen:

- Die Kommunikation über E-Mail oder interaktive Onlinefunktionen ist eine Konsequenz der Entwicklung des Online-Banking. Die Vielfalt der Onlinekommunikation wird sich in naher Zukunft weiterentwickeln, da die Voraussetzungen beim Bankkunden dafür vorhanden sind.
- Wenn auch mit Verzögerung, wird auf Basis gesicherter breitbandiger Netze und leistungsfähiger Endgeräte (Handy, PDA usw.) die Kommunikation „durch die Luft" vom Kunden akzeptiert werden.
- In den privaten Haushalten hat die Konvergenz der Audio- und Videogeräte mit dem privaten PC und den immer schnelleren Telefonanschlüssen begonnen. Der private Zugang zum Internet wird über eine steigende Zahl unterschiedlicher Endgeräte möglich werden. Mit der Gewöhnung an die Onlinekommunikation wird die Art der Endgeräte und die Palette der Bankgeschäfte, die ohne das persönliche Gespräch abgewickelt werden, immer breiter.

Im Onlinekanal: Kostenkontrolle und integrierte Kunde-Bank-Kommunikation

Integration der unterschiedlichen Kommunikationswege

Der Ausbau der Kommunikationswege erfolgte seit 1995 ohne eine grundsätzliche Veränderung der Filialstruktur. Lediglich die SB-Bereiche wurden räumlich mit den Filialen koordiniert. Die Anzahl der Filialen wurde schrittweise reduziert, ihre Aufgabe aber nicht verändert. Der Onlinekanal und das Telefon-Banking sind als eigenständige Vertriebswege, im Falle der Direktbanken sogar gegen die traditionellen Vertriebswege, aufgebaut worden. Die technischen Möglichkeiten sind noch lange nicht ausgeschöpft. Intelligente Rufweiterleitungen, Spracherkennungen, die automatisierte Sprachkommunikation im Call Center und der Ausbau der Interaktion im Onlinekanal bieten noch vielfältige Möglichkeiten, die Akzeptanz des Kunden zu erhöhen.

Der weitere Ausbau der „unpersönlichen" Kommunikationswege erfordert hohe Investitionen und zusätzliche Betriebskosten. Die Aufspaltung der Kunde-Bank-Kommunikation auf die unterschiedlichen Vertriebswege führt darüber hinaus dazu, dass die Abwicklung eines Geschäftsvorfalles nur selten mit wechselnden Kommunikationsmitteln möglich ist. Die unterschiedlichen Kommunikationswege beruhen auf unterschiedlichen Kommunikationsprozessen und weitgehend differenzierten technologischen Lösungen.

Die fehlende Integration der Kommunikationswege ist für viele Institute nicht mehr bezahlbar und für den Kunden wenig komfortabel. Die Weiterentwicklung der Vertriebswege erfordert deshalb zwingend die Integration der unterschiedlichen Kommunikationswege auf Basis einheitlicher Vertriebsprozesse.

In der Filiale: Personalabbau und Repositionierung

Vor der Entwicklung der neuen Medien war die Verantwortung für die Kundenbeziehung eindeutig definiert: Sie lag bei dem zuständigen Betreuer der Filiale. Mit der Entwicklung des Onlinekanals und des Telefon-Banking wird diese Rolle zunehmend unterminiert. Schritt für Schritt erweitern sich die Möglichkeiten der Kommunikation von der einfachen Abwicklung einer Banktransaktion zu einem kompletten Vertriebskanal mit Informations- und Beratungsfunktionen und der Möglichkeit, Abschlüsse zu tätigen. Für die Steuerung dieser Funktionen werden zentrale Einrichtungen aufgebaut, die im direkten Wettbewerb zu dem Berater in der Filiale stehen. Die Integration der Kommunikationsmöglichkeiten auf Basis eines einheitlichen Vertriebsprozesses verlangt nach einer eindeutig definierten Verantwortung für diesen Prozess. Hier ergibt sich eine neue Chance für die Filialen der Filialinstitute.

Auf Basis einer umfassenden Information über die Kunde-Bank-Kommunikation wird der Berater in die Lage versetzt werden, auf spezifische Markt- und Kundensituationen zu reagieren und die neuen Medien für eine kundenspezifische Ansprache zu nutzen. Virtuelle Call Center und Customer Service Center sowie der

Zentrale Positionierung des Beraters im Kommunikationsnetz

Ausbau der Interaktivität des Onlinekanals ermöglichen
es, den Berater zentral im Netz der Kommunikation zu
positionieren. Damit wird er wieder in die Lage versetzt,
die umfassende Verantwortung für die Kundenbeziehung zu übernehmen. Spezialisten können unabhängig
von der lokalen Präsenz gezielt in die Kommunikation
eingebunden werden.

Die Integration der Kanäle mit dem Customer-Touch-Point-Konzept (CTP)

Der Bankkunde bedient sich der Kommunikationsmittel, die für ihn am bequemsten und/oder am kosten-
günstigsten sind.

Die Auswahl der Kommunikationsmittel orientiert
sich an seiner aktuellen Situation, die durch den Customer Buying Cycle formalisiert wird (Grommel 2002;
Wölfing und Wessel 2001). Prototypisch kann ein Ver-
kaufsprozess durch die Abfolge folgender Schritte beschrieben werden:

1. Schritt: Informationen über das Angebot der Bank
besorgt sich der Kunde über den Onlinekanal oder über
Prospekte, die in der SB-Zone beim Geldausgabeautomaten ausliegen.

2. Schritt: Hat dieses Angebot sein Interesse geweckt,
sucht er die Beratung. Dafür nutzt er eine E-Mail, das
Telefon oder geht in die Filiale. Nicht immer wird er sich
aufgrund der erteilten Auskünfte schon entscheiden.
Entweder holt der Kunde noch Wettbewerbsangebote
ein oder muss die Basisentscheidung (z. B. für eine Im-
mobilienfinanzierung) noch überdenken.

3. Schritt: Ist der Kunde entschieden, stehen ihm der
Onlinekanal oder das Telefon zur Verfügung, um auch
außerhalb der Öffnungszeiten der Filialen schnell die
erforderlichen Aufträge zu formulieren. Bedarf es noch
einer weiteren Qualifizierung des Angebotes, so wen-
det sich der Kunde ein zweites Mal an die beratende
Stelle.

4. Schritt: Für die laufende Abwicklung des Geschäftes wählt der Kunde das Onlinemedium oder das
Telefon. Häufig schickt die Bank die Kontoauszüge immer noch per Brief. Für eine eilige Nachricht schickt die

Bank ihm möglicherweise eine Short Message auf das mobile Telefon.

5. Schritt: Bei Beendigung des Geschäftes wird die Bank versuchen, noch einmal Kontakt mit dem Kunden aufzunehmen. Dafür wählt sie vielleicht eine E-Mail, eine Nachricht auf dem Kontoauszugsdrucker oder ein Telefonat.

Die im Laufe des Customer Buying Cycle wechselnde Nutzung der Kommunikationsmittel zur Abwicklung eines Geschäftsvorfalles führt zur Matrix der „Customer Touch Points" (CTPs) (Schwanitz 2002).

In der CTP-Matrix wird der in der Praxis nach Kommunikationsmitteln getrennte Vertriebsprozess zusammengefasst und gleichzeitig in unterschiedliche Leistungsstufen getrennt. Voraussetzung dafür ist die in allen „Vertriebswegen" einheitliche Definition des Vertriebsprozesses.

Prozessoptimierung auf Basis eines integrierten Multikanalvertriebs

Die Integration der bislang getrennten „Kanäle" zu einem Vertriebsprozess hat eine Reihe von Vorteilen:

- *Auslastungsmanagement.* Im Rahmen des Multikanalvertriebs arbeiten Mitarbeiter sowohl dezentral in der Beratung in den Filialen oder im Außendienst als auch zentral in den Customer Service Centern oder in den Redaktionen des Onlinekanals. Durch die Einrichtung von „virtuellen Customer Service Centern" oder auch nur durch intelligente Rufweiterleitungen können Spezialisten in Kundengespräche geschaltet oder auslastungsschwache Filialen mit Arbeiten im Kundenservice beschäftigt werden.
- *Zentrale Redaktionen für alle Kanäle.* Die Bereitstellung von Produktinformationen, aktuellen Konditionen oder auch interaktiven Lehrmaterialien in der Beratungsphase kann zentral für mehrere CTPs sowohl für die Berater als auch für die Kunden erfolgen.
- *Gezielter Ausbau attraktiver CTPs.* Das Wissen über die Attraktivität und Profitabilität einzelner CTPs ermöglicht eine gezielte Investitionstätigkeit anstelle der Philosophie „Jedes Produkt in jeden Kanal".

- *Neupositionierung der Filiale.* Das Verständnis einer einheitlichen Kunde-Bank-Kommunikation erfordert die Neudefinition der Verantwortlichkeiten für den Kunden. Der Berater braucht dafür eine umfassende Übersicht über die Kundenkontakte und Eingriffs-möglichkeiten zur Kunden- bzw. Zielgruppenanspra-che.

Auswirkungen der Entwicklung des Multikanalvertriebs auf die physische und virtuelle Mobilität

Die dargestellte Entwicklung hat unterschiedliche Wir-kungen auf die virtuelle und physische Mobilität der Be-völkerung:

a) Die Kunde-Bank-Kommunikation verlagert sich teil-weise von der physischen auf die virtuelle Mobilität.

b) Die Onlinekommunikation mit den Kunden ermög-licht interne Optimierungen der Bankprozesse (Straight Through Processing), die wiederum erheb-liche Auswirkungen auf die Mobilität der Bankmitar-beiter haben.

Sollen die Auswirkungen des E-Business auf die Mobili-tät analysiert werden, sind grundsätzlich beide Aspekte zu berücksichtigen. In der folgenden Darstellung wird der Schwerpunkt auf die Kunde-Bank-Kommunikation gelegt. Die Auswirkungen auf die Arbeitswelt der Kredi-tinstitute und ihre Konsequenzen für die Mobilität soll-ten an anderer Stelle ergänzt werden.

Ausgangssituation

Homebanking setzt sich immer mehr durch

Die Kontakte im Rahmen der Kunde-Bank-Kommuni-kation begründen entweder eine neue Geschäftsbe-ziehung (Kontoeröffnung, Kreditvereinbarung usw.) oder dienen der laufenden Abwicklung des Geschäftes (Zahlungsverkehr, Wertpapiertransaktionen usw.). Der weitaus größte Anteil der Kontakte beruht auf der Ab-wicklung der Bankgeschäfte (Banktransaktionen). Die elektronische Abwicklung der Banktransaktionen durch

Privatpersonen wird als Homebanking bezeichnet. Sie findet im Rahmen einer bestehenden Rechtsbeziehung statt. Der Onlineabschluss von Bankgeschäften steht noch am Anfang und wird sich erst langsam in den nächsten Jahren entwickeln (z. B. Abschluss eines Kreditgeschäftes, Kontoeröffnung usw.).

Die Abwicklung der Bankgeschäfte erfolgte bei den meisten Banken traditionell über die Filiale. Eine Ausnahme stellte die Postbank dar, die neben den Postämtern noch den Brief als Kommunikationsmittel anbot. In Ausnahmefällen nahmen auch die Banken telefonische Aufträge entgegen (z. B. Wertpapierorders beim Kundenberater).

Schon in den 1980er Jahren entwickelte die Deutsche Bundespost das BTX-Verfahren für die Online-Auftragsabwicklung, das sich aber zunächst nicht durchsetzen konnte. Stattdessen wurden in den 1980er und 90er Jahren die Selbstbedienungsgeräte flächendeckend installiert und von den Kunden auch weitgehend angenommen. Vorreiter dieser Geräte waren die Geldausgabeautomaten und die Kontoauszugsdrucker. Die zunehmende Akzeptanz dieser Geräte lag vor allem darin begründet, dass sie rund um die Uhr verfügbar waren. Die Aufträge an die Bank wurden überwiegend beleghaft bei den Filialen abgeliefert.

Mit der steigenden Verfügbarkeit der PCs in den Haushalten stieg auch die Zahl der Bankkunden, die ihre Aufträge online bei der Bank einlieferten. Die Entwicklung des Internet beschleunigte diese Entwicklung deutlich.

Deutliche Tendenz zur virtuellen Mobilität

Die dargestellte Entwicklung macht eine Tendenz sehr deutlich: Eine jährlich steigende Zahl von Bankkunden wickelt ihre Geschäfte online von ihrer Wohnung oder Arbeitsstätte ab. Diese Entwicklung wird begleitet von einer zunehmenden Häufigkeit der Bankkontakte: Der Onlinekunde kommuniziert wesentlich öfter mit seiner Bank als der Kunde, der sich für jeden Bankkontakt in die Filiale bemühen muss.

Unscharfe Auswirkungen auf die physische Mobilität

Der signifikante Trend zur Onlinekommunikation lässt
allerdings nicht eindeutig den Schluss zu, dass sich die
physische Mobilität dadurch reduziert. Folgende Entwicklungen wirken der Verminderung der physischen
Mobilität entgegen:

- Wesentliches Element der Kunde-Bank-Kommunikation mit dem Privatkunden ist die Bargeldversor-
  gung. Der steigenden Anzahl bargeldloser Transaktionen stehen kleiner werdende Geldmengen pro
  Transaktion gegenüber. Die Versorgung mit Bargeld
  stellt einen regelmäßigen physischen Kontakt mit der
  Bank dar.
- Die Zahl der Bank-Kontakte, die traditionell und/
  oder zukünftig „auf dem Weg" (zur Arbeit, bei Ein-
  käufen) erledigt werden, ist schwer kalkulierbar.
  Auch hier wirken sehr unterschiedliche Tendenzen:
  - Einer abnehmenden Zahl von Bankstellen steht
    der Konzentrationsprozess im Kreditgewerbe
    gegenüber. Die Erreichbarkeit einer Bankstelle
    „auf dem Weg" wird sich bankspezifisch verän-
    dern. Sie ist jedoch immer noch ein wesentlicher
    Wettbewerbsfaktor. Die meisten Institute bemü-
    hen sich um eine gute physische Erreichbarkeit.
  - Die Neupositionierung der Filiale, die Etablierung
    von Selbstbedienungszentren sowie Zusammen-
    schlüsse und Kooperationen im Kreditgewerbe
    (z. B. die „Cash-Group") zielen darauf ab, dem
    Kunden die Bankdienstleistung physisch dort an-
    zubieten, wo er ohnehin ist: Im Supermarkt, auf
    der Arbeitsstätte oder an der Tankstelle.
  - Die „Rund-um-die-Uhr-Verfügbarkeit" von Selbst-
    bedienungsgeräten erhöht die Transaktions- und
    Kontakthäufigkeit. Damit erhöht sich aber nicht
    zwangsläufig die physische Mobilität, da Transak-
    tionen und Bankkontakte „auf dem Weg" erledigt
    werden können.
- Onlinekontakte ersetzen in einigen Fällen nicht phy-
  sische Bankkontakte, sondern traditionelle Kontakte
  per Brief oder Telefon (Beispiel: Postbank, Sparda-
  Banken).

- Die Etablierung von Geschäftsbeziehungen (Kontoeröffnungen, Kreditvergabe usw.) findet auch heute noch weitgehend im persönlichen Kontakt statt. An die Stelle des persönlichen Kontaktes in der Filiale treten zunehmend Besuche durch Außendienstmitarbeiter der Banken.

Langfristige Auswirkungen des Trends zur „virtuellen Kommunikation" auf die physische Mobilität?

Abschließend ist festzustellen:
- Der Bankkunde hat Online-Banking erst einige Jahre nach der Bereitstellung akzeptiert. Seit dieser Zeit wird die Onlinekommunikation von einer jährlich deutlich steigenden Zahl von Kunden gewünscht und praktiziert.
- Die zunehmende Nutzung des Onlinemediums führt nicht zwangsläufig zur Abschaffung der traditionellen Kontaktpunkte für die Kunde-Bank-Kommunikation. Die überwiegende Zahl der Kunden sieht die Onlinekommunikation als interessante Ergänzung zu den traditionellen Kommunikationswegen.
- Eine physische Präsenz mit Einrichtungen der Selbstbedienung und der Möglichkeit zu persönlichen Beratungsgesprächen wird für eine „Hauptbank-Beziehung" auch in Zukunft ein kritischer Erfolgsfaktor im Wettbewerb sein.
- Die traditionellen Kontaktpunkte für die Kunde-Bank-Kommunikation werden in Zukunft neu positioniert werden. Die Konzentration der Banken und die Neupositionierung der Filialen wird dazu führen, dass die physischen Kontaktpunkte mit den Banken möglichst „auf dem Weg" (zur Arbeit, beim Einkauf) erreichbar sind.
- Während die aktuellen Wirkungen der Onlinekommunikation auf die physische Mobilität durch eine Vielzahl von gegenläufig wirkenden Tendenzen kompensiert werden, kann eine Mobilitätsminderung langfristig eintreten. Voraussetzung für die Minderung der physischen Mobilität ist:

- Die Fortsetzung des Trends zur Onlinekommunikation (weiter steigender Prozentsatz der virtuellen Kontakte mit der Bank).
- Bei prozentual sinkenden physischen Kontakten eine Allokation dieser Kontaktpunkte an Orten und mit Öffnungszeiten, die die Gewohnheit einer „Auf-dem-Weg"-Kommunikation etabliert.
- Die Einbeziehung der Wirkungen der „Auf-dem-Weg"-Kommunikation geht von einer Basismobilität aus, die unabhängig vom Bankkontakt stattfindet. Diese Annahme ist dann nicht richtig, wenn die Kunde-Bank-Kommunikation als Teil des Einkaufsverhaltens angesehen wird und Wechselwirkungen zwischen der Entwicklung der Onlinekommunikation im Einkaufsverhalten und dem Online-Banking vorliegen. Die Betrachtung dieser Wechselwirkungen würde allerdings den Rahmen der vorliegenden Betrachtung sprengen.

Literatur

Grommes, M. (2002): Strukturierung des Vertriebsprozesses im Retail-Banking als Ansatzpunkt für den Einsatz von Beratungssoftware. Diplomarbeit, Hochschule für Bankwirtschaft, Frankfurt a.M.

Schwanitz, J. (2002): Controlling im Multikanalvertrieb. In: Geldinstitute, 3, S. 30–37.

Wölfing, D. und Wessel, M. (2001): IT-Architekturen bankbetrieblicher CRM-Systeme. In: J. Moormann und P. Rossbach (Hrsg.): Customer Relationship-Management in Banken. Frankfurt a. M., S. 158–174.

Mobilitätswirkung von Distance Learning, Telearbeit und E-Government (2. Arbeitsgruppe)

16 Überblick und Zusammenfassung der Beiträge der zweiten Arbeitsgruppe: Virtuelle Mobilität – Mehr Mobilität und weniger Verkehr?

Barbara Lenz
Institut für Verkehrsforschung des Deutschen Zentrums für Luft- und Raumfahrt (DLR), Berlin-Adlershof

Die funktionale Nähe von Mobilität und Kommunikation hat sehr früh schon Erwartungen entstehen lassen, dass die neuen Informations- und Kommunikationstechnologien (IuK-Technologien) ein beträchtliches Potential enthalten, um Raum- und Zeitbeschränkungen für Mensch, Wirtschaft und Gesellschaft zu reduzieren. Durch die neuartigen, elektronischen Netzwerke erscheint eine Handlungs- und Bewegungsfreiheit im Sinne eines *„at any time in any place"* durchaus erreichbar. Die Besonderheit dieser Entwicklung besteht darin, dass Aktionsräume von Personen, aber auch von Unternehmen und Institutionen um einen virtuellen Bereich erweitert werden und durch die Verlagerung von Aktivitäten in den „virtuellen Raum" gleichzeitig eine verkehrliche Entlastung des physischen Raumes erfolgt. Die Überwindung des physischen Raumes mittels Verkehr wird ersetzt durch Raumüberwindung via elektronische Netze.

Hoffnung auf Verkehrsreduktion durch die neuen elektronischen Netze …

Inzwischen ist – nicht zuletzt aufgrund der Zunahme empirischer Arbeiten im Themenfeld „Kommunikation und Verkehr" – eine gewisse Ernüchterung eingetreten. So ist deutlich geworden, dass eine Aufhebung der Bindung des Menschen an die Einschränkungen durch Zeit und Raum nur sehr bedingt möglich ist. Allmählich setzt sich die Einsicht durch, dass der Zusammenhang zwischen Kommunikation und Mobilität weitaus komplexer ist als ursprünglich angenommen. Vor allem die Vorstellung einer simplen Substitution von physischem

… und eintretende Ernüchterung

Verkehr durch „virtuelle Mobilität" ist damit hinfällig geworden (Zumkeller 1999). Vielmehr sind die Wirkungsrichtungen, die sich im Wechselspiel zwischen IuK-Technologiennutzung und Verkehr ergeben, nur selten eindeutig. In der Regel überlagern sich substituierende, komplementäre und induzierende Wirkungen der IuK-Technologiennutzung auf den Verkehr, und es erweist sich als außerordentlich schwierig, Ursache-Wirkungs-Ketten klar zu diagnostizieren.

Offene Fragen
Ausgehend von diesem Spannungsfeld hat der ifmo-Workshop „Auswirkungen der virtuellen Mobilität" versucht, eine Brücke zu schlagen zwischen noch ungesicherten Erwartungen und bereits verfügbaren empirischen Ergebnissen. Ziel war es, Umfang und Art der Auswirkungen virtueller Mobilität auf die physische Verkehrsteilnahme aufzuzeigen und dabei auch die Erwartungen an dem zu spiegeln, was bislang schon an Erkenntnissen zur Verfügung steht. Konkrete Projektionen und Prognosen blieben dabei schwierig, nicht zuletzt angesichts des Problems, dass sich derzeit nicht mit Sicherheit bestimmen lässt, an welcher Stelle der Entwicklung wir überhaupt stehen. Erleben wir gegenwärtig noch die Einführungsphase des Internet und seiner Nutzungsmöglichkeiten? Oder sind wir bereits in einer Konsolidierungsphase, haben möglicherweise den steilsten Teil der Wachstumskurve längst hinter uns gelassen? Ein Querschnitt durch die Beiträge aus den Arbeitsgruppen des Workshops, aber auch durch die neuere Literatur zeigt, dass einer großen Zahl an offenen Fragen erst wenige Antworten gegenüberstehen.

Verkehrsreduzierung durch Telearbeit – Möglichkeiten und Grenzen

Ungeachtet des Bewusstseins, dass die Auswirkungen der Nutzung von IuK-Technologien kaum durch einfache Substitutionsvorgänge beschrieben werden können, bildet die Suche nach solchen (in der Regel durchaus erwünschten) Effekten immer wieder ein wesentliches Motiv für spekulative und empirische Forschung gleichermaßen. Dies trifft ganz besonders für die Forschungsfelder „Telearbeit" und „elektronischer Handel" zu.

In der Tat wird auch heute noch davon ausgegangen, dass das größte Potential zur Substitution von physischem Verkehr durch IuK-Technologien in der Telearbeit liegt. Inzwischen stehen für die Abschätzung des Potentials auch eine Reihe von empirischen Untersuchungen zur Verfügung, zum Teil allerdings mit erheblichen Abweichungen im Hinblick auf den Substitutionseffekt, der von der räumlichen Verlagerung der Arbeit ausgehen könnte. Die Unterschiedlichkeit der Forschungsergebnisse muss im Wesentlichen auf die Tatsache zurückgeführt werden, dass verschiedene Untersuchungsansätze zugrunde liegen und/oder verschiedene Formen der Telearbeit untersucht worden sind. Dessen ungeachtet ist jedoch festzuhalten, dass alle Untersuchungen ein grundsätzliches Substitutionspotential im Berufsverkehr durch Telearbeit anerkennen.

Ausgehend von den Erfahrungen, die seit mehreren Jahren bei BMW mit Telearbeit gemacht werden, berichten so auch *Markus Niggl* und *Peter Kreilkamp* von einer verkehrsreduzierenden Wirkung der Telearbeit. Diese Wirkungen dürften insgesamt sogar vergleichsweise hoch sein, da immerhin zwei Drittel der Telearbeiter in einer Befragung angeben, sie würden an den Telearbeitstagen keine zusätzlichen Autofahrten unternehmen. Für die Richtigkeit dieser Selbsteinschätzung spricht die Tatsache, dass die Beschäftigten an den Telearbeitstagen länger am häuslichen Arbeitsort erreichbar sind als im Büro (vgl. den Beitrag in diesem Band). Während sich dadurch für den einzelnen Beschäftigten eine Verkehrsreduktion von ca. 650 km pro Monat ergibt, vermitteln die Daten keine Möglichkeit der Quantifizierung auf aggregierter Ebene.

Von einer vergleichsweise geringeren verkehrsreduzierenden Wirkung pro Telearbeiter berichten dagegen *Wilhelm R. Glaser* und *Walter Vogt* in ihrem Beitrag, der die wichtigsten Ergebnisse einer Untersuchung mit Wegebüchern von Telearbeitern zusammenfasst (vgl. den Beitrag in diesem Band). Zwar zeigt sich auch hier eine durchgängige Verringerung der Entfernung und der Anzahl der Wege. Die Daten belegen aber, dass für

Empirische Forschungen zu verkehrsreduzierendem Potential von Telearbeit

die Wege, die mit dem Pkw als Fahrer zurückgelegt werden, durchschnittlich nur von eine Reduzierung von 2.500 km im Jahr pro Telearbeiter ausgegangen werden kann.

Quantifizierungversuche
der verkehrlichen Wirkung von Telearbeit ...

Erste Versuche zu einer solchen Form der Quantifizierung von Wirkungen durch Telearbeit waren in Deutschland bereits anfangs der 1980er Jahre erfolgt. Modellrechnungen auf der Grundlage von Expertenbefragungen in verschiedenen deutschen Städten wiesen eine potentielle Reduktion der Pendlerzahlen durch Teleheimarbeit von 9,8 % bis 21,6 % aus. Daraus wurde abgeleitet, dass angesichts einer täglichen Einsparung von 260.000 bis 500.000 Fahrzeugkilometern im Berufsverkehr „die Folgen der Telearbeit für [...] den Verkehr beträchtlich" sein würden (Henckel, Nopper, Rauch 1984: 160).

Nachdem in der Folgezeit die Durchsetzung von Telearbeit weder im erwarteten Tempo noch im erwarteten Umfang stattfand, ließen weitere Ansätze zur quantitativen Bestimmung von verkehrlichen Wirkungen bis in die zweite Hälfte der 1990er Jahre auf sich warten. 1998 kam eine Berechnung des Bundesministeriums für Wirtschaft und Technologie und des Bundesministeriums für Arbeit und Sozialordnung zu dem Schluss, dass „zur Jahrtausendwende allein in Deutschland 1,2 Mio. Menschen zumindest teilweise telearbeiten" (Bundesministerium für Wirtschaft und Technologie und Bundesministerium für Arbeit und Sozialordnung 1998: 47). Dies würde einem jährlichen Einsparungspotential im physischen Verkehr von 4 Mrd. Pkw-Kilometern (oder 2,6 % bei gleichzeitiger Einsparung von 500 Mio. Liter Benzin) entsprechen. (Insgesamt betrug 1998 die Verkehrsleistung mit motorisierten Individualverkehrsmitteln im Berufsverkehr in Deutschland 153,4 Mrd. km [Bundesministerium für Verkehr 1998: 223]).

... mit rückläufiger
Einschätzung

Deutlich niedrigere Werte errechnete Denzinger (2001), der für 1999 eine Ersparnis von „nur" 1,37 Mrd. Personenkilometern durch alternierende Telearbeit in Deutschland nennt (S. 213). Diese Summe entspricht einer Einsparung von 0,9 % der im Berufsverkehr erbrachten Verkehrsleistung von 150,5 Mrd. Personenkilometern im Jahr 1996.

Die rückläufige Einschätzung der quantitativen Wirkungen von Telearbeit, die sich aus der Aneinanderreihung dieser Arbeiten ergibt, zeigt sich auch in den auf die USA bezogenen Untersuchungen von *Patricia Mokhtarian* (vgl. dazu den Beitrag in diesem Band). Ursache ist aber hier wie dort nicht das grundsätzliche Infragestellen verkehrsentlastender Effekte durch Telearbeit, sondern vielmehr die Erfahrung, dass die Akzeptanz von Telearbeit wesentlich geringer ausfällt als erwartet. Dies lässt sich zu Recht so konstatieren, auch wenn eine neuere Studie aus dem Jahr 2002 von einem 13 %-Anteil der Telearbeiter an den Erwerbstätigen berichtet (empirica 2002). Bei genauerem Hinsehen zeigt sich jedoch, dass die „klassische Telearbeit" im Sinne einer permanenten oder alternierenden Teleheimarbeit nach wie vor auf sehr niedrigem Niveau bleibt, nämlich nur 2,1 % der Erwerbstätigen in Europa betrifft (empirica 2002: 12).

In jüngster Zeit hat die Erforschung der verkehrlichen und räumlichen Wirkungen von Telearbeit trotz der schleppenden Entwicklung eine interessante Differenzierung erfahren. So gibt es Anzeichen dafür, dass die Ausweitung von IuK-basierten flexiblen Arbeitsformen nicht nur eine Verkehrsentlastung, sondern auch einen Bedeutungsgewinn wohnortnaher Versorgungseinrichtungen mit sich bringen könnte. Grundlage hierzu sind neuere Studien aus den USA, den Niederlanden und Deutschland, wonach sich die Kontraktion des physischen Aktionsfeldes von Telearbeitern als wahrscheinliche Folge der Telearbeit zu bestätigen scheint (z. B. Gebauer 2001; Hamer, Kroes, van Ooststroom 1991; Saxena und Mokhtarian 1997). Demzufolge führt die Verlagerung der individuellen Arbeitsstätte in den suburbanen oder ländlichen Raum dazu, dass sich die alltäglichen Aktivitäten der Telearbeiter zusehends auf den Wohnort und dessen nähere Umgebung konzentrieren. Räumliche Nähe erfährt dadurch eine Aufwertung.

Kontraktion des physischen Aktionsfeldes von Telearbeitern als wahrscheinliche Folge der Telearbeit

E-Commerce vermindert Kundenverkehr?

Ein weiteres Anwendungsfeld von IuK-Technologien, in dem ebenfalls deutlich sichtbare verkehrliche Wirkungen erwartet wurden und immer noch erwartet werden, ist der elektronische Handel. Allerdings erscheinen mittlerweile auch hier die früheren Erwartungen als eher überzogen. So zeigen neuere Untersuchungen in der Region Stuttgart, dass sich das verkehrliche Substitutionspotential, das aus dem elektronischen Handel resultiert, auf einem eher niedrigen Niveau bewegt (Luley, Bitzer, Lenz 2002). Selbst wenn als Grundannahme unterstellt wird, dass durch die Onlinebestellung ein physischer Einkaufsgang entfällt, beträgt die potentielle Fahrtenersparnis für den Gesamtverkehr – berechnet für den Zeithorizont 2010 – nur etwa 2 %, bei einer möglichen Bandbreite des Einsparpotentials an Einkaufswegen zwischen 0,5 % und 5,4 %.

Grundsätzliche Substitutionswirkungen, wenngleich auf sehr niedrigem Niveau und teils von Komplementäreffekten begleitet, lassen auch andere empirische Arbeiten vermuten, die zum Teil mit deutlich kleineren Stichproben (z. B. Vogt und Lenz 2002) bzw. unter Herausgreifen spezifischer E-Commerce-Dienste wie Online-Banking (Zoche, Kimpeler, Joepgen 2002) durchgeführt wurden. Unterstützt wird die Substitutionsthese außerdem durch Studien wie die von Cairns (2003), die eine Quantifizierung möglicher Wirkungen dadurch erreicht, dass sie den Lieferverkehr sowie den dadurch ersetzten Kundenverkehr modelliert und diese beiden Verkehrsaufwände gegenüberstellt. Auch hier wird unterstellt, dass die Beschaffung von Waren über das Internet physische Beschaffungsvorgänge auf Seiten des Kunden überflüssig macht und diese demzufolge auch tatsächlich unterbleiben.

Entgegen diesen Ergebnissen vermuten Casas, Zmud und Bricka (2001), dass elektronisches Einkaufen keine Substitutionswirkungen nach sich zieht. Anhand von Daten, die 1999 im Rahmen einer Verkehrserhebung in Haushalten in der Region Sacramento, Kalifornien, erhoben wurden, wurde der Versuch unternommen, den Typ des „Internetshoppers" näher zu spezifizieren. Dabei zeigte sich, dass Personen, die besonders häufig im Internet einkaufen, gleichzeitig besonders zahlreiche Einkaufsfahrten unternehmen[1]. Casas, Zmud und Bricka kommen deswegen zu dem Schluss, dass durch elektronischen Handel überhaupt keine Substitution stattfindet. Denn Personen, die via E-Commerce einkaufen, verändern zwar ihr Einkaufsverhalten, nicht aber ihr Einkaufs*verkehrs*verhalten, d. h. die Zahl der Einkaufsfahrten wird nicht vermindert.

Parallel dazu wenden sich auch Gould und Golob (1997) in ihrer Studie zum elektronischen Handel gegen die Annahme, dass die Verfügbarkeit von Informationen über Produkte Grund genug sei, um die Einkaufsfahrt durch E-Commerce zu substituieren: „Weil die Menschen aber manche Arten von Fahrten gerne unternehmen und weil sie auch aus anderen als nur ökonomischen Gründen einkaufen, könnte man auch zu der Auffassung gelangen, dass der E-Commerce zusätzliche Fahrten und neue Aktivitäten in den Einkaufszentren herbeiführt"[2] (S. 338). Damit unterstützen die Ergebnisse von Casas, Zmud und Bricka die These von den „Add-on-Effekten", die sich aus der Nutzung von E-Commerce ergeben. E-Commerce als Anwendungsform von virtueller Mobilität substituiert nicht physischen Verkehr, sondern ergänzt ihn.

Schließlich gibt es gegen die Propagierung einer Substitutionsthese zunehmend auch grundsätzliche Einwände, vor allem mit Hinweis auf die Zusatzverkehre, die durch E-Commerce auf der Lieferseite entstehen. Matthews, Hendrickson und Lave (2000) beispielsweise

E-Commerce substituiert physischen Verkehr nicht, sondern ergänzt ihn und sorgt sogar für Zusatzverkehre

---

1   Diese Aussage von Casas, Zmud und Bricka steht in einem gewissen Gegensatz zu den Ergebnissen von Luley (2003). Er stellt am Beispiel des Einkaufsverhaltens fest, dass es offensichtlich keinen eindeutigen Zusammenhang zwischen virtueller Mobilität und individueller physischer Mobilität gibt. Allerdings verfolgt Luley insofern einen anderen methodischen Ansatz als Casas, Zmud und Bricka, als seinem Vergleich eine Typisierung der Probanden entsprechend der Vielfalt der von ihnen angesteuerten Einkaufsstandorte zugrunde liegt. Die Häufigkeit der Einkäufe spielt dagegen in seinen Überlegungen keine Rolle.

2   „However, because people enjoy some types of travel, and they shop for other than economic purposes, electronic home shopping could also generate additional travel and new types of in-store shopping activity."

stellen angesichts des „Liefer-Hype", den die Neuer-
scheinung eines Harry-Potter-Bandes in den USA verursacht hat, die Frage, ob es wirklich effizienter sei,
wenn Millionen von einzelnen online bestellten Exemp-
laren nach Hause geliefert werden, anstatt wie bisher
über den Buchhandel verkauft zu werden, an den die
Lieferungen gebündelt erfolgen. Hinsichtlich einer
möglichen Verkehrszunahme durch E-Commerce gibt
Mokhtarian (2003) zu bedenken, dass Waren nun aus
größeren Entfernungen bestellt werden können oder
dass sich die Einkaufshäufigkeit möglicherweise erhöht
und der Einkauf insgesamt dadurch atomisiert wird.

E-Government statt Gang zum Amt

Verkehrliche Effekte auf aggregierter Ebene

Kaum messbare Effekte auf individueller Ebene, dagegen durchaus vorstellbare verkehrliche Effekte auf aggregierter Ebene erwartet *Holger Floeting* aus der zunehmenden „Übersetzung" behördlicher Dienstleistungen
in „virtuelle Amtsgänge" (vgl. den Beitrag in diesem
Band). Untersuchungen im Rahmen des Projektes MO-
BILIST in der Region Stuttgart haben gezeigt, dass E-
Government, d. h. die Bereitstellung eines Dienstleis-
tungsangebotes über das Internet durch die öffentliche
Hand, grundsätzlich durchaus zu Verkehrseinsparun-
gen führen kann. So zeigt sich dort, dass die Bereitschaft der Bürger, entsprechende Angebote umfassend
zu nutzen, sehr hoch ist, auch wenn die tatsächlichen
Wirkungen in Abhängigkeit von der Art des Amtsganges und von der räumlichen Lage des einzelnen Amtes
eine hohe Schwankungsbreite aufweisen. Vergleichsweise hohe Einsparpotentiale zeigen sich beispielsweise
bei der Kfz-Zulassung; dieser Amtsgang ist mit einem
relativ hohen Aufwand verbunden und muss zudem oft
in Ämtern erledigt werden, die sich abseits der Zentren
befinden (Luley und Lenz 2001).

Verkehrswirkungen durch Distance Learning

Ein weitgehend unerforschtes Gebiet

Während zu den verkehrlichen Wirkungen von Telearbeit, E-Commerce und E-Government teilweise sogar
sehr konkrete Wirkungsabschätzungen vorliegen, ist

diese Fragestellung im Zusammenhang mit Distance Learning bislang noch nicht angegangen worden. Dies ist umso erstaunlicher, als in der statistischen Betrachtung und Erforschung von Verkehrsverhalten Arbeit und Ausbildung vielfach gleichwertig behandelt werden. Während aber bereits zahlreiche Studien zu den Auswirkungen der Telearbeit auf den Verkehr entstanden sind, fehlt es an vergleichbaren Untersuchungen zum Distance Learning.

Erwartet werden aber auch hier verkehrsreduzierende Effekte. So unterstellt *Norbert Mundorf* (vgl. den Beitrag in diesem Band) eine grundsätzlich verkehrsreduzierende Wirkung des Distance Learning, die umso größer ausfallen wird, je mehr Personen sich des Distance Learning bedienen und je häufiger sie dies tun. Demgegenüber hebt *Rainer Thome* (vgl. den Beitrag in diesem Band) durch die Betonung der zeitunabhängigen Raumüberbrückung zwischen Lernendem und Lehrendem vor allem den positiven Effekt des Distance Learning auf das Lernen als solches hervor.

Fazit

Ungeachtet der unterschiedlichen Perspektiven, Einschätzungen und Ergebnisse zu den verkehrlichen Auswirkungen der neuen IuK-Technologien zeigen die Beiträge und Podiumsdiskussionen anlässlich der ifmo-Tagung ebenso wie zahlreiche Publikationen aus neuerer Zeit eine bemerkenswerte Konvergenz: In den Mittelpunkt der Betrachtungen und Überlegungen rückt zunehmend der Mensch, der IuK-Anwendungen nutzt und dadurch in seinem (Verkehrs-)Verhalten beeinflusst wird. Für die Verkehrsforschung verbindet sich damit die notwendige Erweiterung um die Fragestellung nach den Wechselwirkungen zwischen dem Verkehr und der Nutzung von Kommunikationsmedien durch Menschen, Unternehmen und Institutionen. Mobilität ist nicht mehr länger Raumüberwindung zwischen „Gelegenheiten", sondern gleichzeitig Voraussetzung und Ausdruck von Teilhabe am gesellschaftlichen, wirtschaftlichen und politischen Leben.

Literatur

Bundesministerium für Verkehr (Hrsg.) (1998): Verkehr in Zahlen. Berlin.

Bundesministerium für Wirtschaft und Technologie und Bundesministerium für Arbeit und Sozialordnung (Hrsg.) (1998): Telearbeit – Chancen für neue Arbeitsformen, mehr Beschäftigung, flexible Arbeitszeiten. Bonn.

Cairns, S. (2003): Mehr Verkehr durch Zustelldienste des Lebensmitteleinzelhandels? In: J. Jessen, B. Lenz, H. J. Roos und W. Vogt (Hrsg.): B2C Elektronischer Handel – eine Inventur. Unternehmensstrategien, Logistikkonzepte und Wirkungen auf Stadt und Verkehr. Opladen.

Casas, J., Zmud, J. und Bricka, S. (2001): Impact of Shopping via Internet on Travel for Shopping Purposes. Paper submitted to the 80th Annual Meeting of the Transportation Research Board Washington, DC, January 7–11. TRB ID Number 01-3393.

Denzinger, S. (2001): Auswirkungen alternierender Telearbeit auf das Verkehrsverhalten, Institut für Straßen- und Verkehrswesen. Universität Stuttgart.

empirica (2002): Verbreitung der Telearbeit in 2002. Internationaler Vergleich und Entwicklungstendenzen. Bonn.

Gebauer, I. (2001): Die Auswirkungen der Telearbeit auf Aktionsräume – Eine Mikroanalyse anhand eines zeitgeographischen Ansatzes. Unveröffentlichte Magisterarbeit am Institut für Geographie, Universität Stuttgart.

Gould, J. und Golob, T. F. (1997): Shopping without Travel or Travel without Shopping? An Investigation of Electronic Home Shopping. In: Transport Reviews 17(4), S. 355–376.

Hamer, R., Kroes, E. und van Ooststroom, H. (1991): Teleworking in the Netherlands: An Evaluation of Changes in Travel Behaviour. In: Transportation 18(4), S. 365-382.

Henckel, D., Nopper, E. und Rauch, N. (1984): Informationstechnologie und Stadtentwicklung. Schriftenreihe des Deutschen Instituts für Urbanistik 71.

Luley, T. (2003): Physische und virtuelle Mobilität – Modellbildung und empirische Befunde aus der Region Stuttgart. Stuttgarter Geographische Studien (in Vorbereitung).

Luley, T., Bitzer, W. und Lenz, B. (2002): Verkehrssubstitution durch Electronic Commerce? – Ein Wirkungsmodell für die Region Stuttgart. In: Zeitschrift für Verkehrswissenschaft 73(3), S. 133–155.

Luley, T. und Lenz, B. (2001): Ergebnisse der Nutzerbefragung 1999 – Das Substitutionspotential des „Virtuellen Amtsganges". Interner Bericht im Projekt MOBILIST – Mobilität im Ballungsraum Stuttgart.

Matthews, H., Hendrickson, C. und Lave, L. (2000): Harry Potter and the Hole in the Ozone Layer. Handout ausgeteilt beim New York Academy of Sciences/Tellus Institute Symposium on E-Commerce and the Environment. New York, 24./25. Oktober.

Mokhtarian, P. L. (2003): Auswirkungen von E-Commerce auf Verkehr und räumliche Entwicklung. Eine konzeptionelle Analyse. In: J. Jessen, B. Lenz, H. J. Roos und W. Vogt (Hrsg.): B2C Elektronischer Handel – eine Inventur. Unternehmensstrategien, Logistikkonzepte und Wirkungen auf Stadt und Verkehr. Opladen.

Saxena, S. und Mokhtarian, P. L. (1997): The Impact of Telecommuting on the Activity Spaces of Participants and their Households. In: Geographical Analysis 29(2), S. 124–144.

Vogt, W. und Lenz, M. (2002): Physischer Weg oder virtueller Kontakt? Einige empirische Befunde mobilitätsbezogener Wirkungen aus dem Bereich des E-Commerce. In: Forschungsgesellschaft für Straßen- und Verkehrswesen (Hrsg.): Heureka '02. Optimierung in Verkehr und Transport. Tagungsbericht, S. 481–494.

Zoche, P., Kimpeler, S. und Joepgen, M. (2002): Virtuelle Mobilität: Ein Phänomen mit physischen Konsequenzen? Zur Wirkung der Nutzung von Chat, Online-Banking und Online-Reiseangeboten auf das physische Mobilitätsverhalten. Hrsg.: ifmo – Institut für Mobilitätsforschung. Berlin.

Zumkeller, D. (1999): Verkehr und Telekommunikation – Grundlagen und Simulationsansätze. In: ARL Arbeitsmaterialien, S. 1–8.

17 Telecommunication and Travel: The Case for Complementarity

Patricia L. Mokhtarian
University of California, Davis

Introduction

The potential of telecommunications to substitute for travel has long been appreciated. Indeed, such potential has often been not just a later realization but an integral impetus behind the development of the technology. Early communication devices such as jungle tom-tom drums, trumpet alarms, smoke signals and flashing lanterns were surely conceived precisely to replace the need for a physical messenger. The same cannot necessarily be said of the more recent (1876) invention of the telephone. Alexander Graham Bell's own initial vision of its uses seemed to be more along the lines of broadcast radio than personal communication, while the President of Western Union dismissed it as an "electrical toy", and the Chief Engineer of the British Post Office in 1879 sniffed that the "superabundance of messengers, errand boys, and things of that kind" in Great Britain obviated the need for the telephone there (Dilts 1941). However, it did not take long for speculation to begin about the potential of the new technology to eliminate travel. Albertson (1980) refers to a letter to the editor of the *Times* published May 10, 1879 suggesting that the telephone could provide relief from travel for harried businessmen. The utopian science fiction of H. G. Wells (1899) and E. M. Forster (1909) portrays society taking part in teleconferencing on a large scale, in lieu of physical travel.

The first telephones: their imagined impact on travel

That was the speculation; what is the reality? Contributing to a retrospective on the 100-year anniversary of the invention of the telephone, Pierce (1977) anticipates some of the arguments raised in this paper:

> We have seen that telephony has grown steadily since its inception. What has this done to other modes of communication? Is telephony replacing travel? No. Very roughly, in recent years the number of telephone calls and the number of air miles flown have increased at about the same rate, and the number of car miles traveled [has increased] about half as fast. Undoubtedly, a telephone call sometimes substitutes for a trip, but more and faster communication tends to engender widespread associations and activities that result in trips.

In the additional quarter-century since the telephone's centennial, new communication technologies and services have been introduced and adopted at an ever accelerating pace: facsimile machines, teleconferencing, electronic mail and the Internet, and mobile telephony, to name just a few major ones. With the increasing power, realism, flexibility, user-friendliness and ubiquity of these devices and services, together with their decreasing cost, one might expect that their collective ability to replace travel should by now be considerable, and that measurable decreases in travel should have resulted.

Instead, we still see nothing of the sort. Aggregate measures of travel demand continue to demonstrate basically increasing trends worldwide (Giuliano and Small 1995; Salomon, Bovy and Orfeuil 1993; Schafer and Victor 2000). In the United States, the repeated cross-sectional *Nationwide Personal Transportation Survey* is perhaps the best source of data on local passenger travel. Changes in data-collection methodology make comparisons across all years problematic, but just comparing the two most recent data sets alone shows an 11 percent increase in per capita person-miles traveled between 1990 and 1995 (Hu and Young 1999; calculated on the basis of Table 1) – a period of considerable development and adoption of new communication technologies.

The purpose of this paper is to explore the reasons behind this observation. In the sections to follow, I respectively advance *conceptual*, theoretical and empirical arguments in support of the claim that the *net* impact of telecommunications on travel will be to increase it rather than reduce it. Most of these arguments have ap-

Remote communication devices have proliferated, but travel goes on increasing rather than decreasing

peared elsewhere, scattered throughout the writings of this and other authors, but they are marshaled and amplified here specifically to make the case for complementarity in a more cogent and directed manner than before. The focus of the paper is on passenger travel.

Conceptual Considerations

To understand the impacts of telecommunications on travel (and vice versa, for that matter), it is important to begin with an understanding of the conceptual relationships between the two. Mokhtarian (1990) observes that communication can be partitioned into three major modes, each requiring some form of travel to occur: face-to-face communication, involving passenger transportation; the transfer of an object containing information (a book, magazine, letter or even diskette), involving freight transportation or goods movement (in the broadest sense); and telecommunications, now involving the transportation of electrons over cables or radio waves through the air.

3 major modes of communication, all involving "travel"

As alternate modes of communication, then, a number of relationships are possible between physical travel and telecommunications. The literature (Claisse 1983; Mokhtarian and Salomon 2002; Niles 1994; Salomon 1985, 1986) identifies the following types of cross-mode relationship:

- *Substitution (also referred to as replacement or elimination):* As indicated in the Introduction, the potential for alternate modes of communication to substitute for each other is clear to most people. Specific telecommunications applications that have been hypothesized to replace their travel-based counterparts include telecommuting, teleconferencing, tele-education or distance learning, telebanking, teleshopping, telemedicine, telejustice, and televoting and other government applications (cf., for example, United States Department of Transportation (1993), in which these applications are specifically referred to as "telesubstitutions").

  Substitution: communication replaces travel

- *Complementarity (also referred to as stimulation or generation):* However, use of one mode of communication can also increase the use of other modes. Salomon (1986) explicitly and Claisse (1983) implicitly subdivide this effect into two categories. *Enhancement* occurs when the use of one mode directly causes or facilitates the use of another mode. For example, the first words Alexander Graham Bell spoke over the telephone were, "Mr. Watson, come here; I want you" (de Sola Pool 1977), generating a trip (in this case, only down the hallway) for his assistant. Numerous other examples of telecommunications stimulating travel can be produced, whereby a phone

Complementarity (enhancement): telecommunication prompts travel

call, letter, e-mail message or fax prompts a trip, or whereby individuals meet first over the Internet and then, finding common interests, arrange to meet in person. In general, the increased ease of communication expands the size of our contact sets (Couclelis 1999; Gaspar and Glaeser 1998; Niles 1994) and therefore increases the number of opportunities for face-to-face interaction. The increased availability of information about activities and locations of interest is also likely to whet the appetite to engage in such activities and visit such locations (Gottmann 1983). As an example in the reverse direction – of transportation enhancing the use of telecommunications – consider the impact of travel on mobile phone usage. The more one travels, the more useful, and used, a mobile phone becomes.

Alternatively, *efficiency* occurs when the use of one mode is a necessary accompaniment to, or side-effect

Complementarity (efficiency): telecommunication an accompaniment to travel

of, the use of another mode, thereby increasing the efficiency of the latter mode. The impact of mobile phones on travel is one example: at a person-to-person level, one of the main uses of mobile phones, according to some studies, is to schedule or modify face-to-face meetings (requiring travel) on the fly (Yim 2000). And in fact, taxi drivers are now using mobile phones, as an adjunct to the traditional dis-

Complementarity (examples): mobile phones, dispatching systems ...

patching service, to obtain more efficiently real-time information on available fares from friends, relatives and other drivers (Townsend 2000). A number of system-oriented telecommunications services also fall into this category; for example, the telegraph was used extensively to support train operations (Harlow 1936), and telegraph wires were often strung along railroad rights of way. Telecommunications are still indispensable to air traffic control, vehicle dispatching and tracking, and other logistics operations. Many Intelligent Transportation System applications currently under development and in early stages of use provide further examples of efficiency, such as providing real-time traffic information and route guidance to a driver, enabling her to bypass congestion, or providing real-time arrival and travel-time information to transit users, thereby reducing the uncertainty associated with taking transit as well as increasing its attractiveness.

- *Modification:* Sometimes, one communication mode modifies something about the use of another mode. For example, a phone call may alter the departure time or destination of a trip, or a real-time in-vehicle navigation device may alter the route of a trip. The trip still occurs, so it is not substituted, and it would have occurred anyway, so it is not generated by the communication, but it is changed. As Mokhtarian and Meenakshisundaram (1999) point out, depending on what the measure of interest is, modification effects may be reclassifiable as one of the other three effects. For example, if the measure is vehicle-kilometers traveled (VKT), then a change in departure time would be VKT-neutral, while a change in route could constitute either generation or substitution, depending on whether the new route were longer or shorter, respectively, than the old one.

  Modification: telecommunication prompts change in travel plans

- *Neutrality:* In some circumstances, use of one mode may leave the use of other modes unaffected. An e-mail message may have no impact on travel; a routine trip to the grocery store may not create any phone calls. While this seems self-evident, it is actually easy to overlook. In hoping for substitution effects, for example, it has sometimes been implicitly assumed that every telecommunication activity of a certain kind is replacing a travel-based version of the same kind of activity. In fact, quite often the alternative to the telecommunication activity is not the travel-based activ-

  Neutrality: telecommunication does not necessarily replace travel

ity but rather not conducting the activity at all. Thus, for example, not every distance-learning student would otherwise be enrolled on a conventional college campus, not every home-based worker would otherwise be commuting to a conventional job, not every participant in a teleconference would otherwise have traveled to a face-to-face meeting, and not every impulse purchase made over the Web (or from a home-shopping television channel or mail-order catalog, for that matter) would have otherwise involved a trip to a store to purchase the same (or similar) item.

Figure 1 offers a schematic portrayal of relationships among the three primary modes of communication over time, with the black lines depicting the situation at one point in time, and the gray lines depicting a later point in time. The amount of communication occurring by a particular mode, represented by the size of the wedge for that mode, can increase over time due to three possible effects: (1) *own-mode generation* (increases in the

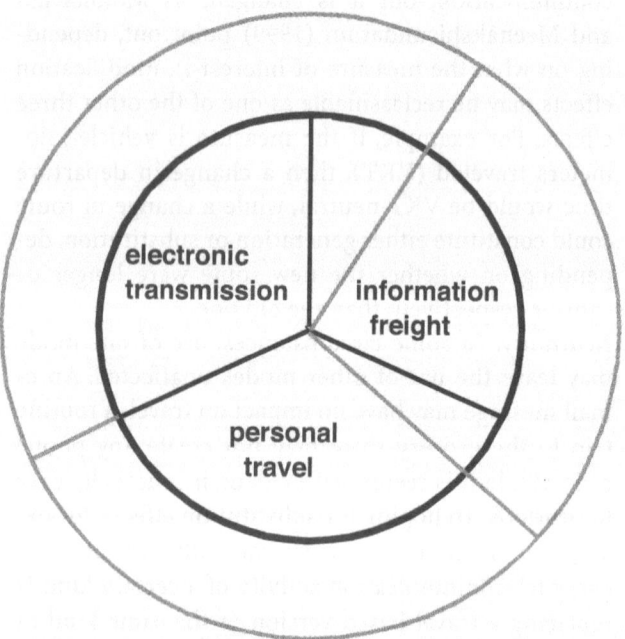

Fig. 1. Relationships among Communication Modes

given mode that occur independently of the other modes); (2) *cross-mode substitution* (in which the given mode replaces another mode, and hence the given mode increases while the other mode decreases); and (3) *cross-mode complementarity* (in which both the given mode and another mode increase). Of course, all three of these effects can occur to varying degrees for all three modes of communication, so the net outcome is a complex composite of multiple directions of causality and multiple directions of effect (positive or negative). The figure illustrates the author's view of reality, in which telecommunications is increasing in share with respect to the other modes, but use of all modes is increasing in absolute terms. This picture is consistent with simultaneous substitution and generation effects (Claisse 1983; Couclelis 1999; Gautschi and Sabavala 1995), and may help explain why those who "believe" in substitution and those who "believe" in complementarity are both right, up to a point. The ultimate question, however, is not the existence of, say, substitution effects, which certainly do exist, but the net outcome of all the effects we have identified here.

As a side point, it can be commented that the measurement issues in actually developing an empirically realizable model that would account for all these effects are formidable (Salomon 1985). Mokhtarian and Meenakshisundaram (1999) discuss some of the challenges associated with finding and operationalizing a common metric for all modes of communication, and implement a first attempt at such a model, using the very crude metric of number of instances of each mode of communication. Their results are presented below.

Theoretical Considerations

Price and Income Effects

What does economic theory suggest about the relationship between telecommunications and travel? At an elementary level, two effects come into play. (This discussion is based on, but not identical to, a much briefer argument in Helling and Mokhtarian (2001).) The *price*

[margin note:] Schematising relationships between the 3 modes

effect says that as the price of a good falls, the quantity demanded rises (and conversely for rising prices). The *income effect* says that as consumers' incomes increase, the quantity demanded rises. How do these two effects combine?

For telecommunications, both effects operate in the same direction: rising consumer incomes and falling real prices will both act to increase demand. Thus, it seems fairly safe to predict that the demand for telecommunications will continue to increase.

For transportation, the outcome is not as clear-cut. Consumers' incomes are increasing, but *if* the price of travel is also rising, as might be initially assumed, then the two effects will counteract each other with an unknown net result. But is the price of travel in fact rising? The question immediately arises, "Compared to what?" At least two comparisons seem reasonable.

(1) Is the price of travel, as a proportion of real income, rising compared to its own historical price? Not really. Schafer and Victor (2000) present data illustrating that the average proportion of per capita gross domestic product (GDP) spent on travel is relatively stable across time within a variety of countries, albeit with predictable variations between countries, based on transport policies and other factors. In the U.S., they say, consumers compensated for relative rises in gasoline prices by purchasing more fuel-efficient cars, with the result that the travel money budget remained between eight and nine percent of GDP per capita for the 20-year period 1970-1990. Even those price increases were only relative and temporary: according to the U.S. Department of Energy *Annual Energy Review 2001*, the average cost of gasoline was $1.17/gallon in 1999 compared to $1.31/gallon in 1966 and a high of $2.17/gallon in 1981 (all in 1996 dollars). And according to the U.S. Bureau of Labor Statistics, the Consumer Price Index (CPI) for transportation was lower than the overall CPI in every year between 1966 and 1999, except for 1980-82.

But what about congestion? Surely if we take into account the time costs of travel, those are increasing? Not necessarily: while congestion appears to be increasing at an aggregate level (Hanks and Lomax 1991; Lindley

Telecommunications: demand increases as real costs goes down

Travel: relative costs remain stable long-term

1987), it is the disaggregate impacts that will govern an individual's choices. On a per capita basis in the U.S., commute times appear to be remaining relatively stable even while commute lengths are increasing. This suggests that people are increasing their travel speeds through decentralizing to more peripheral areas, changing to faster modes, commuting more in the off-peak and, in some cases, reducing their commute frequencies through compressed work weeks and telecommuting (Gordon, Kumar and Richardson 1990; Gordon, Richardson and Jun 1991; Hu and Young 1999; Kumar 1990; Levinson and Kumar 1994; Pisarski 1992).

And if we broaden the idea of "price" still further, beyond monetary and time costs to cover disutility in general, the argument of rising prices is even harder to maintain. It appears that individuals are quite adept at adopting "travel-maintaining" strategies that reduce the disutility of travel (Mokhtarian, Raney and Salomon 1997; Salomon and Mokhtarian 1997) – or even at deriving positive utility from the travel itself, as well as from activities that can be conducted while traveling (Mokhtarian and Salomon 2001; Redmond and Mokhtarian 2001). A number of products and services, such as drive-up windows at fast-food restaurants and increasingly multimedia in-vehicle entertainment systems, are oriented toward allowing travelers to engage in multitasking. It is particularly ironic that, as mentioned in the previous section, the proliferation of information technologies such as mobile phones, laptops, in-vehicle special-purpose navigation systems, general-purpose computers and, increasingly, wireless-Internet-enabled versions of these is acting to make travel time considerably more productive than ever before.

Productive "multi-tasking" overcomes "disutility": travel combines well with other activities

(2) The second "Compared to what?" question asks: Is the price of travel rising relative to the price of telecommunications alternatives? Probably so. Claisse (1983) refers to transportation as a "rising cost sector" and to telecommunications as a "diminishing cost sector", and provides examples of the comparative costs (and energy utilization) of each. Webber (1991) comments that "[t]he continuing revolution in telecommunications has been expanding channel capacities of telephones at per-

sisting exponential rates – and with constantly lowering costs. In contrast, capacities of the auto-highway system have been falling while costs have been rising." Comparison of the CPIs for transportation and for communication over time supports these assertions. Economic theory predicts that as the price of one good (travel) rises relative to the price of its substitute, the demand for the substitute good (telecommunications) also rises. Thus, to the extent that telecommunications is a substitute for travel, the price comparison between the two will favor telecommunications. However, two points should be considered.

First, how close a substitute is telecommunications for the travel alternative? I and other authors argue that it is often not a favorable substitute at all. For one thing, it is so far still the case that a telecommunications alternative is frequently not available or is prohibitively expensive. For another thing, the quality of communication that occurs by telecommunications cannot match the quality of face-to-face interaction. Although technological improvements are closing the gaps of ubiquity, cost-effectiveness and quality, complete parity to the "high touch" of face-to-face interaction can never be achieved (and as Naisbitt, Naisbitt and Philips (1999) argue, the greater the role of high tech, the greater the human need for high touch). Just as importantly though, the direct communication that is the ostensible purpose of the interaction is only one reason, and sometimes not the primary reason, for making the trip (Day 1973). In the case of a business meeting or conference, "meta-motivations" for traveling could include visiting an interesting location, visiting friends or relatives on the same trip, or escaping from the office or home (Button and Maggi 1994; Mokhtarian 1988). Shopping has been observed to serve entertainment, recreational and social needs as well as its direct, utilitarian purpose (Gould and Golob 1997; Salomon and Koppelman 1988; Tauber 1972). Being at work has similarly been noted to fulfill meta-needs for social and professional interaction, and commuting to work offers a desired transition period between roles as well as time for oneself (Albertson 1977; Edmonson 1998; Mokhtarian and Salomon

Advantages of travel over telecommunication: "high touch" beats "high tech"

1997; Redmond and Mokhtarian 2001; Richter 1990; Salomon and Salomon 1984; Shamir 1991). In all these and other cases, the tele-alternative to the location-based activity may not provide an equally satisfactory, let alone superior, experience.

Second, viewing telecommunications as a substitute for travel is only one side of the coin. I have argued in the previous section that telecommunications and travel can also be complements, and economic theory suggests that a decrease in the price of one good (telecommunications) will increase the demand for a complementary good (travel). Incidentally, the complementarity between telecommunications and travel seems asymmetric (although this does not affect the basic argument). It seems likely that a great deal of telecommunications takes place without generating travel. That is, much telecommunications (whether routine or nonroutine) is self-generated, with a neutral cross-mode impact; the alternative would have been not to communicate rather than to have sent a letter or gone in person. On the other hand, in today's society it seems unlikely that much nonroutine travel takes place without telecommunications being an inevitable adjunct. It could be in facilitation of a vacation or business trip (prior phone calls, faxes, e-mail messages coordinating time, place and agenda; posterior communications relating to, for example, expense reimbursement, thank-yous and so on), or generated by the content of the face-to-face interaction (follow-up exchanges with people met there, new documents produced as a consequence of the trip and circulated to others) – the first case being an example of efficiency and the second an example of enhancement.

The implications for the current discussion are: (1) If travel continues to increase as a net outcome of the income and price effects, the telecommunications activities concomitant to that travel will increase accordingly. Therefore (2) telecommunications are again likely to increase both because of being substituted for travel in some cases and because of being complementary to travel in other cases. But (3) to the extent that telecommunications *are* a complement to travel, the relatively favorable price of telecommunications can still act to in-

Travel and telecommuni-
cations appear mutually
augmentative

crease travel, even if indirectly (by making it easier to conduct activities, some activities that otherwise would have been too costly will now take place).

To summarize the evidence offered by microeconomic theory, then, it appears, first, that increases in telecommunications are virtually certain, since both income and price effects favor them, whether telecommunications is a substitute or complement for travel. Second, in this author's opinion, a continued increase in travel is highly likely: the income effect certainly favors it, the price effect favors it in many ways, and these combined effects will probably outweigh the respects in which price effects are unfavorable. However, the outcome could be different if the real price of travel were to increase considerably, for example through gasoline shortages or substantial congestion pricing.

Explanations of Observed Relationships

Questioning direct
causality

When measures of transportation and telecommunications are observed to increase together, three fundamental explanations will be at work to varying and typically unknown degrees. First, the observed relationship may be purely spurious: for example, any two series that increase over time will appear to be correlated even if they are not related in any structural way whatsoever (Utts 1999). Second, each measure may be correlated with one or more other variables that are causing both transportation and telecommunications to increase separately. Third, there may be a genuine causal relationship in either or both directions, for the kinds of conceptual reasons discussed above.

Both the price and the income effects discussed in the previous subsection can contribute to observed relationships between telecommunications and travel that represent genuine causality, correlations with third-party variables that are structural but not directly causal, or entirely independent trends. For example, changes in the consumption of travel due to price changes will have one component based on the demand for travel *independently* of telecommunications activity (depending only on changes in the price of travel itself) and another component based on how travel and telecommunications relate as substitutes and complements (and depending on relative changes in the price of both goods), which are causal relationships. Similarly, increases in the consumption of travel due to rising income can have a component that is independent of increases in telecommunications due to the same rising income and another component that is due to a causal relationship between the two, for which income is serving as a marker or proxy. For example, higher-income occupations provide greater scope for one's expanding contact set (both business and personal) directly to generate new travel.

In interpreting the empirical evidence presented below, then, it should be kept in mind that (1) observing a strong empirical relationship between telecommunications and transportation *without* controlling for economic indicators and other important potential confounding factors tells us virtually nothing about causality between the two forces, but (2) observing a weak empirical relationship *after* controlling for such factors also tells us little about causality! Ultimately, here as in many other instances, causality must typically be inferred on the basis of external conceptual considerations together with statistical ones. On the other hand, more rigorous empirical (and, potentially, theoretical) studies can begin to assemble stronger statistical evidence for causality as well.

Empirical Considerations

What *does* the empirical evidence say? Mokhtarian and Salomon (2002) review the empirical literature addressing the impacts of telecommunications on travel and classify studies based on (1) whether they are focused on a single application (such as telecommuting or the telephone) or take a comprehensive approach to telecommunications, and (2) whether they take an aggregate or disaggregate perspective. They comment that while the single-application studies often find substitution between telecommunications and travel, the comprehensive studies have a much stronger tendency to find com-

Examining the evidence

plementarity. This is not surprising in view of Fig. 1, which illustrates that substitution can be happening at the margin, simultaneous with generation and complementarity happening overall. Focusing purely on a single application and looking for direct, short-term effects (in only one direction of causality), then, is likely to give an inaccurate picture of the probably complex, diffuse, multidirectional and long-term relationships involved. Thus, in this paper, I have chosen to review only the studies attempting a more comprehensive measurement of telecommunications as well as travel. These studies can be classified as either aggregate or disaggregate.

The Aggregate Level

Perhaps the most elementary yet most dramatic empirical studies on this subject are those that simply plot measures of communication and travel in the same geographic area over the same time period. Such graphs are found in Grubler (1989) for France between 1800 and 1985, in Batten (1989) for Sweden between 1950 and 1985, and in Niles (1994) for the U.S. between 1980 and 1994, and inevitably show both telecommunications and travel generally rising together over time (cf. Day 1973). The Grubler picture in particular seems to have struck a chord, having been reproduced in Batten (1989), Marchetti (1994) and Graham and Marvin (1996). Hojer and Mattsson (2000) appropriately point out that the visual impact of the Grubler figure can be greatly altered by different choices of base point and scale. But the general trend of simultaneous increases in telecommunications and travel would remain, and it is likely that correlations for any of the referenced pairs of time series would be large and statistically significant.

Undoubted correlations, but are they causal?

As discussed above, however, it is unknown to what extent simultaneous increases in telecommunications and travel are due to true causality between the two types of activities (perhaps partly mediated by third-party correlation of each time series with income and other indicators of economic activity), as opposed to independent correlations with third-party variables or even just entirely independent increases over time.

A more sophisticated analysis of aggregate (nation-level) data was undertaken by Plaut (1997). She performed an input-output analysis of industrial consumption of transportation and communication services by nine countries of the European Community in 1980. She found strong evidence of complementarity, in the sense that use of transportation was strongly correlated with use of communications. Here too, however, the results do not address the degree of direct causality between the two sectors: the observed correlations may be due in some part to independent mechanisms that separately generate congruent transportation and communication demands.

Another aggregate study focused on per capita consumption expenditures on private transportation, public transportation and communications. Using 1960-1986 time-series data from Australia and the United Kingdom, Selvanathan and Selvanathan (1994) estimated a simultaneous equation system of the consumer demand for these three kinds of goods separately, plus all others combined. Interestingly, this study found a pairwise substitution relationship among all three sectors. In reconciling these two studies, Mokhtarian and Salomon (2002) suggest that the enhancement and efficiency effects of complementarity may apply more cogently at this point to industry than to consumers but that this may be changing (and may have already changed considerably from the 1986 endpoint of the data analyzed in this study); the different methodologies used in the two studies is also a confounding factor. In any case, Plaut (1997) points out that industrial expenditures on transportation and communications account for half to two-thirds of the total in Western countries, and hence the findings for industry are likely to dominate the overall relationships among these sectors of the economy.

Aggregate studies inconclusive

The Disaggregate Level

A number of recent studies have examined relationships between information and communications technologies (ICT) and travel at the individual level. Measures of travel are typically obtained through a travel or activity diary of some kind, and measures of ICT are either somewhat general or in the best cases also obtained through a diary or log. (The remainder of this section draws heavily on Mokhtarian and Salomon (2002).)

Zumkeller (1996) describes a study in which 166 employees of the University of Karlsruhe, Germany completed diaries recording information on all trips and contacts (communication activities) they made for one day in 1994. He concludes that "the complementary factor of the interrelationship between travel and communication is much stronger than the substitutional one", since high levels of trip-making were found to be associated with high levels of communication activity (an observation made more than a quarter-century ago by Day (1973), citing an unpublished research proposal by James Kollen).

Johansson (1999) reports on the communications and travel behavior of a sample of about 2,000 respondents (ages 15-84) to the 1997 Swedish National Communication Survey, using a methodology close to Zumkeller's. She observes that number of trips is positively correlated with number of telecommunications contacts, but later comments that both are positively correlated with income. Neither study appears to have investigated the extent to which the observed results are due to the income effect.

Using time-use data, Harvey and Taylor (2000) analyze the contact and travel behavior of nationally representative samples collected from Canada, Norway and Sweden in 1990-92 (total N = 17,496). They conclude that "[t]here is a tendency for persons with low social interaction [specifically including those who work at home] to travel more. It is argued that individuals need, or want, social contact and if they cannot find it at the workplace they will seek it elsewhere thus generating travel ... [This suggests] that working in isolation at home will not necessarily diminish travel but rather may simply change its purpose."

Hjorthol (2002) studies the relationship between travel and home use of information and communications technology for a sample of Norwegians in 1997-98.

Case studies: Germany, Sweden, Norway, Canada, Netherlands, USA

The measures of ICT activity used in this study are general rather than based on a comprehensive diary of particular communication episodes. Using regression to model daily distance driven by car (N = 786), she finds a small but significant positive effect of using a home computer for work, even after controlling for household income, number of cars in the household, gender and age.

A Dutch study (KMPG 1997) looked at travel behavior by three categories of people: heavy IT users (not specifically defined), a reference group of other people with sociodemographic characteristics similar to those of the heavy IT users, and the Dutch population as a whole. It was found that although the heavy IT users traveled more than the population as a whole, most of the difference was explained by sociodemographic distinctions, since their overall trip frequency and distance traveled were similar to (although slightly higher than) that of the reference group. However, the heavy IT users traveled considerably more frequently (47 percent more trips) and farther (53 percent more kilometers covered) for business than did the reference group.

The present author also directed a study of the relationships between telecommunications and travel across time (Mokhtarian and Meenakshisundaram 1999). Ninety-one adult residents of Davis, California completed a communications/travel log in 1994-95, in which they recorded instances of communication in each of several categories as well as trips and personal meetings. Logs were kept for four consecutive days at two points in time about six months apart. A system of structural equations was estimated, with the amount of activity in each communications/travel category at time 2 being modeled as a function of the amounts in all categories at time 1 and other explanatory variables (elapsed time between the two measurements, dummy variables representing seasons, age, household size and occupation).

The results were that: (1) the elapsed time variable was positive in all equations and generally significant, meaning that each form of communication is generally increasing over time, all else being equal; (2) the amount of communication by each mode in wave 2 was positively and generally significantly related to the amount by the same mode in wave 1; and (3) significant cross-mode relationships were mostly positive (the more communication by one mode in the first wave, the more communication by a different mode in the second wave), indicating the presence of complementary effects across modes. Taken together, these results suggest that self-generation and complementarity are the predominant impacts. Here too, however, a direct causality between the communications occurring in wave 1 and those occurring six months later in wave 2 cannot be claimed. The findings are arguably merely demonstrating associative tendencies, although it is clear that those tendencies are mainly complementary rather than substitutive.

Strong associative tendencies between IT and travel, predominantly complementary

Conclusions

This paper has examined the conceptual, theoretical and empirical evidence with respect to the impact of telecommunications on travel. It argues that although direct, short-term studies of that impact focusing on a single application (such as telecommuting) have often found substitution effects, such studies are incomplete and likely to miss the more subtle, indirect and longer-term complementarity effects that are typically observed in more comprehensive studies. From the comprehensive perspective, substitution, complementarity, modification and neutrality within and across communication modes are all happening simultaneously. The net outcome of these partially counteracting effects, if current trends continue, is likely to be faster growth in telecommunications than in travel, resulting in an increasing share of interactions falling to telecommunications, but with continued growth in travel in absolute terms.

The caveat "if current trends continue" is a nontrivial one. My expectations for the future are largely predicated on the assumption that the real price of travel will continue to decline or at least remain relatively stable. Should the price of travel escalate markedly – whether through natural shortages of hitherto "cheap" but non-renewable energy resources, geopolitical events affecting the supply of petroleum, or domestic policies such as fuel taxes or congestion pricing – the substitutability of telecommunications will obviously become more attractive. Shifts toward telecommunications substitution may also occur for reasons such as an increasing societal commitment to more environmentally benign or sustainable communication modes, but experience suggests that such impacts will be modest at best.

All things considered, then, telecommunications and travel have risen together through many historical technological advancements and political events, and there is no compelling reason at this time to believe that current and future events will dramatically alter that relationship. If anything, complementarity may be reinforced as the Internet permits an exchange of information about contacts, activities and places on a hitherto unprecedented scale.

Likely outcome: faster growth in telecommunications than travel, with complementarity reinforced

Several research needs have emerged through this discussion. One primary need is to improve our ability to quantify communications occurring by different modes with a common metric and then to improve our ability actually to operationalize that metric and collect data from individuals on their communications activities by various modes. Although the difficulties are formidable, progress can be made at a conceptual level, and communication technologies themselves can assist at the operational level.

It would be extremely valuable to replicate the aggregate studies of Selvanathan and Selvanathan (1994) and Plaut (1997) to see if their seemingly contradictory findings of substitution in one case and complementarity in the other are sustained. Such a replication would preferably apply both of their methodologies (structural equations models on time-series data of consumption expenditures and industrial input-output analysis of cross-sectional data) to data for the same countries over a common period of time that is more recent than the periods covered in their studies. While aggregate studies are far removed from a behavioral understanding of the phenomenon in question, they are indispensable in

More aggregate studies needed, with fine-tuning of models and methods

terms of offering a "big picture" perspective which it is impossible for disaggregate studies to provide.

A final, paramount question is how much the simultaneous increases observed in telecommunications and travel reflect true causal complementarity, and how much they are due to spurious third-party correlation with other variables. The issue is important because to the extent that the observed relationships are coincidental rather than structural, the more likely it is that changes in certain variables will affect the observed trends in unpredicted ways. The empirical evidence to date is quite limited in its ability to address this question. We can only claim that the conceptual and theoretical considerations discussed above suggest *some* causal influence, but it may or may not account for a substantial portion of the observed relationships. I believe that the conceptual and theoretical arguments for a considerable degree of structural causality are strong, but more can be done to control for confounding factors and to develop a more complete structural model of relationships. At this point, what we can say with confidence is: the empirical evidence for net complementarity is substantial although not definitive, and the empirical evidence for net substitution appears to be virtually nonexistent.

Telecommunications and travel: evidence inconclusive but points to mutual causality

Acknowledgements
This article is an abridged version of a paper previously published in the *Journal of Industrial Ecology* (Vol. 6, No. 2, Special Issue on E-Commerce, the Internet, and the Environment, 2002, pp. 43-57). It owes a considerable indirect debt to my extensive collaboration with Ilan Salomon on this subject. A number of conversations over the years with Hani Mahmassani and other colleagues such as John Niles have also been enlightening. In all those cases, predominantly remote interactions have facilitated and generated travel more than they have replaced it, and conversely, relatively few trips to meet face-to-face have prompted innumerable telecommunications. Entirely remote communications from anonymous referees and the journal editors have also improved the paper.

References

Albertson, L. A. (1977): Telecommunications as a Travel Substitute: Some Psychological, Organizational, and Social Aspects. In: Journal of Communication. Vol. 27, No. 2, pp. 32-43.

Albertson, L. A. (1980): Trying to Eat an Elephant. In: Communications Research, Vol. 7, No. 3, pp. 387-400.

Batten, D. F. (1989): The Future of Transport and Interface Communication: Debating the Scope for Substitution Growth. In: Batten, D. F. and Thord, R. (eds.): Transportation for the Future. Springer-Verlag, Berlin.

Button, K. and Maggi, R. (1994): Videoconferencing and Its Implications for Transport: An Anglo-Swiss Perspective. In: Transport Reviews, Vol. 15, No. 1, pp. 59-75.

Claisse, G. (1983): Transport and Telecommunications. ECMT Round Table 59. European Conference of Ministers of Transport (ECMT), Paris.

Couclelis, H. (1999): From Sustainable Transportation to Sustainable Accessibility: Can We Avoid a New "Tragedy of the Commons"? In: Janelle, D. and Hodge, D. (eds.): Information, Place, and Cyberspace: Issues in Accessibility. Springer-Verlag, Berlin.

Day, L. H. (1973): An Assessment of Travel/Communications Substitutability. In: Futures Vol. 5, No. 6, pp. 559-572.

de Sola Pool, I. (ed.) (1977): The Social Impact of the Telephone. MIT Press, Cambridge, MA.

Dilts, M. M. (1941): The Telephone in a Changing World. Longman's Green, New York.

Edmonson, B. (1998): In the Driver's Seat. In: American Demographics, Vol. 20, No. 3, pp. 46-52.

Forster, E. M. (1909): The Machine Stops. In: Forster, E. M. (1928): The Eternal Moment. Harcourt, Brace and Company, New York.

Gaspar, J. and Glaeser, E. L. (1998): Information Technology and the Future of Cities. In: Journal of Urban Economics, Vol. 43, No. 1, pp. 136-156.

Gautschi, D. A. and Sabavala, D. J. (1995): The World That Changed the Machines: A Marketing Perspective on the Early Evolution of Automobiles and Telephony. In: Technology in Society, Vol. 17, No. 1, pp. 55-84.

Giuliano, G. and Small, K. A. (1995): Alternative Strategies for Coping with Traffic Congestion. In: Giersch, H. (ed.): Urban Agglomeration and Economic Growth. Springer-Verlag, Berlin.

Gordon, P., Kumar, A. and Richardson, H. W. (1990): Peak-Spreading: How Much? In: Transportation Research A, Vol. 24, No. 3, pp. 165-175.

Gordon, P., Richardson, H. W. and Jun, M-J. (1991): The Commuting Paradox: Evidence from the Top Twenty. In: APA Journal, Vol. 57, No. 4, pp. 416-420.

Gottmann, J. (1983): Urban Settlements and Telecommunications. In: Ekistics, Vol. 50, pp. 411-416.

Gould, J. and Golob, T. (1997): Shopping without Travel or Travel without Shopping? An Investigation of Electronic Home Shopping. In: Transport Reviews, Vol. 17, No. 4, pp. 355-376.

Graham, S. and Marvin, S. (1996): Telecommunications and the City: Electronic Spaces, Urban Places. Routledge, New York.

Grubler, A. (1989): The Rise and Fall of Infrastructures: Dynamics of Evolution and Technological Change in Transport. Physica Verlag, Heidelberg.

Hanks, Jr., J. W. and Lomax, T. J. (1991): Roadway Congestion in Major Urban Areas: 1982 to 1988. In: Transportation Research Record, No. 1305, pp. 177-189.

Harlow, A. F. (1936): Old Wires and New Waves: The History of the Telegraph, Telephone, and Wireless. D. Appleton-Century Company, Inc., New York.

Harvey, A. S. and Taylor, M. E. (2000): Activity Settings and Travel Behaviour: A Social Contact Perspective. In: Transportation, Vol. 27, No. 1, pp. 53-73.

Helling, A. and Mokhtarian, P. L. (2001): Worker Telecommunication and Mobility in Transition: Consequences for Planning. In: Journal of Planning Literature, Vol. 15, No. 4, pp. 511-525.

Hjorthol, R. J. (2002): The Relation between Daily Travel and Use of the Home Computer. In: Transportation Research A, Vol. 36, No. 5, pp. 437-452.

Hojer, M. and Mattsson, L-G. (2000): Determinism and Backcasting in Future Studies. In: Futures, Vol. 32, No. 7, pp. 613-634.

Hu, P. S. and Young, J. (1999): Summary of Travel Trends: 1995 Nationwide Personal Transportation Survey. Report No. FHWA-PL-00-006, December. U.S. Department of Transportation, Federal Highway Administration, Washington, DC.

Johansson, A. (1999): Transport in an Era of Communication. Paper presented at the University of Stuttgart. SIKA Dokument 1999:1. Swedish Institute for Transport and Communications Analysis, Stockholm.

KMPG Bureau for Economic Research and Documentation (1997): The Influence of the Information Society on Traffic and Transportation. Final report commissioned by the Ministry of Transport, Public Works, and Water Management of the Netherlands, Transport Research Centre (AVV), Strategic Studies Division (VMV), Rotterdam, the Netherlands, October. ISBN 903693603.

Kumar, A. (1990): Impact of Technological Developments on Urban Form and Travel Behavior. In: Regional Studies, Vol. 24, No. 2, pp. 137-148.

Levinson, D. M. and Kumar, A. (1994): The Rational Locator: Why Travel Times Have Remained Stable. In: Journal of the American Planning Association, Vol. 60, No. 3, pp. 319-332.

Lindley, J. A. (1987): Urban Freeway Congestion: Quantification of the Problem and Effectiveness of Potential Solutions. In: ITE Journal, January, pp. 27-32.

Marchetti, C. (1994): Anthropological Invariants in Travel Behavior. In: Technological Forecasting and Social Change, Vol. 47, No. 1, pp. 75-88.

Mokhtarian, P. L. (1988): An Empirical Evaluation of the Travel Impacts of Teleconferencing. In: Transportation Research A, Vol. 22, No. 4, pp. 283-289.

Mokhtarian, P. L. (1990): A Typology of Relationships between Telecommunications and Transportation. In: Transportation Research A, Vol. 24, No. 3, pp. 231-242.

Mokhtarian, P. L. and Meenakshisundaram, R. (1999): Beyond Tele-Substitution: Disaggregate Longitudinal Structural Equations Modeling of Communication Impacts. In: Transportation Research C, Vol. 7, No. 1, pp. 33-52.

Mokhtarian, P. L., Raney, E. A. and Salomon, I. (1997): Behavioral Responses to Congestion: Identifying Patterns and Socio-Economic Differences in Adoption. In: Transport Policy, Vol. 4, No. 3, pp. 147-160.

Mokhtarian, P. L. and Salomon, I. (1997): Modeling the Desire to Telecommute: The Importance of Attitudinal Factors in Behavioral Models. In: Transportation Research A, Vol. 31, No. 1, pp. 35-50.

Mokhtarian, P. L. and Salomon, I. (2001): How Derived Is the Demand for Travel? Some Conceptual and Measurement Considerations. In: Transportation Research A. Vol. 35, No. 8, pp. 695-719.

Mokhtarian, P. L. and Salomon, I. (2002): Emerging Travel Patterns: Do Telecommunications Make a Difference? In: Mahmassani, H. S. (ed.): In Perpetual Motion: Travel Behaviour Research Opportunities and Application Challenges. Pergamon Press/Elsevier, Oxford, UK.

Naisbitt, J., Naisbitt, N. and Philips, D. (1999): High Tech, High Touch: Technology and Our Search for Meaning. Broadway Books, New York.

Niles, J. (1994): Beyond Telecommuting: A New Paradigm for the Effect of Telecommunications on Travel. Report prepared for the U.S. Department of Energy, Offices of Energy Research and Scientific Computing, Washington, DC 20585. Report No. DOE/ER-0626, September. Available from the National Technical Information Service (NTIS) and at <http://www.lbl.gov/ICSD/ Niles>.

Pierce, J. R. (1977): The Telephone and Society in the Past 100 Years. In: de Sola Pool, I (ed.): The Social Impact of the Telephone. MIT Press, Cambridge, MA.

Pisarski, A. E. (1992): Travel Behavior Issues in the 90's. Paper prepared for the U.S. Department of Transportation, Federal Highway Administration, Office of Highway Information Management. Publication No. FHWA-PL-93-012, July.

Plaut, P. O. (1997): Transportation-Communication Relationships in Industry. In: Transportation Research A, Vol. 31, No. 6, pp. 419-429.

Redmond, L. S. and Mokhtarian, P. L. (2001): The Positive Utility of the Commute: Modeling Ideal Commute Time and Relative Desired Commute Amount. In: Transportation, Vol. 28, No. 2, pp. 179-205.

Richter, J. (1990): Crossing Boundaries between Professional and Private Life. In: Grossman, H. and Chester, L. (eds.): The Experience and Meaning of Work in Women's Lives. Lawrence Erlbaum, Hillsdale, NJ.

Salomon, I. (1985): Telecommunications and Travel: Substitution or Modified Mobility? In: Journal of Transport Economics and Policy, Vol. 19, No. 3, pp. 219-235.

Salomon, I. (1986): Telecommunications and Travel Relationships: A Review. In: Transportation Research A, Vol. 20, No. 3, pp. 223-238.

Salomon, I. and Koppelman, F. S. (1988): A Framework for Studying Teleshopping versus Store Shopping. In: Transportation Research A, Vol. 22, No. 4, pp. 247-255.

Salomon, I. and Mokhtarian, P. L. (1997): Coping with Congestion: Understanding the Gap between Policy Assumptions and Behavior. In: Transportation Research D, Vol. 2, No. 2, pp. 107-123.

Salomon, I. and Salomon, M. (1984): Telecommuting: The Employee's Perspective. In: Technological Forecasting and Social Change, Vol. 25, No. 1, pp. 15-28.

Salomon, I., Bovy, P. and Orfeuil, J-P. (eds.) (1993): A Billion Trips a Day: Tradition and Transition in European Travel Patterns. Kluwer Academic Publishers, Dordrecht, Netherlands.

Schafer, A. and Victor, D. G. (2000): The Future Mobility of the World Population. In: Transportation Research A, Vol. 34, No. 3, pp. 171-205.

Selvanathan, E. A. and Selvanathan, S. (1994): The Demand for Transport and Communication in the United Kingdom and Australia. In: Transportation Research B, Vol. 28, No. 1, pp. 1-9.

Shamir, B. (1991): Home: The Perfect Workplace? In: Zedeck, S. (ed.): Work and Family. Jossey-Bass, San Francisco.

Tauber, E. (1972): Why Do People Shop? In: Journal of Marketing, Vol. 36, October, pp. 46-49.

Townsend, A. (2000): Life in the Real-Time City: Mobile Telephones and Urban Metabolism. In: Journal of Urban Technology, Vol. 7, No. 2, pp. 85-104.

United States Bureau of Labor Statistics: Consumer Price Indexes. Washington, DC. Available at <http://www.bls.gov/cpi/>.

United States Department of Energy (2001): Annual Energy Review 2001. Energy Information Administration, Washington, DC. Available at <http://www.eia.doe.gov/emeu/aer/contents.html>.

United States Department of Transportation (1993): Transportation Implications of Telecommuting. US DOT, Washington, DC.

Utts, J. M. (1999): Seeing through Statistics. (2nd ed.). Duxbury Press, Pacific Grove, CA.

Webber, M. M. (1991): The Joys of Automobility. In: Wachs, M. and Crawford, M. (eds.): The Car and the City. University of Michigan Press, Ann Arbor, MI.

Wells, H. G. (1899): When the Sleeper Wakes. In: Wells, H. G. (1954): The Sleeper Awakes. Collins, London.

Yim, Y. (2000): Telecommunications and Travel Behavior: Would Cellular Communications Generate More Trips? Paper presented at the Annual Transportation Research Board Meeting, Washington, DC. Paper No. 00-0625.

Zumkeller, D. (1996): Communication as an Element of the Overall Transport Context – An Empirical Study. Proceedings of the 4th International Conference on Survey Methods in Transport, pp. 66-68.

18 Telearbeit und Verkehr: Ergebnisse aus den Studien TWIST und MOBINET

Marcus Niggl und Peter Kreilkamp
bpu Unternehmensberatung GmbH, München

Einleitung

Die Entwicklung innovativer IuK-Technologien wird eine grundlegende und in ihrem Ausmaß beispiellose Veränderung nahezu aller gesellschaftlichen Bereichen zur Folge haben. Dies zeichnet sich insbesondere für die Arbeitswelt ab: Die heute noch vorherrschenden Arbeitsmethoden, deren Organisation und Inhalte, sowie Arbeitszeit und -ort stehen vor einer radikalen Umwälzung. Davon werden auch die Beziehungen zwischen den arbeitenden Menschen, zwischen Arbeitnehmern und Arbeitgebern sowie zwischen den Unternehmen und ihren Geschäftspartnern nicht unberührt bleiben. Galt bisher die Maxime: Arbeite in einer festen Struktur, an einem Ort und zu bestimmten Zeiten, so erlauben neue Bürolösungen mit innovativen IuK-Technologien das Arbeiten mit wem, wo und wann auch immer.

Auswirkungen der IuK-Technologien auf die Arbeitswelt

In diesem Zusammenhang wird auch das Thema Telearbeit bereits seit einigen Jahren diskutiert. War es vor nicht allzu langer Zeit für viele deutsche Unternehmen jedoch noch eher ein „Nice-to-have-Thema", das ihre Beschäftigung mit innovativen Teletechnologien dokumentieren sollte, so setzt sich allmählich doch die Erkenntnis durch, dass Telearbeit enorme strategische Perspektiven bietet. Die zunehmende Flexibilisierung von Arbeitsprozessen, die steigenden Anforderungen an die Mitarbeiter sowie die stetige Weiterentwicklung der für veränderte Arbeitsprozesse benötigten Technologien werden dazu führen, dass immer mehr Ge-

Strategische Perspektiven der Telearbeit

schäftsabläufe in vernetzten, telekooperativen und virtuellen Strukturen stattfinden, die eine ganzheitliche Berücksichtigung von Personal, Organisation und Technik erforderlich machen.

Veränderte Mobilitätsbedürfnisse der Beschäftigten – der Bewegungsraum des Einzelnen wird immer größer

Vor dem Hintergrund der zunehmenden Technisierung und Flexibilisierung der Arbeitswelt haben sich in den letzten Jahren auch die Mobilitätsbedürfnisse der Beschäftigten verändert. Die fortschreitende Trennung von Wohnen und Arbeit, die Entwicklung zur Informations- und Dienstleistungsgesellschaft, die Globalisierung der Märkte, aber auch die immer entfernungsintensivere Freizeitgestaltung lässt den Bewegungsraum des Einzelnen immer größer werden. All dies hat zu einem deutlichen Anstieg des Verkehrs, insbesondere in den Ballungsräumen geführt. Die wachsende Verkehrsleistung stößt immer stärker an die Grenzen der bestehenden Infrastrukturen. Verkehr, der nicht flüssig abgewickelt werden kann, beginnt sich selbst zu behindern, schränkt Mobilität ein und beeinträchtigt die Lebensqualität sowie unsere Wirtschafts- und Wohlstandsentwicklung. Der Ausbau von Infrastruktur und der Einsatz neuester Technik reicht in den meisten Fällen nicht mehr aus, um das Problem von Staus und Verspätungen zu lösen.

Umweltverträgliche Lösungen der Verkehrsprobleme als Schlüssel zur wirtschaftlichen und gesellschaftlichen Entwicklung

Für die betroffenen Städte und Regionen wird die Lösung der Verkehrsprobleme in den kommenden Jahren zu einem Schlüssel der wirtschaftlichen und gesellschaftlichen Entwicklung. Denn unbehinderte Mobilität ist nicht nur für die Landes-, Regional- und Stadtentwicklung von entscheidender Bedeutung, sondern auch für künftige Formen der internationalen Arbeitsteilung. Gefragt sind Lösungen, die sowohl umweltverträglich sind als auch von den Verkehrsteilnehmern akzeptiert werden.

Im Folgenden werden zwei Studien vorgestellt, die sich in unterschiedlichem Zusammenhang mit dem Thema Telearbeit befassen. Während im TWIST-Projekt in erster Linie die organisatorischen und betriebswirtschaftlichen Effekte von Telearbeit im Mittelpunkt stehen, sind es im MOBINET-Projekt vor allem deren mögliche verkehrliche Auswirkungen.

TWIST: Telework in flexiblen Strukturen bei der BMW Group

Wie die Erfahrung zeigt, kommt es in der betrieblichen Praxis aufgrund von unterschiedlichen Interpretationen des Begriffs *Telearbeit* häufig zu Missverständnissen. Wurde Ende der 1970er Jahre Telearbeit noch ausschließlich mit Arbeit zu Hause gleichgesetzt, so ist heute darunter vorwiegend die so genannte alternierende Telearbeit zu verstehen, bei der sowohl im Unternehmen als auch zu Hause gearbeitet wird. Während anfänglich insbesondere einfachere administrative Tätigkeiten per Telearbeit durchgeführt wurden, kommen inzwischen alle Aufgaben dafür in Frage, bei denen das Resultat im Vordergrund steht. Insofern ist sie heute auch für Mitarbeiter aus allen Managementbereichen geeignet, für die eine örtliche Trennung von der Zentrale zumindest zeitweise notwendig, sinnvoll oder wünschenswert ist.

Die Form der alternierenden Telearbeit steht auch bei der BMW Group im Mittelpunkt, wo heute nahezu 2.000 Mitarbeiter an ein bis zwei Tagen zu Hause arbeiten. Im Rahmen des TWIST-Projekts bei der BMW AG wurden im Vorfeld des Breiteneinsatzes dazu die relevanten Rahmenbedingungen untersucht. Die Hauptzielsetzung des Projekts bestand darin, teambasierte Arbeits- und Organisationsformen für räumlich verteilte Mitarbeiter mit Hilfe der neuen IuK-Technologien zu realisieren und dabei die Möglichkeiten und Grenzen der (Tele-)Arbeitsformen für die unterschiedlichsten Aufgabenstrukturen zu untersuchen.

Neben der Arbeit in den eigenen vier Wänden hat sich eine weitere Arbeitsform entwickelt, die als *ergänzende Telearbeit* bezeichnet wird. Hierbei handelt es sich um eine Mischform für Führungskräfte; in Ergänzung zum normalen Büroarbeitstag wird auch am Abend bzw. an Wochenenden entweder unterwegs oder zu Hause Telearbeit verrichtet.

Die Funktionsbereiche der am Projekt teilnehmenden Telearbeiter konzentrierten sich auf die Ressorts Entwicklung und Technik, es waren aber auch die übrigen Funktionen wie Finanz- und Betriebswirtschaft, Personal, Vertrieb usw. vertreten. Zwei Drittel der Pilot-

Definition von Telearbeit

Funktionsbereiche

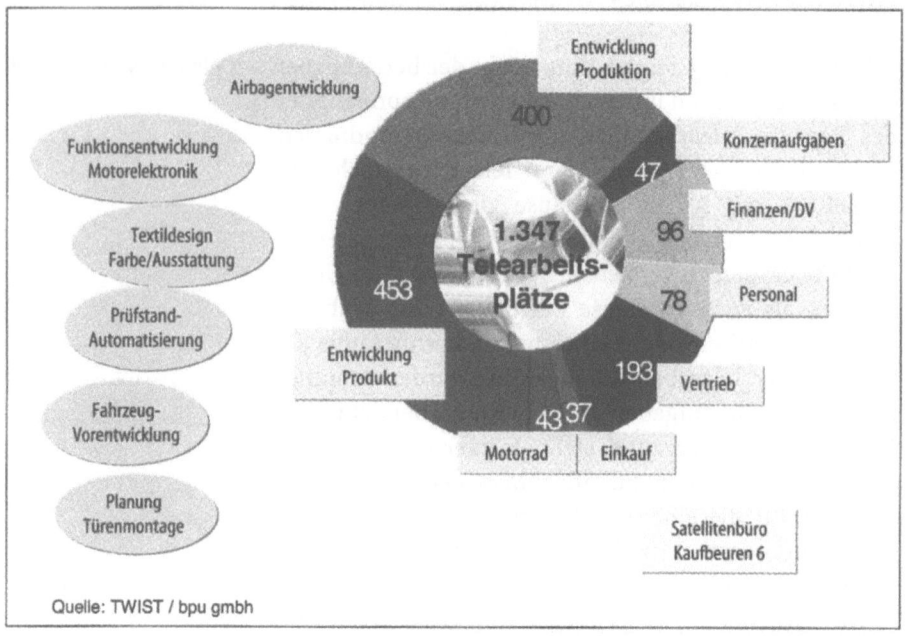

Abb. 1. Ressortübergreifender Einsatz von Telearbeit bei der BMW Group (Okt. 2001)

gruppe waren Männer, ein Drittel Frauen. Ein Drittel der Telearbeiter waren Führungskräfte. Es zeigte sich, dass Telearbeit in hohem Maße von „jüngeren" männlichen Mitarbeitern angenommen wird. Diese Telearbeiter sind hauptsächlich Tarifmitarbeiter (62 %), aber auch außertarifliche Fach- und Führungskräfte mit Gruppenleiter- (33 %) und Abteilungsleiteraufgaben (5 %) (Abb.1).

Zu Beginn des TWIST-Projekts wurden fünf strategische Zielsetzungen definiert, die mit der Telearbeit realisiert werden sollten: „Tages- und zeitzonenübergreifende Zusammenarbeit", „Steigerung der Arbeitseffizienz", „Flexibilisierung der Büroraumnutzung", „Flexibles Lebensphasen- und Beschäftigungsmodell" sowie „Gesellschaftliche Verantwortung". Diese fünf strategischen Zielsetzungen wurden im Verlauf der Projektarbeit ständig weiterentwickelt und auf die langfristige Personalpolitik im Konzern ausgerichtet (Abb. 2).

Flexible Verteilung von Arbeit und Freizeit ...   Die flexible Ausgestaltung von Arbeitsort und -zeit mittels Telearbeit zeigt sich beispielsweise in der tages-

Abb. 2. Strategische Zielsetzung von Telearbeit bei der BMW Group

und zeitzonenübergreifenden Zusammenarbeit mit BMW-Kollegen oder Konstruktionsbüros in den USA und Asien. Seit der Industrialisierung wird die berufliche Arbeitszeit für abhängig Beschäftigte als ein zusammenhängender Zeitblock definiert, der sich heute im Durchschnitt von 8 bis 17 Uhr erstreckt. Mit der Implementierung von Telearbeit ist es nun möglich, in Übereinstimmung mit persönlichen Präferenzen und betrieblichen Belangen eine flexiblere Verteilung zwischen Arbeit und Freizeit vorzunehmen. Auf diese Weise können Prozessverläufe beschleunigt, die Reaktionsmöglichkeit auf interne und externe Kundenanforderungen verbessert und die Erreichbarkeit von Experten ausgeweitet werden.

Insbesondere die Verkürzung von Entwicklungszeiten und Abstimmungsprozessen („time-to-market") durch schicht- und zeitzonenübergreifende Zusammenarbeit ist ein essentieller Wirtschaftlichkeitsaspekt, der maßgeblich auf die langfristige Wettbewerbsfähigkeit des Unternehmens einwirkt. Die längere Erreichbarkeit der Telearbeiter am Abend oder die zeitzonenübergreifende Zusammenarbeit mit internen und externen Kunden in den USA wurden von den BMW-Füh-

... stärkt langfristige Wettbewerbsfähigkeit des Unternehmens ...

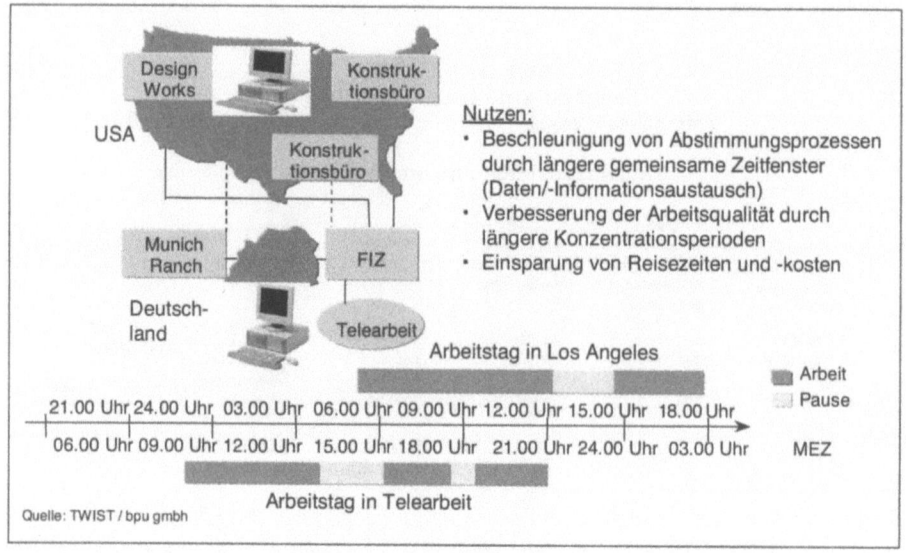

Abb. 3. Länderübergreifende Kooperation mit Telearbeit

rungskräften als unternehmerische Gründe angegeben, die eine zeitlich flexible Arbeitszeiteinteilung legitimieren bzw. in Anbetracht der Erfordernis der globalen Präsenz des Unternehmens sogar notwendig werden lassen (Abb. 3).

Dies heißt nicht, dass die Telearbeiter mehr arbeiten als im BMW-Büro; allerdings können sie ihre Arbeitszeit je nach persönlichen Bedürfnissen (persönlicher Biorhythmus, Kreativitätsphasen) und betrieblichen Belangen frei einteilen.

Die weitere Befragung der Telearbeiter während der Pilotphase zeigte, dass durchschnittlich 1,7 Tage pro Woche am Telearbeitsplatz gearbeitet wurde. Aufgrund von nicht verschiebbaren Abteilungsbesprechungen, kurzfristigen Terminen mit Vorgesetzten, terminkritischen Arbeiten oder auch der erforderlichen Kinderbetreuung am Nachmittag arbeiteten 43 % der Telearbeiter zum Teil auch mal einen halben Tag im BMW-Büro und einen halben Tag zu Hause.

Die Möglichkeit der freien Arbeitszeiteinteilung bei der Telearbeit wird von 61 % der Telearbeiter genutzt. Die Übrigen hielten sich auch zu Hause weiterhin an den gewohnten betrieblichen Arbeitsrhythmus" bzw. an die jeweiligen „Kernzeiten".

Der hohe Prozentsatz von Telearbeitern, die sich sowohl ihre Telearbeitstage als auch ihre Arbeitszeiten in Telearbeit flexibel nach betrieblichen und persönlichen Belangen einteilen, unterstützt mithin die vom Unternehmen angestrebte Flexibilisierung der betrieblichen Leistungserstellung und trägt dazu bei, bislang ungenützte Produktivitätspotentiale zu erschließen.

... und erschließt ungenutzte Produktivitätspotentiale

Die BMW Group sieht durch die Realisierung von Telearbeit insbesondere auch die Möglichkeit zur Motivationssteigerung: die gewachsenen Handlungs- und Entscheidungskompetenzen und die bessere Vereinbarkeit von Beruf und Familie führten zu einer höheren Arbeitszufriedenheit und Motivation bei den Beteiligten. Vor allem dieser Aspekt gewinnt in Zeiten zunehmender Internationalisierung und Globalisierung des Wettbewerbs mit immer differenzierter werdenden Kundenbedürfnissen eine zentrale Bedeutung. Motivierte Mitarbeiter sind letztlich eine der wichtigsten Ressourcen zur Sicherstellung der langfristigen Wettbewerbsfähigkeit jeden Unternehmens.

Motivationssteigerung der Mitarbeiter

Schließlich spielten im Rahmen des TWIST-Projekts auch die gesellschaftlichen Effekte von Telearbeit eine nicht unwesentliche Rolle. Angesichts der sich verschärfenden Verkehrsprobleme kann Telearbeit dazu beitra-

Einsparung von Verkehrswegen

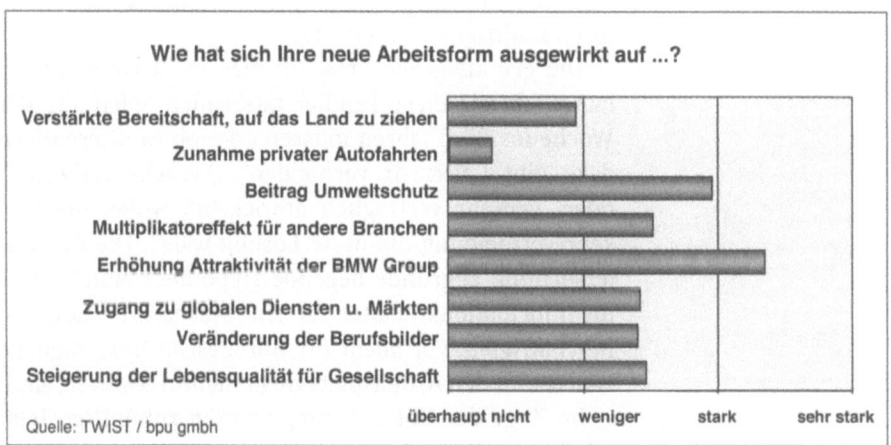

Abb. 4. Positive Effekte durch Telearbeit

gen, Verkehrsspitzen im Berufsverkehr und die damit
einhergehenden Schadstoffemissionen zu reduzieren.
Für die BMW-Telearbeiter mit einer durchschnittlichen
Entfernung von 48 km und 50 Minuten Fahrtzeit bis
zum BMW-Arbeitsplatz hat dies immerhin Einsparungen von jeweils etwa 11 Stunden und 650 km pro Monat
zur Folge (bei 1,7 Tagen Telearbeit pro Woche). Die positiven Effekte von Telearbeit sind in der folgenden Grafik (Abb. 4) zusammengefasst:

MOBINET: Mobilität im Ballungsraum München

Die Frage, ob und wenn ja, in welchem Ausmaß Telearbeit zu einer Verkehrsreduzierung beitragen kann,
stand im Mittelpunkt einer Untersuchung des vom Bundesministerium für Bildung und Forschung geförderten
Forschungsprojekts MOBINET, dessen Thema die Entwicklung von innovativen Lösungen für das Verkehrs-
und Mobilitätsmanagement für den Ballungsraum
München ist (vgl. www.mobinet.de).

Ist der tägliche Weg ins
Büro durch Telearbeit zu
ersetzen?

Analysiert wurden dabei vor allem die Auswirkungen
der Telearbeit auf den Berufsverkehr, der in München
ca. 20 % aller zurückgelegten Wege ausmacht und durch
die zeitliche Konzentration auf wenige Stunden am
Morgen und Abend regelmäßig zur Überlastung der
städtischen Verkehrswege führt. In München sind derzeit etwa 400.000 Pendler – der weitaus größte Teil davon mit dem eigenen Pkw – jeden Morgen unterwegs zu
ihren städtischen Arbeitsplätzen.

Die grundlegende Frage in diesem Zusammenhang
lautet, ob alle diese Pendler tatsächlich jeden Tag der
Woche ins Büro fahren müssen oder ob es Alternativen
dazu gibt („Verkehr vermeiden", „Verkehr verlagern"
oder „Verkehr verträglich abwickeln", wobei die Ver-
kehrsvermeidung die beste Lösung wäre). Die der Untersuchung zugrunde liegende Hypothese lautete, dass
im Informationszeitalter für eine wachsende Zahl von
Beschäftigten, vor allem für Bürobeschäftigte, tägliche
Fahrten an den Arbeitsplatz nicht mehr notwendig sind.

Im Zuge der Untersuchung wurden zukünftige Telearbeiter aus mehreren öffentlichen und privaten
Münchner Unternehmen vor Beginn der Telearbeit und

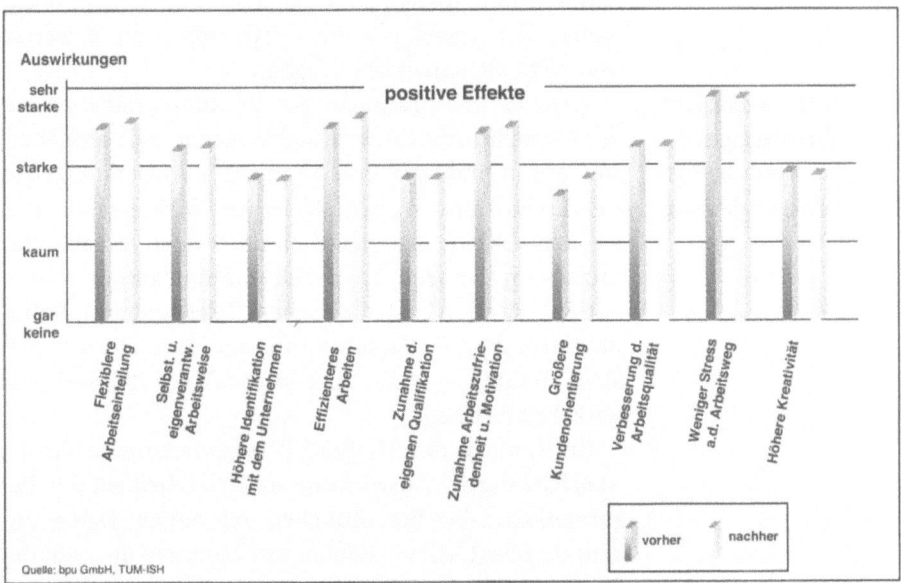

Abb. 5. Auswirkungen von Telearbeit auf das Berufsleben

ein Jahr nach Einführung zu ihrem Verkehrsverhalten und zur Einschätzung von bzw. zu den Erfahrungen mit Telearbeit befragt.

Die Ergebnisse zeigen, dass die positiven Auswirkungen von Telearbeit in den verschiedenen Bereichen des Berufslebens im Wesentlichen den ursprünglichen Erwartungen der Befragten entsprechen oder sie sogar noch leicht übertreffen (vgl. Abb. 5).

Was das Verkehrsverhalten betrifft, so sind die verkehrsreduzierenden Effekte von Telearbeit bereits in mehreren nationalen und internationalen Untersuchungen nachgewiesen worden (vgl. etwa Mokhtarian 1998; NERA 2000; Vogt *et al.* 2002). Allerdings weichen diese in Bezug auf das geschätzte Abnahmepotential stark voneinander ab und sind daher mit großer Vorsicht zu betrachten. Die verkehrsverringernden Auswirkungen von Telearbeit hängen von vielen regionalspezifischen Randbedingungen ab, wie z. B. von den Kosten des Verkehrs, der Attraktivität des öffentlichen Personennahverkehrs, von verfügbarem Parkraum, Siedlungsstrukturen und sozialen Faktoren. Ergebnisse aus anderen

Verkehrsreduzierende Auswirkungen von Telearbeit stark regionalspezifisch …

Ländern und Städten sind daher stets unter dem Blickwinkel der jeweiligen Standortfaktoren zu bewerten und nicht allgemein übertragbar.

... und von konkreten Anwendungen der vorhandenen Technologie abhängig

Weil die Auswirkungen der Telekommunikation auf den Verkehr nicht direkt von der Technologie ausgehen, sondern indirekt von deren konkreten Anwendungen in Gesellschaft und Wirtschaft, ist das Wirkungspotential auf den Verkehr grundsätzlich polyvalent. Je nach Einsatzart und -zweck kann Telekommunikation ebenso gut Substitution (z. B. Telearbeit, Teleshopping), Rationalisierung (z. B. Verkehrs-Informationssysteme) oder aber Induktion (z. B. „Just-in-time"-Produktion) von Verkehr bewirken.

Im Rahmen des MOBINET-Projekts wurden für die Abschätzung der Auswirkung von Telearbeit auf den Berufsverkehr die für München relevanten Daten zugrunde gelegt. Hierzu zählen insbesondere die Zahl der Pendler, differenziert nach der Entfernung, die zwischen Wohnung und Arbeitsstätte zurückzulegen ist, sowie der Anteil der Ausbildungspendler, der Pkw-Nutzer und der ÖPNV-Nutzer.

Zwei Szenarien

Die zukünftige Entwicklung des Reduktionspotentials von Telearbeit für den Berufsverkehr im Raum München lässt sich sodann anhand zweier Szenarien skizzieren, die auf den Befragungsergebnissen und zusätzlichen regionalspezifischen Annahmen basieren.

Der unterschiedliche Verlauf in beiden Szenarien hängt dabei insbesondere von folgenden regionalspezifischen, die weitere Verbreitung von Telearbeit beeinflussenden Faktoren ab: Organisationsstrukturen in den Unternehmen; Wertewandel; Preis für Kraftstoff; Mobilitätssensibilität der Pendler; Länge der Arbeitswege; Verkehrssituation; Technik; Technikdiffusion der privaten Haushalte; IT-Sicherheit; Wohnungssituation im Zentrum, Wirtschaftsstruktur und Bevölkerungsentwicklung.

Bis zum Jahr 2012 ergeben sich je nach Veränderung der genannten Faktoren in einem vorsichtigen Szenario Ersparnisse für den Berufsverkehr in Höhe von 4,1 %, 8,5 % in einem optimistischen Szenario. Dabei ist jeweils das heute bereits erreichte Niveau von 0,8 % mit einberechnet (Abb. 6).

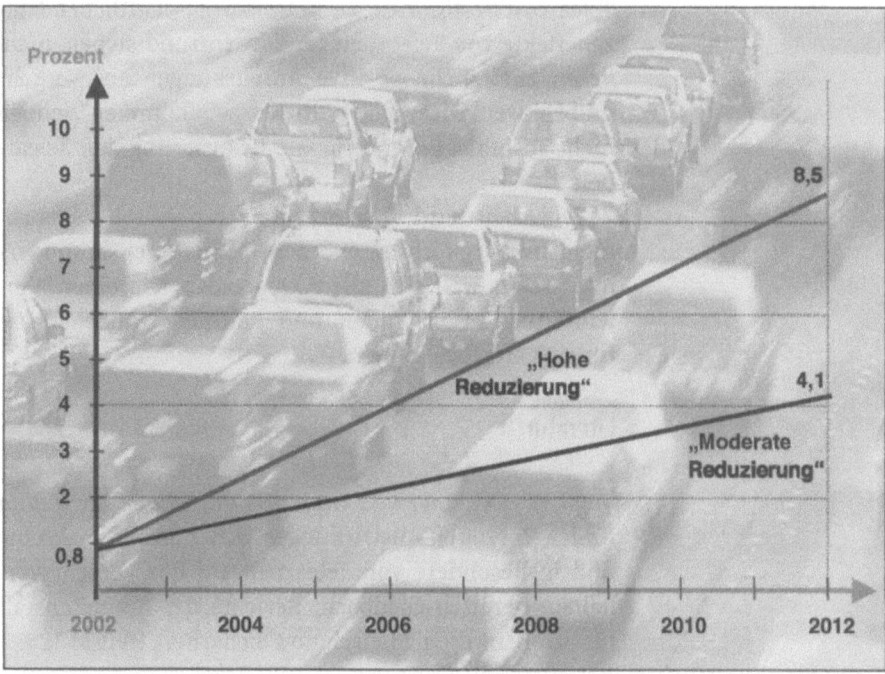

Abb. 6. Bandbreite des Reduktionspotentials von alternierender Telearbeit auf den Berufsverkehr im Raum München bis 2012

Abschließend lässt sich festhalten: Mit Reduzierungen in den angegebenen Größenordungen lassen sich die Verkehrsprobleme sicher nicht lösen, immerhin würden aber zumindest die prognostizierten Zuwächse im Berufsverkehr abgefedert.

Das allein dürfte aber bereits ein Argument dafür sein, die Realisierung und weitere Verbreitung von Telearbeit als Instrument in der regionalen Verkehrspolitik zu integrieren.

Im Hinblick auf die Frage des Mobilitätsverhaltens zeigt sich gerade bei Telearbeit, dass eine Verhaltensänderung im Sinne einer nachhaltigeren Pkw-Nutzung eher über sekundäre Motivationen und Anreize angestoßen werden kann (mehr Freizeit, Zeit- und Kostenersparnis, höhere Flexibilität) als über Argumente, die allein auf den Umweltschutz abzielen.

Wichtig ist auch, dass von Seiten der Unternehmen, die schließlich in erster Linie über die Realisierung von

Umweltschutz nicht wichtigstes Argument

Telearbeit bestimmen, die betriebswirtschaftlichen Nutzeneffekte von Telearbeit im Vordergrund stehen, nicht deren zusätzliche positive Auswirkungen auf Verkehr und Umwelt. Diese sind natürlich „willkommen", jedoch nicht ausschlaggebend für die Realisierung von Telearbeit.

Telearbeit wird aber als verkehrspolitisches Instrument im Vergleich zu anderen Maßnahmen besonders interessant, weil sich alle Akteure dabei in einer „Win-win-Situation" befinden und konkrete Nutzeneffekte für sich erzielen können.

Literatur

Vogt, W., Denzinger, S., Glaser, W. R., Glaser, M. O. und Kuder, T. (2001). Auswirkungen neuer Arbeitskonzepte und insbesondere von Telearbeit auf das Verkehrsverhalten. Bergisch-Gladbach: Berichte der Bundesanstalt für Straßenwesen, Mensch und Sicherheit, Heft M 128.

Mokhtarian, P. L. (1998): A Synthetic Approach to Estimating the Impacts of Telecommuting on Travel. In: Urban Studies, 35, S. 215–241.

National Economic Research Associates (NERA) (May 2000): The Role of Technology in Reducing Travel Demand and Traffic Congestion. London.

19 Distance Learning and Mobility

Norbert Mundorf
University of Rhode Island, Kingston

Introduction

Interactive Technologies and Travel

Automobile travel is increasingly associated with pollution, congestion and urban sprawl as well as social and economic costs for both drivers and communities. As travel volume increases, so too does the burden on community and private resources. Even the subjective travel experience is negatively affected when the length of the average commute is stretched and when much of it is spent stuck in traffic. Experts agree that building additional highways is undesirable, both ecologically and financially.

Interactive technologies for activities which otherwise require physical transport can help reduce the amount of miles traveled as well as generate environmental, social and economic gains. Telework, telebanking, teleshopping, telemedicine and distance learning generate considerable revenue (Mundorf and Bryant 2002). Savings in transaction and agency costs (Dholakia, Dholakia and Park 2002) may be passed on to the consumer. Improved access to education, healthcare and employment opportunities may benefit the physically challenged or those living in remote locations. Much of this potential has not been realized. Besides technical factors and cost, the primary reason for this is human behavior. Americans engage in a pattern of single-occupant vehicle travel, in spite of increasing pollution, congestion and inconvenience.

Interactive technologies: potential to alleviate problems of widespread motor vehicle travel

A number of studies have explored the impact of information technology on travel behavior, especially in relation to telework (Nelson and Niles 1999). Mokhtarian (1997) found substitution effects for telework. Zoche, Kimpeler and Joepgen (2002) demonstrated such effects for telebanking. The environmental impact of online shopping is unclear. A substitution effect for trips to shopping centers and stores may be offset by deliveries to residential areas. While there is some work on factors affecting the demand for distance education (e.g. Farrell 1999), there is virtually no research on the impact of distance learning on travel behavior.

Distance Learning and Travel

The concept of *distance learning* (DL) has been in existence for more than a century. The widespread availability of networked computers plus satellite and videoconferencing technology now extends it beyond traditional students (Jones 2002; Pattison 1999). DL permits students to participate in many academic activities from home, from work or from satellite locations. It can replace trips to the library, to meetings and to traditional face-to-face classes. The potential for reducing traffic to campus is considerable, both for off-campus, full-time students, and even more so for working, part-time, nontraditional students. The issue of reducing or modifying travel through DL has not been addressed in a satisfactory way. For instance, Schifter (2002) lists 29 motivating and 17 inhibiting factors for faculty participation in distance-learning programs. The only one even remotely travel related is ranked 27 out of 29 motivators: "Ability to reach audiences that cannot reach classes on campus." Similarly, Halsne and Gatta (2002) compared learner characteristics of traditional and online students; again, none of them was related to transportation. They did find that online students are predominantly female and report annual incomes of over $40,000, that Caucasians are over- and Hispanics underrepresented, and that the proportion of African-American students studying online is equal to the proportion of African-American students studying traditionally. If

New interactive technologies facilitate distance learning and should reduce travel

there is a traffic-reduction impact, it should be expected to increase with the amount and frequency of DL. To improve understanding of trends in DL, we will address organizational and individual factors that facilitate and inhibit it.

Consequences of Distance Learning

For the Individual

The impact of DL is social, economic and educational. The evidence of the *social* impact of home IT use on individuals is controversial. Some researchers claim an increased sense of isolation and less time spent with friends and family. Others stress that home IT provides an alternative means of communication to those who are socially isolated or otherwise disadvantaged (Mundorf and Laird 2002). DL is frequently a self-selected activity for students with work and family commitments. Effects of social isolation should thus be limited. For instance, DL can facilitate daycare arrangements. In some circumstances, however, exclusion from the social network of the face-to-face classroom can be one of the drawbacks of DL.

The *economic* effect of DL is difficult to assess, since the growth of this phenomenon is fairly recent. Often DL permits students to retain a job that may be difficult to reconcile with traditional classroom learning. Time-savings can translate into added income opportunities. Moreover, a degree can be completed even if a student moves to a remote location. Most universities charge comparable rates for in-class and online instruction. However, over time it may be expected that students will have increased opportunity to "shop" for educational bargains. Many students adopt a high-speed Internet service in order to facilitate DL requirements. The need for new computer hardware often arises as well. However, this cost may be offset by reduced transportation, parking and miscellaneous expenses.

Proponents of traditional *educational* practices are often opposed to virtual classrooms because they feel that the immediacy of the educational experience is lost.

Distance learning: impact on social and familial life; drawbacks and advantages

They also raise concerns about group dynamics among students, technical failure, accountability and testing. Kreijns, Kirschner and Jochems (2002) report that many DL programs take group interaction for granted and fall short in addressing aspects of non-task-related social interactions. On the other hand, encouraging arguments for DL have emerged. A study of MA students in Education found that DL students scored higher in eight areas of teaching effectiveness compared to students in a traditional program. DeLacey and Leonard (2002) report successful distance-learning initiatives at the Harvard Business School in a program which includes some initial face-to-face encounters. Lindner, Dooley and Kelsey (2002) also found predominantly positive interactions with faculty and cohort groups in an agricultural-education setting in Texas.

Studies of the educational drawbacks and advantages

For Educational Institutions

Adoption of distance teaching by US universities is uneven

U.S. universities have embraced DL to varying degrees. Some have seen it as a profit opportunity, while others are adopting it reluctantly to keep up with the competition and so as not to be perceived as backward. Even within given departments, faculty members differ considerably as far as adoption is concerned. While some institutions are offering full-fledged distance-learning programs, including online degrees, the majority of postsecondary institutions have adopted the concept only gradually. In the case of law education, for instance, the American Bar Association is considering a proposal to allow accredited law schools to offer distance courses (Carnevale 2002).

Mingle (2002) points out that the cost of traditional classroom instruction is essentially proportional to the number of student, and that while the initial cost of distance learning is high, the incremental cost per added student is negligible. The quality of the learning experience as well as the relationship between technology, learners and institutional needs are key concerns (Cavanaugh 1999; Decker, Vega, Shallit et al. 2000; Hecht and Klass 1999; Hodge-Hardin 1997). At the University of Rhode Island, demand for DL by far outpaces supply, especially in the summer, when many out-of-state students return home.

For the Corporate Sector

While the primary focus of this paper is on academic institutions, corporate DL can serve as a facilitator for academic applications and vice versa. Corporate DL applications differ greatly from academic use:

- Technology and "high-tech" tools are more easily available.
- A key concern is lost work time.
- Travel expenses are considerable for multisite companies, and even more so for global ones.
- Content may be more specific and task oriented.
- Return on investment may be determined through time savings and productivity increases.
- DL may be favored in an increasingly competitive setting.
- A knowledge-management infrastructure is critical for corporate DL.

Distance education growing apace in the corporate sector

While corporate distance learning is experiencing tremendous growth, its impact on transportation is currently difficult to assess.

For Transportation Systems

Zoche, Kimpeler and Joepgen (2002) point out that circular mobility (i.e. mobility without change in residence) has increasingly attracted research attention due to its environmental impact on pollution, congestion, noise etc. For student populations, traditional education requires students to travel from home to classroom. Distance education could eliminate many such trips. Distance education, however, could also *stimulate* travel in several ways. In analogy to Mokhtarian (1990), DL could have short-term direct (more travel due to more information), short-term indirect (using time saved for other travel) and long-term effects (reaching more remote groups of students).

Distance education, transportation and travel: what might the effects be?

Comparing Virtual Travel Substitutes

Telework and DL

Mokhtarian (1997) found that the miles saved by telework outweighed, by far, additional travel generated by
telecommuters. Despite the considerable potential for
trip reduction, however, the overall impact is limited
due to the small number of teleworkers as a percentage
of the total population. Furthermore, telecommuting
tends to be part-time, usually one or two days per week.
For typical teleworkers, 25 or 30 percent of work-related
travel is eliminated rather than 80 or even 100 percent.
Mokhtarian (1997) also reports a saving of 31 vehicle
miles traveled per telecommuting occasion. Mokhtarian
(2002) projects an overall savings potential of less than
one percent of vehicle miles through reduced travel resulting from telework. However, this effect could become greater with increased telework adoption. It is also
more pronounced in areas with higher concentrations
of teleworkers. Xiao, Dholakia, Mundorf et al. (unpublished) explored factors facilitating adoption of telework. Their findings indicate that work-time flexibility,
employer encouragement, being an educator by profes-
sion, having access to the Internet at home, using computers longer than one hour a day, having more computers at home, and perceiving that Internet use can reduce
travel time to work and shopping are positively related
to actual or intended Internet substitution for travel to
work.

Cultural and social differences may make telework
(and DL) less desirable in some countries. Gärtling,
Gärtling and Johansson (2000) assessed options for car-
use reduction measures in Swedish households. Trip
chaining and choice of closer venues was preferred for
shopping and leisure activities; for work, alternatives
such as biking and public transit were chosen. Subse-
quent travel diaries, however, revealed a lower level of
reduction in car-use than originally expected. Especially
shopping and leisure trips, often not planned far in advance, are less likely to be subject to rationalization
measures.

*So far, impact of telework
on travel reduction is
limited*

*Cultural differences also
a factor in the equation:
Sweden*

Unique Dimensions of DL

Since telework is an established paradigm for traffic reduction, Fig. 1 compares it to DL in general and with regard to traffic.

The comparison shows that DL is more limited in scope and traffic impact than telework. Considering that most workers in today's advanced economies are to some extent knowledge workers who would be able to perform at least some of their tasks remotely, the potential for telework is tremendous. On the other hand, college and graduate students and those in corporate-training programs constitute a smaller percentage of the total population compared to those in the workforce. Similarly, postsecondary learning is still a much smaller part of a person's lifecycle compared to participating in the workforce. Nevertheless, several million people in the U.S. alone could be involved in DL, which might have a significant traffic impact.

Percentage of population involved in telework and DL is low, but impact on traffic could be quite high

	Telework	**DL**
General		
Target group	Management/clerical	Students
Payment	Employer	Learner (U.S.)
Initiative	Employer	Learner
Economic goal	Employment reach	Enrollment reach
Behavioral goal	Task completion	Critical thinking
Timeframe	Long-term	Finite (semester)
Traffic impact		
Roads affected	Highways	Suburbs
Predictability	High	Limited
Timeframe	Year-round	Seasonal
Time of day	Rush hour	Day and night
Time commitment	Part- and full-time	Mostly part-time
Size of potential target	Most knowledge workers	College; graduate; corporate

Fig. 1. Telework and distance learning

Methodological Challenges in Assessing DL Traffic Impact

As far as local effects for a college community are concerned, even eliminating one trip to campus per week for one-third of all off-campus students may save the need for several hundred parking spaces. It could also help mitigate traffic congestion around the college. For part-time students in particular, the personal benefit of avoiding nighttime driving may be considerable. As a percentage of *vehicle miles traveled* (VMT), the impact of DL may be small. Mokhtarian (2002) has demonstrated the challenges involved in calculating such savings at the macrolevel even for telework, for which much better data exist. With improved technology and changing attitudes, however, such impacts may grow considerably.

Distance Learning and Travel: A Case Study

For many colleges in rural areas, such as the University of Rhode Island, travel to and from the campus can exacerbate traffic problems on roadways designed for light rural traffic. Findings from this research are expected to contribute to the state and university traffic plans and help in the reconstruction of routes and parking arrangements at the university and surrounding area.

Case study: University of Rhode Island

Web-based courses are currently offered during the summer to attract out-of-state students. Aside from specifically designed distance-learning classes, students use the Internet during the academic year in ways that may reduce their need to travel to campus. These include online registration, library access, contact with instructors, submission of assignments, class websites and course-related chat.

Travel and Computer-Use Behavior

Almost all the students (92.9 percent) drive their own car, and 70 percent take classes three to five days per week. Carpool and public transit use is negligible. Almost all students have Internet access, including 85.2 percent from home. During the initial study in the spring of 2000, a very limited number of sampled students (4.5 percent) were taking distance courses. Increased DL use is reflected in the second study reported.

Internet Substitution for Travel to Campus

Our questionnaire asked whether or not students use or intend to use the Internet/WWW to avoid traveling to campus. One encouraging finding was that 35 percent of the sample attempted to avoid travel via the use of the Internet/WWW (Dholakia, Mundorf, Dholakia et al. 2002). The following are key results:

- The number of days per week going to class was negatively related to use of the Internet as a substitute for travel: users went to class an average 3.1 days a week compared to 3.9 days for nonusers.
- The number of days of using the computer at home also seemed to have a positive effect. Among those interested in Internet substitution, computer use at home is 6.0 days a week, compared to 4.75 days a week for the non-substitution group.

Correlation between general student Internet use and reduced travel

- The perceived importance of using the Internet has a positive effect on Internet use. If students perceived that using the Internet to avoid traveling to campus could save money, add flexibility and increase choices, they were more likely to use the Internet as a substitute for travel.
- More part-time students (54 percent) use or intend to use the Internet for travel substitution than full-time students (36 percent).
- Students who reported using the Internet to obtain information were more likely than others to avoid traveling to campus (56 percent versus 36 percent).
- Those taking distance courses were more likely than others to use the Internet to avoid traveling to campus (86 percent versus 39 percent).
- More students said they would change the number of days traveled (55.5 percent said yes) than change types of transportation used (11 percent said yes).

Internet and Travel Behavior

We examined the question "Has there been any change in the amount of time you spend on various activities since you started using the Internet?" To estimate the net effects of Internet use on travel time, Dholakia, Mundorf, Dholakia et al. (unpublished) computed "net-time" – the (self-reported) net effect of Internet use on travel time. The results indicate that 29 percent of the respondents reported spending less time for travel because of Internet use, while 13 percent reported spending more time for travel. For most activities, students generally reported no change or did not respond. School and work-related travel activities saw both increased and reduced time; shopping time was reduced while socializing time increased.

Impact of Distance Learning on Travel Behavior

In order to account for the increase in distance learning and its impact, a second study was conducted in the fall of 2001 (Dholakia, Mundorf, Dholakia et al., unpublished). Students in this project were enrolled in at least one course using distance learning (via the educational software package WebCT) to substitute for physical classroom time.

At the end of the semester, the students were asked how many days per week they avoided coming to campus due to DL technology. Most (67 percent) responded zero days. The remaining students responded that they had avoided one to two days per week. Discriminant analysis determined the influence of four key variables relevant for DL-based travel avoidance (Standardized Coefficient):

- Number of days attending classes was negatively related (-.79).
- Overall attitudes toward Internet-based courses were the strongest positive predictor (.58).
- A greater ratio of DL courses was positively related (.47).
- Travel time to campus was also positively related (.30).

Students with a course program that convened on *more* days per week avoided *fewer* days of travel. To avoid *more* days of travel, students had to have favorable attitudes toward Internet-based courses, be enrolled in courses with greater use of WebCT, and live farther away from campus. Students who *did not avoid* any day of travel offered the following reasons: other courses (100 percent), library assignments (32 percent), other activities (26 percent) and work on campus (26 percent).

Student avoidance of travel was facilitated when other courses also used DL technology and when students had preferences for such technology. When asked about their future intentions, students who avoided travel also preferred the use of WebCT and gave the avoidance of travel as one of the reasons for their preference. Even 56 percent of those students who prefer DL courses were unable to avoid days of travel to campus because of other classes, work or library assignments on campus, and group activities. The encouraging flip side to this number is that almost 44 percent of those were able to avoid at least one day of travel to class. Of those who prefer face-to-face instruction, only 20 percent reported avoiding travel to class.

Distance learners: calculating the multitude of factors affecting travel patterns

Summary and Conclusions

This paper discussed the potential and actual impact of Internet-based distance education on travel behavior. The findings indicate promising use of the Internet as a substitute for traveling to campus. At least for U.S. college students, DL is more likely to impact the number of days traveled to campus than lead to a change in transportation modes. Offering courses that utilize DL technology will significantly reduce the number of days students travel to campus.

Will the Internet totally replace travel? Many college students prefer face-to-face interactions, which involve travel to campus. Also, other campus-based activities besides classes make travel to campus necessary in spite of DL availability. In fact, students conduct DL work while on campus.

Individual differences are critical as well, in that those who prefer DL and those who attempt to avoid travel are more likely actually to reduce their travel to campus. One crucial factor is that there is a critical mass of DL courses. Otherwise, students may be able to delay travel to campus for one course but not reduce the total number of trips. DL may be even more significant for returning students who have careers and families. The added convenience might be a far greater factor for those students compared to college-age, full-time undergraduates. For students who take classes at night, and often at urban satellite campuses, safety is another important consideration.

Also, the research discussed focuses on U.S. students. Continental European educational systems may lend themselves less to rapid implementation of DL. Fewer resources are available in terms of faculty time and money allocated to teaching (U.S. universities are often expected to act *in loco parentis*). Similarly, courses in the U.S. system tend to be self-contained, while European coursework is often geared toward comprehensive examinations, sometimes years later. Large lectures are more common in Europe and lend themselves less to DL applications.

The data used in this study are limited in scope and suffer from the bias of "self-report" rather than being objective measures. Important questions remain, including: Do students cut total travel as a result of reduced travel to campus or does it stimulate other travel? Do these changes persist over time? Longitudinal data may help to address these questions more systematically.

DL, while important, clearly affects travel patterns less than telework

The potential for travel substitution of DL may be less pronounced than that of telework. However, DL is an important component of virtual mobility. As the need for ongoing knowledge management and lifelong learning grows, so too will the need for alternative methods of delivering this knowledge. In an increasingly complex world, access to education *anytime, anywhere* will lead to the growth of DL and its acceptance. As DL offerings achieve a critical mass, their ability to have a favorable influence on travel patterns will become more pronounced.

Acknowledgements
This project was supported by the U.S. Department of Transportation through the University of Rhode Island Transportation Center (URITC). Data analysis was supported by the Research Institute for Telecommunications and Information Marketing (RITIM) at the University of Rhode Island.

References

Carnevale, D. (2002): ABA Considers Distance Course Accreditation. In: Chronicle of Higher Education. <http://chronicle.com/free/2002/06/2002060601u.html>

Cavanaugh, C. (1999): The Effectiveness of Interactive Distance Education Technologies in K-12 Learning: A Meta-Analysis. Research report intended for practitioners and teachers. ERIC Document Reproduction Service, No. ED 430 547.

Decker, T., Vega, F., Shallit, J. and Wills, J. (2000): Debating Distance Learning. In: Association for Computing Machinery, Vol. 43, No. 2, pp. 11-20.

DeLacey, B. J. and Leonard, D. A. (2002): Case Study on Technology and Distance in Education at the Harvard Business School. In: Educational Technology & Society, Vol. 5, No. 2. Retrieved March 3, 2003. <http://ifets.ieee.org/periodical/vol_2_2002/v_2_2002.html>.

Dholakia, N., Dholakia, R. and Park, M.-H. (2002): Internet and Electronic Markets: An Economic Framework for Understanding Market-Shaping Infrastructures. In: Dholakia, N., Fritz, W., Dholakia, R. R. and Mundorf, N. (eds.): Global E-commerce and Online Marketing: Watching the Evolution. Quorum, Westport, CT.

Dholakia, N., Mundorf, N., Dholakia, R. and Xiao, J. J. (2002): Interactions of Transportation and Telecommunications Behaviors. Final Report to the University of Rhode Island Transportation Center, Project 536111.

Dholakia, R., Mundorf, N., Dholakia, N. and Xiao, J. J. (unpublished): Impact of Tele-Education on Student

Travel Behaviors: Evidence from a U.S. University. Paper submitted for publication.

Farrell, G. (1999): The Development of Virtual Education: A Global Perspective. The Commonwealth of Learning, London.

Gärtling, T., Gärtling, A. and Johansson, A. (2000): Household Choices of Car-Use Reduction Measures. In: Transportation Research, Vol. 5, No. 1, pp. 309-320.

Halsne, A. M. and Gatta, L. A. (2002): Online vs. Traditionally Delivered Instruction: A Descriptive Study of Learner Characteristics in a Community College Setting. In: Online Journal of Distance Learning Administration, Vol. 5, No. 1. Retrieved October 9, 2002. <http://www.westga.edu/%7Edistance/ojdla/spring51/spring51.html>.

Hecht, J. and Klass, P. (1999): The Evolution of Qualitative and Quantitative Research Classes when Delivered via Distance Education. Paper presented at the Annual Meeting of the American Educational Research Association, Ontario, Canada. ERIC Document Reproduction Service, No. ED 430 480.

Hodge-Hardin, S. (1997): Interactive Television vs. a Traditional Classroom Setting: A Comparison of Student Math Achievement. Mid-South Instructional Technology Conference Proceedings, Murfreesboro, TN. ERIC Document Reproduction Service, No. ED 430 521.

Kreijns, C. J., Kirschner, P. A. and Jochems, W. M. G. (2002): The Sociability of Computer-Supported Collaborative Learning Environments. In: Journal of Education Technology & Society, Vol. 5, No. 1, pp. 8-22.

Jones, D. (2002): The Technology Costing Methodology Project. Conference on Costing and Financing Technology in Higher Education. Funded by FIPSE. Washington, DC. Retrieved October 9, 2002. <http://www.wiche.edu/telecom/events/tcm/presentations.html>.

Lindner, J. R., Dooley, K. E. and Kelsey, K. D. (2002): All for One and One for All: Relationships in a Distance Education Program. In: Online Journal of Distance

Learning Administration, Vol. 5, No. 1. Retrieved October 9, 2002. <http://www.westga.edu/%7Edistance/ojdla/spring51/spring51.html>.

Mingle, J. (2002): The Distance Learning Policy Laboratory. Conference on Costing and Financing Technology in Higher Education. Funded by FIPSE. Washington, DC. Retrieved October 9, 2002. <http://www.wiche.edu/telecom/events/tcm/presentations.html>.

Mokhtarian, P. L. (1990): A Typology of Relationships between Telecommunications and Transportation. In: Transportation Research, Vol. 24A, No. 3, pp. 231-242.

Mokhtarian, P. L. (1997): The Transportation Impacts of Telecommuting: Recent Empirical Findings. In: Stopher, P. and Lee-Gosselin, M. (eds.): Understanding Travel Behavior in an Era of Change. Pergamon, New York, pp. 91-106.

Mokhtarian, P. L. (2002): Telework and Its Impact on Road Use. Paper presented at the ifmo Conference on the Effects of Mobility, Berlin.

Mundorf, N. and Bryant, J. (2002): Realizing the Social and Commercial Potential of Interactive Technologies. In: Journal of Business Research, No. 55, pp. 665-670.

Mundorf, N. and Laird, K. (2002): Social and Psychological Effects of Information Technologies and Other Interactive Media. In: Bryant, J. and Zillmann, D. (eds.): Media Effects: Advances in Theory and Research. Lawrence Erlbaum, Mahwah, NJ, pp. 583-602.

Nelson, D. and Niles, J. (1999): Market Dynamics and Nonwork Travel Patterns: Obstacles to Transit-Oriented Development? Paper presented at the Annual Meeting of the Transportation Research Board, Washington, DC. <http://www.globaltelematics.com/tod99trb.html>.

Pattison, S. (1999): A History of the Adult Distance Education Movement. Doctoral Dissertation, Nova Southeastern University. ERIC Document Reproduction Service, No. ED 432 696.

Schifter, C. (2002): Perception Differences about Participating in Distance Education. In: Online Journal of Distance Learning Administration, Vol. 5, No. 1. Retrieved October 9, 2002. <http://www.westga.edu/%7Edistance/ojdla/spring51/spring51.html>.

Xiao, J. J., Dholakia, R., Mundorf, N. and Dholakia, N. (unpublished): Internet Substitution for Transportation: Evidence From a Survey in Rhode Island, USA. Paper submitted for publication.

Zoche, P., Kimpeler, S. and Joepgen, M. (2002): Virtuelle Mobilität: Ein Phänomen mit physischen Konsequenzen? Springer, Berlin.

20 Neue Medien in der Weiterbildung

Rainer Thome
Institut für Betriebswirtschaftslehre und Wirtschaftsinformatik,
Universität Würzburg

Es ist unmittelbar einleuchtend, dass das lebenslange Lernen nicht im Klassenzimmer stattfinden und nicht als Kontinuum gedacht sein kann. Der Bedarf an Unterricht ist vielmehr zeitlich verteilt, d. h. über viele Lerner gesehen jederzeit, und er tritt überall auf. Damit wird es außerordentlich interessant zu überprüfen, inwieweit „Neue" und insbesondere „Mobile" Medien die künftigen Lernanforderungen besser erfüllen und damit zur wirtschaftlichen Entwicklung direkt beitragen können.

Lebenslanges Lernen

Problematisch ist und bleibt die Erwartungshaltung der Lernenden gegenüber maschinellen Systemen. Auch der Aufwand für die Entwicklung und Darstellung (visuelle Navigation) von Lerninhalten in einer für ein Lernsystem geeigneten Form ist beträchtlich.

Noch nicht prognostizierbar sind die grundsätzlichen Änderungen durch Selbstlern- bzw. Nachfragesysteme, also wann, von wem, womit, was gelernt werden wird.

State of the Art

Von der Ablehnung, die ein Schüler nach Platon (Politeia) gegenüber seinem Lehrer empfinden muss, weil dieser ihm enorme Leistungen abverlangt, über die Hoffnungen Wilhelm Buschs „auch der Weisheit Lehren muss man mit Vergnügen hören" (Max und Moritz) bis zur heutigen Orientierung auf ein lebenslanges Lernen gibt es zwar unterschiedliche Schwerpunktsetzungen, aber auch wesentliche gemeinsame Grunderkenntnisse über das Lernen. Dazu gehört die Erfahrung, dass die Vermittlung von Kenntnissen hohe geistige Aufmerksamkeit für einen Verstehensprozess erfordert oder eine wiederholte Repetition zur Einprägung von Fakten – in jedem Falle also Anstrengung und Mühe bedeutet.

Neue Wege der Wissensvermittlung ...

Neue Wege für eine möglichst wirkungsvolle Wissensvermittlung sind heute sowohl aus betrieblichem Kostenbewusstsein als auch aus volkswirtschaftlichem Ressourcenverständnis notwendig, denn aufgrund wechselnder Umgebungsanforderungen müssen die Kenntnisstände der Mitarbeiter in einem Unternehmen laufend ergänzt werden (Fort- und Weiterbildung).

Die uneingeschränkte Geduld von maschinellen Systemen und das häufige Fehlen geeigneter Lehrkräfte für aktuelle Themen waren und sind die auf der Hand liegenden Gründe, den Einsatz von Rechnern zur Wissensvermittlung zu fördern. Während das klassische Computer Based Training (CBT) bisher nur die primäre Vermittlung von Wissen unterstützt, bietet die neuartige Struktur von Hypertext- bzw. Hypermedia-Lernsystemen (HML) eine Chance, neben Lehrbüchern auch die Nachschlagefunktion von Lexika zu ersetzen.

... in einer umstrukturierten Arbeitswelt

Die neuen Lernsysteme sind geeignete Mittel für den Einsatz in einer umstrukturierten Arbeitswelt: Heute entwickeln sich Arbeitsplätze, an denen Wissen benötigt und deshalb vom Personal gefordert wird, mit großer Geschwindigkeit zu Stationen, an denen Aufgaben bearbeitet und in Form gebracht werden. Diese Stationen sind nicht unbedingt an das Büro gebunden, sondern können den Anwender und Lerner zu seinen Herausforderungen begleiten. Ein persönliches HML-Interaktionssystem könnte dabei als ideale Unterstützung für das Learning by Doing bei aktuellen Aufgaben und für das mobile Arbeitsumfeld insgesamt dienen.

Die hier zusammengetragenen Erkenntnisse und Projektionen stammen aus dem breiten Einsatz multimedialer Lernhilfen in Diplomstudiengängen der Betriebs- und Volkswirtschaft, aus der besonderen Unterstützung von Wirtschaftsinformatikstudenten in einem sehr straffen Bachelor-Kurzstudiengang sowie aus dem Angebot eines berufsbegleitenden MBA-Programms für

qualifizierte Mitarbeiter, die weit entfernt vom Studien-
ort arbeiten und leben.

Ausbildungsunterstützung durch Computer

Nach der anfänglichen Euphorie über den Aufbau von
künstlichen Expertensystemen und deren unbe-
schränkte Leistungsfähigkeit haben sich die Erwartungen an den Computereinsatz in der Umgebung des Lernens und Lehrens inzwischen auf einem realistischen
Niveau stabilisiert. Der Vorteil von künstlichen Expertensystemen besteht darin, dass sie in exakt gleichbleibender Form die Überprüfung aller, auch von mehreren
menschlichen Experten zusammengetragenen Erkenntnisse zu einem Sachverhalt ermöglichen und damit ein
gleichbleibend sicheres Urteil gewährleisten. Ihr Nutzen
für den Ausbildungsbereich ist, dass eine saubere und
mit viel Mühe ausgearbeitete Lerneinheit zu jeder Zeit
an jedem Ort von beliebig vielen Lernern verwendet
werden kann.

Vorteile künstlicher
Expertensysteme

Bevor über den Wert des Computereinsatzes in der
Lehre entschieden werden kann, muss zunächst einmal
der Begriffswirrwarr geklärt werden, der durch die Anwendung von Computern für verschiedene Aufgaben im
Ausbildungsbereich entstanden ist.

Die Bezeichnungen Computer Managed Instruction
(CMI), Computer Managed Learning (CML) und Com-
puterverwalteter Unterricht (CVU) beschreiben den
Einsatz von Rechnern für die Planung und Kontrolle aller in der Ausbildung benötigten Ressourcen (Dozenten,
Räume und Unterrichtshilfsmittel). Diese Form des
Computereinsatzes entspricht dem klassischen Aufga-
benfeld im Bereich der betrieblichen Verwaltung; sie
wird hier nicht weiter betrachtet.

Definitionen

Die Begriffe Computer Assisted Instruction (CAI),
Computer Based Training (CBT), Computer Assisted
Learning (CAL), Computerunterstützter Unterricht
(CUU) und Hypermedia Learning (HML) beschreiben
Anwendungen, in denen ein Computer als Lernmedium
eingesetzt wird. Nur andeutungsweise wird dabei je-
doch geklärt, ob der Computereinsatz sich auf die reine
Präsentation des eingegebenen textuellen Inhaltes be-

schränkt oder ob er für pädagogische Spiele, Simulationen, tutoriellen Einsatz und beispielhafte Problemlösungen Anwendung findet. Die jeweils unterschiedliche Intensität der Interaktion zwischen Rechner und Schüler spannt dabei ein weites Qualitätsspektrum von Ausbildungssystemen auf. Auch der Anwendungsbereich von Informationen, Fakten, Wissen, Dokumenten, die in maschinellen Systemen gespeichert und möglichst aufgabenkonform und zeitlich passend für die Aufgabenbearbeitung bereitgestellt werden, ist begrifflich noch weitgehend unstabilisiert.

Vom Nürnberger Trichter ... Früher waren spezielle Hardwareentwicklungen für Lernsysteme üblich. Angefangen vom eher als Kuriosität zu betrachtenden Nürnberger Trichter bis zu einem großen Spektrum von mechanischen und elektromechanischen Lerngeräten wurde die Idee, das stupide Repetieren und Abfragen einem Gerät zu übertragen, immer wieder neu aufgegriffen. Heute beschränkt sich die spezielle Entwicklung für die Lernunterstützung auf die Software, weil die Hardware schon alle Voraussetzungen mitbringt. Dies gilt grundsätzlich mit der Ausnahme von Lerneinrichtungen, bei denen das taktile Geschick bzw. die Übung unterstützt werden sollen (Flugsimulator).

... zum mobilen Lernen Das Mobile Lernen (ML) fügt den genannten Potentialen noch eine weitere Besonderheit hinzu. Während

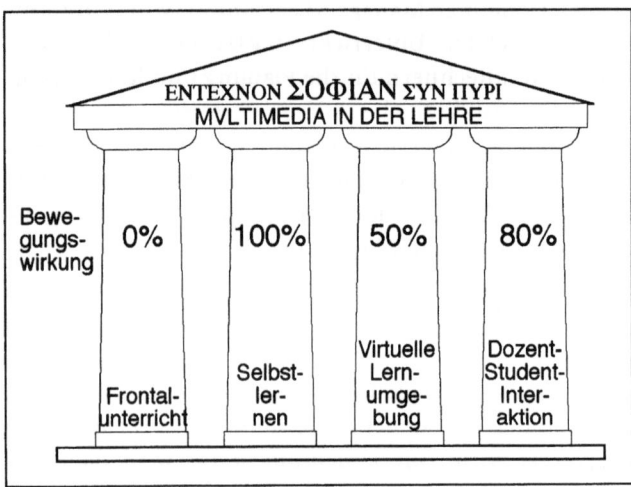

Abb. 1. Wirkung des Computerlernens auf den Transport von Lehrern und Schülern

man grundsätzlich auch mit konventionellen Lernmitteln überall lernen kann, sind diese in der Praxis jedoch nicht beliebig verfügbar und transportierbar. Der Lernende bleibt damit an Bibliotheken gebunden oder kann nur den Ausschnitt des Wissens inhaltlich bearbeiten, den er physisch mitzuführen imstande ist. Der von Cicero kolportierte Ausspruch „Omnia mea mecum porto" („Alles, was ich besitze, trage ich bei mir") des Weisen Bias von Pirene sollte die Bewegungsfreiheit des von Gütern unabhängigen Gebildeten unterstreichen. Dieser zunächst simple Aspekt erhält im Weiteren noch einige Bedeutung.

Die Auswirkung auf Transportvorgänge (Schüler zum Unterricht, Lehrer zum Schüler, Lernender zur Bibliothek usw.) wird in Abb. 1 skizziert.

Anforderungen an die Lern- bzw. Wissensverwaltungsumgebung

Der pädagogischen Literatur (vgl. Correll 1976; Walter 1984) sind umfassende Anforderungen an pädagogische Kriterien für die Computerunterstützung in der Ausbildung zu entnehmen. Dazu gehören Zielgruppenspezifikationen, verständliche Formulierungen, Unterstützung durch Abbildungen, Vorrang der Schüleraktivität, Einstiegstests zur Kontrolle des Vorwissens, laufende Lernfortschrittskontrolle, Erläuterungen der Fehler bei Falschantworten, kurze Reaktionszeit des Systems auf Eingaben, individuelle Bestimmung des Arbeitstempos und Orientierung zur Weiterarbeit nach einer Unterbrechung. An die Funktionsweise von Lernprogrammen, d. h. an Steuerungssoftware zur Präsentation der Lerninhalte und Verwaltung von Schülereingaben, ergeben sich damit andere Anforderungen als an klassische Softwareprodukte. Da beim Schüler weder eine Vertrautheit im Umgang mit Rechnersystemen vorausgesetzt werden kann noch eine längere Einarbeitungszeit in die Handhabung des Werkzeugs angebracht ist, müssen die Programme besonders robust gegenüber Falscheingaben der Lerner sein und eine besondere Qualität bezüglich der Selbsterklärung der alternativen Eingabe- bzw. Auswahlmöglichkeiten aufweisen.

Robuste Steuerungssoftware

Der Unterschied zwischen Lernsystemen, die einen Wissensstoff auf Vorrat lernen lassen, um ihn später bei passender Gelegenheit anzuwenden, und solchen, die in der Bedarfssituation zeigen, wie es geht und was zu beachten ist, könnte sich beim computerunterstützten Lernen auflösen, denn Mobiles Lernen ist jederzeit und überall möglich.

Autorensysteme

Leicht bedienbare und zukunftssichere Autorentools noch nicht ausreichend vorhanden

Um den Lerninhalt in Form von Text, Bild, Ton, Animation und Video zu einer sinnvollen, für den Lernenden eingängigen Darstellung zu verbinden, in einer Reihenfolge anzuordnen und mit Fragen, Antworten sowie Rücksprüngen zu versehen, benötigt der Autor eine Art Medienkompositionssystem, das ihm als Werkzeug dient. Solche Hilfsmittel werden als Autorentools oder Autorensysteme bezeichnet. Wünschenswert ist eine Form von Autorensystemen, mit der jeder Dozent seine Lerninhalte leicht umsetzen kann, d. h. ohne Kenntnisse einer speziellen Programmiersprache. Dazu müsste das Entwicklungssystem sowohl Funktionen der Textverarbeitung, der Erstellung von Grafiken, der Entwicklung oder zumindest Einbindung von Bewegungsabläufen, der Verknüpfung mit Videos und der Einbindung von akustischen Signalen oder gesprochenem Text bieten. Darüber hinaus sollte das System Möglichkeiten aufweisen, die einzelnen Lernschritte (Lektionen) miteinander zu verbinden, um zumindest einen, sinnvollerweise aber mehrere Lernwege aufzubauen, die etwa unterschiedlichen Grundkenntnisständen gerecht werden.

Ein stabiles Angebot solcher Autorentools mit einer gewissen Zukunftssicherheit ist leider noch nicht vorhanden (Kurzbach 1985).

Lernsysteme

Potentielle Präsentationsvorteile gegenüber traditionellen Lernumgebungen

Für Benutzer-/Lernerversionen von Lehr-/Lernsystemen ist es außerordentlich wichtig, dass die Präsentation des Lernstoffs und alle individuellen Schritte (Wiederholung, Rücksprung, Hilfe) in klar verständlichen, eindeutigen Anweisungen angeboten werden. Wer als

Lerner ganz auf das Erfassen eines Wissensstoffes konzentriert ist, erhebt noch deutlicher als der übliche Benutzer in einer betrieblichen Anwendungsumgebung den Anspruch, dass das System, mit dem er arbeitet, keine zusätzlichen Anforderungen an ihn stellt. Dem Ziel, einen bestimmten Sachverhalt kennen zu lernen, sollten sich nicht noch unnötige Schwierigkeiten in Form von Einarbeitungshürden in den Weg stellen. Jeder Aufwand, der über die Anstrengungen bei traditionellen Lernmethoden wie dem Lesen eines Buches oder dem Zuhören eines Vortrages hinausgeht, wird als störend empfunden. Positiv eingestimmt wird der Lerner auf ein technisches Lernsystem nur durch die Eröffnung eines weiten Spektrums an Möglichkeiten und Präsentationsvorteilen: Dazu gehören Selbstbestimmung des Lerntempos, das Gefühl des Unbeobachtetseins, beliebige Wiederholungsmöglichkeiten und Denkpausen, besonders ausgefeilte Formulierungen und schöne verständliche Abbildungen sowie ein differenziertes Eingehen auf Schwierigkeiten bei der Beantwortung von Fragen.

Die auf dem Markt angebotenen Autorensysteme und die mit ihrer Hilfe entwickelten Lerneinheiten erfüllen diese Anforderungen weitgehend noch nicht.

Da die überwiegende Zahl der Lerner durch unser Schulsystem auf das Vorratslernen eingeschworen wurde und den Umgang mit Büchern und gedruckten Materialien gewöhnt ist, ergibt sich eine durchaus manifeste Ablehnung computerunterstützter Verfahren. Nur eine große Nachfrage für maschinelle Lernsysteme kann aber die Entwicklungskosten rechtfertigen und die Um-

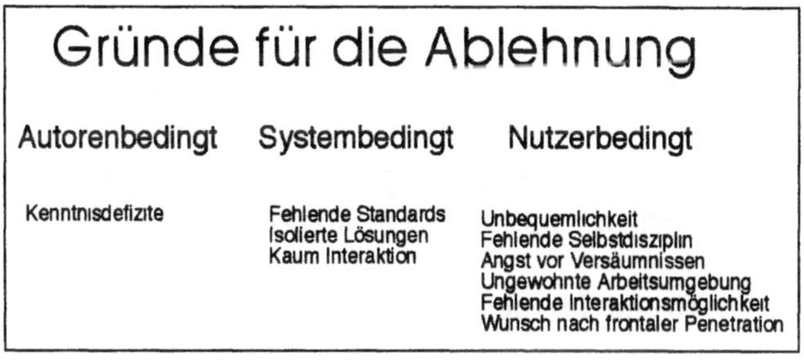

Manifeste Vorurteile gegen computerunterstütztes Lernen

Gründe für die Ablehnung		
Autorenbedingt	Systembedingt	Nutzerbedingt
Kenntnisdefizite	Fehlende Standards Isolierte Lösungen Kaum Interaktion	Unbequemlichkeit Fehlende Selbstdisziplin Angst vor Versäumnissen Ungewohnte Arbeitsumgebung Fehlende Interaktionsmöglichkeit Wunsch nach frontaler Penetration

Abb. 2. Schwächen von Lernsystemen

setzung laufend neuer Inhalte finanzieren. Ein Teufels-
kreis, aus dem die CBT- bzw. HML-Industrie noch nicht
wirklich ausgebrochen ist.

Hypermedia

Wissen wird portioniert
und in beliebiger Reihen-
folge bereitgestellt

Die erste bekannt gewordene Verknüpfung der Vorsilbe
„Hyper" mit einem Begriff aus der Informationsverarbeitung war der Ausdruck Hypertext. Er sollte Speicher-
verwaltungen charakterisieren, die nicht nur einen line-
aren Bearbeitungsablauf, sondern auch Einzelzugriffe
zu bestimmten Textteilen erlauben. Diese wahlfreien
Zugriffsmöglichkeiten sollten unterstützt sein durch
Verknüpfungen bzw. Listen, die auch eine logische Verbindung zwischen einzelnen Begriffen, Satzgruppen
oder ganzen Textteilen erlauben. Solche Hypertextsys-
teme sind am besten mit konventionellen Karteikarten-
systemen zu vergleichen, wenn diese mittels Hilfskar-
teien auch Zugriffe über Sekundärindizes auf die eigentliche Hauptkartei ermöglichen. Erst die wachsende
Leistungsfähigkeit der maschinellen Informationsverarbeitung bei gleichzeitiger Verbesserung der Bildschirm-
darstellung hat die Hypertextidee um die Dimension
der bildlichen Darstellung (statisch und bewegt) und
der akustischen Wiedergabe ergänzt und unter dem
neuen Begriff Hypermedia zu einem heute noch am Anfang stehenden Aufgabegebiet der Informationsverarbeitung und Reproduktion werden lassen. Die Idee von
Hypertext, Fakten bzw. Wissen zu portionieren und
dem Benutzer im Rahmen einer objektorientierten Verwaltung in beliebiger Auswahl und Reihenfolge bereit-
zustellen, kommt mit Hypermedia erst zu einer konsequenten Vollendung.

In Bezug auf die Standardisierung sind bisher jedoch
nur geringe Erfolge erzielt worden. Wie in jeder neuen
Phase der maschinellen Informationsverarbeitung versuchen die Hersteller mit Eigenentwicklungen, die sich
vom Üblichen unterscheiden, Marktanteile zu gewinnen.

Der Grund für den hier skizzierten Vorschlag, mit
Hypermediasystemen Lehr- bzw. Lernsoftware zu entwickeln, liegt jedoch tiefer, als es die einleuchtenden,

aber nur oberflächlichen Leistungsmerkmale der Grafik-, Video- und Toneinbindung vermuten lassen.

Bereits dem Hypertextkonzept lag eine strukturell andere Idee zugrunde als der linear orientierten Textverarbeitung. Nicht der Ersatz des konsekutiv zu lesenden Buches war mit Hypertext angestrebt, sondern eine neue Form der Wissensablage, die eine Art lebendigen und situativ eingebundenen Austausch zwischen dem maschinell gespeicherten Informationsstand und dem Gedankenbild im Gehirn des Benutzers ermöglicht. Dass diese zunächst bestechende Idee wenig erfolgreich war und ist, liegt wahrscheinlich nicht nur an der bisher noch unzulänglichen Kapazität der verwendeten Rechnersysteme, sondern an der bereits erwähnten Gewöhnung des Menschen an die gedruckte Form der Wissensdarstellung. Ein weiterer Grund dürfte sein, dass Inhaltsverzeichnisse und Indizes, aber auch die äußere Form und Farbe von Büchern sowie ihr Aufstellungsort als grafische Information im Gedächtnis abgelegt und für das Wiederfinden einer bestimmten Quellenstelle mit genutzt werden können. Diese Möglichkeiten waren bei Hypertext-Systemen zunächst nicht vorgesehen.

Die nächste Generation dieser Systeme sollte daher eine bildliche bzw. räumliche Navigation im virtuellen Wissensbestand unterstützen, indem bei der Benutzung bestimmte formatfüllende Zeichnungen und auch Bilder eingeblendet werden, die der rechten Gehirnhälfte Abspeicherungsmöglichkeiten in Verbindung mit dem jeweils behandelten thematischen Inhalt ermöglichen. Was in Form von Ikonen als Verbindung zum Bildgedächtnis und in Form der Pull-down-Menüs als Verknüpfung zum räumlichen Vorstellungsvermögen begonnen wurde, könnte so eine erhebliche Ausweitung erfahren. Damit würden die Hypermedia-Systeme eine wesentliche Eigenschaft von Literatur- und Aktenablage erfüllen, da sie neben dem Unterstützungsprozess beim erstmaligen Lernen (Durchlesen und Durcharbeiten) auch in späterer Zeit als Nachschlageeinrichtung (Wiederfinden und Erinnern) zur Verfügung stehen, was bei klassischen Lernumgebungen in Form von Schulbüchern, Skripten und Unterrichtsmaterialien nicht der Fall ist bzw. wofür sie nicht vorgesehen sind (Thome 1990).

Neue Form der Wissensablage

Mobilitätswirkung Neuer Medien

Die Wirkung des Computereinsatzes im Umfeld des Lernens und Lehrens und damit auch des Sicherinnerns ist in zwei voneinander getrennte Richtungen zu analysieren. Einerseits und vordergründig ermöglicht der Computereinsatz die Überbrückung räumlicher und zeitlicher Distanzen zwischen den Beteiligten während des Lernvorgangs (Lernwirkung); andererseits und weitergehend die Bereitstellung jeder beliebigen Information zum richtigen Zeitpunkt und am richtigen Ort (Gedächtniswirkung), wodurch Lernen oftmals überflüssig wird.

Lernwirkung Neuer Medien

Lernen überall und jederzeit: die Lokalisierung des Lernvorgangs wird aufgehoben

Es ist nur eine Frage der Zeit, bis die künftigen Lerner durch ihren frühzeitigen Umgang mit Computern auch den Inhalt von Bildschirmseiten als Lernmaterial akzeptieren. Noch interessanter gestaltete Lernsysteme und leichtere, stromsparende Computer mit höher auflösenden Bildschirmen werden die Entwicklung unterstützen. Besonders attraktiv wird diese Form des Lernens auch durch die mobile Anbindung an das Internet, die jeden gewünschten Lerninhalt heranholen kann. Dies gilt insbesondere, sobald die Menschen nicht mehr nur lernen wollen, was ihnen als Pensum aus dem Lehrbuch aufgetragen wird, sondern das, was sie interessiert.

Alle genannten Vorteile des CBT greifen dann und erlauben das Lernen an jedem beliebigen Ort und sogar während der Fortbewegung. Eben dieser Zugang zu den Lerninhalten in der Bahn, im Flugzeug oder im Auto wird von berufstätigen Lernern als wesentliche Voraussetzung für die Akzeptanz eines Lernmittels betrachtet. Bis jetzt sind Kopien von Skripten noch unschlagbar, aber die technische Entwicklung wird dies bald ändern: Auf dem Folien-PC (Abb. 3) können dann alle gewünschten Inhalte auf einer biegsamen Vorlage bereitgestellt und mit einem Schreibstift kommentiert werden, während über Kopfhörer gleichzeitig ein Erklärungstext oder auch begleitende Musik zugänglich ist.

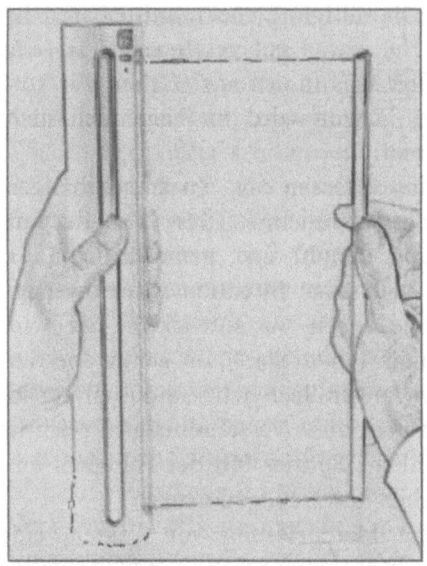

Abb. 3. Folien-PC

Die Bereitstellung von animierten Erklärungsab-
läufen oder auch Videoaufzeichnungen von Unterrichts-
einheiten zur beliebigen Wiederholung sowie die un-
mittelbare Möglichkeit in Frage/Antwort-Sammlungen
nachzuschlagen, mit anderen Lernern oder einem Dozenten Kontakt aufzunehmen und interaktiv Prüfungs-
leistungen zu erbringen, dürfte dann spätestens das Pa-
pierskript als anachronistische Lernbasis ins Aus stellen.

Gedächtniswirkung Neuer Medien

Während die im vorigen Absatz beschriebene Form des
CBT die Lokalisierung des Lernvorganges auflöst und
dem einzelnen *Lerner* (aber auch der Gesellschaft) Effi-
zienzvorteile in Hinblick auf Zeit und Kosten bietet, ist
parallel dazu eine Entwicklung absehbar, die dem *Lernen* eine völlig andere Aufgabe zumisst.

Das menschliche Gehirn, in das zum Teil sehr
mühsam Inhalte eingespeichert werden, steht vor allem
für die Lösung von drei Sorten von Aufgaben zur Verfügung:

- Erstens für die Bewältigung von unmittelbaren Lebensaufgaben. Hat etwas gut geschmeckt? Ist eine Person anständig? Was fühlen wir? Haben wir konkrete Wünsche? (Davon wird im Folgenden nicht mehr die Rede sein.)
- Zweitens für das Erfassen von Zusammenhängen, auch als Verständnis bezeichnet. Diese Form der Aufgabenbewältigung erlaubt uns, grundsätzliche Erkenntnisse auf neuartige Situationen anzuwenden oder völlig neue Ideen zu entwickeln. Sie wird manchmal spontan („heureka!"), oft genug aber äußerst mühsam in langen Recherche- und Analysephasen vollzogen. Durch diese Verständnisform zeichnet sich die menschliche Spezies mit der Fähigkeit aus, Phantasie zu haben und Neues zu denken.
- Drittens für die Memorierung von Fakten, eine Aufgabe, die das menschliche Gehirn jedoch nur rudimentär, unter großen Mühen und mit großem Zeitaufwand bewältigt. Ergebnisse der Hirn- und Gedächtnisforschung weisen darauf hin, dass ursprünglich aufgenommene Informationen in der Wiedergabe aus der Erinnerung individuell modifiziert werden, und zwar je nach Situation, Stimmungslage und Zeitpunkt unterschiedlich (Roth 2002).

Weniger Faktenwissen, mehr Verständnis

Schriftliche Fixierung ist die Voraussetzung für eine gezielte Auseinandersetzung mit Sachverhalten und für einen Erkenntnisfortschritt. Alle historischen Berichte etwa, die nicht niedergeschrieben, sondern in Form von Sagen, Märchen und Minneliedern nur mündlich – von einem an das andere Gedächtnis – überliefert wurden, unterlagen einem ständigen Wandel. So positiv dieses Prinzip für eine erzählerische Ausgestaltung auch sein mag, so sehr steht es einer sachlichen Verarbeitung von Fakten im Wege. Durch den Buchdruck schon vereinfacht, wird die Fixierung von Fakten künftig noch viel weniger zum Problem, wenn man ein exaktes Speicherwerk mit sich trägt, das obendrein noch den Vorteil hat, nach verschiedenen Begriffen, Formen und Tonfolgen durchsucht werden zu können und gesuchte Beiträge überdies per Eingabedatum, Quelle, Größe oder ähnliche Attribute identifizierbar macht. Solche Speicher gibt es heute bereits im Gigabyte-Bereich als Chips, und deren weitere Kapazitätserhöhung ist absehbar. In Verbindung mit den assoziativen Fähigkeiten unseres Gehirns entstehen so ungeahnte Potentiale.

Was aber lernt der Mensch noch unter solchen Gegebenheiten? Sicher erwirbt er weniger Faktenwissen, dafür aber mehr Verständnis für die Funktionsweise von Phänomenen.

Diese Skizze einer künftigen, aber nicht allzu fernen neuen Lernsituation sollte nicht als isolierte Entwicklung für Spezialisten, Forscher oder Manager eingestuft werden – sie ist vielmehr maßgeblich für fast alle Personen und anwendbar auf sehr viele Gelegenheiten.

Die mobile Nutzung der beschriebenen Lösungen erlaubt eine Anwendung auf:

- Die Suche nach dem nächsten Zug (nicht nur nach Fahrplan, sondern nach Verspätungslage) und die günstigste Fahrstrecke mit dem Auto
- Das Finden eines nach mehreren Kriterien günstigen Hotels
- Die Beantragung eines Zuschusses für Solaranlagen unter beliebigen Nebenbedingungen
- Die Abgabe einer Steuererklärung
- Die Beratung bei akuten medizinischen Problemen und
- Die Lösung verschiedenster beruflicher Aufgaben

Die mobile, d. h. jederzeitige und ubiquitäre Verfügbarkeit von Wissensstoff über ein HML-System wird in letzter Konsequenz dazu führen, dass Wissensinhalte nicht mehr in unserem Gehirn „abgespeichert" werden müssen. Wir können und sollten uns dann darauf konzentrieren, Zusammenhänge zu verstehen und unser Gehirn darauf zu trainieren, aus alten und neuen Fakten die richtigen Schlüsse zu ziehen. Diese Beschäftigung wäre auch interessanter und unseren Fähigkeiten angemessener als das Kramen im Gedächtnis – getreu dem Ausspruch von Leibniz: „Den Geist des Menschen frei machen für höhere Dinge". Dann erst wird der Spruch des Weisen von Priene „Omnia mea mecum porto" im buchstäblichen Sinne wahr, denn seien die neuen Sys-

Das „externe" Gedächtnis

teme auch noch so klein und leicht, tragen müssen wir sie – und mit ihnen einen alles umfassenden Wissensstoff.

Literatur

Correll, W. (1976): Lernen und Verhalten: Grundlagen der Optimierung von Lernen und Lehren. Frankfurt a. M.

Kurzbach, A. (1985): Konzeption und Entwicklung eines Autorensystems. In: Computer persönlich, 22, S. 153–157.

Roth, G. (2002): Das Gehirn und seine Wirklichkeit. Frankfurt a. M.

Thome, R. (1990): Wirtschaftliche Informationsverarbeitung. München.

Walter, J. (1984): Lernen mit Computern: Möglichkeiten – Grenzen – Erfahrungen. Düsseldorf.

21 E-Government und virtuelle Mobilität

Holger Floeting
Deutsches Institut für Urbanistik, Berlin

Veränderung kommunaler Aufgabenfelder und kommunalen Handelns

Mit der zunehmenden Entwicklung, Verbreitung und Nutzung neuer Informations- und Kommunikationstechnologien (IuK-Technologien) stehen Städte und Gemeinden immer wieder vor neuen Herausforderungen. Die Durchdringung der kommunalen Aufgabenbereiche mit informations- und kommunikationstechnischer Infrastruktur und passenden Anwendungen hat sich in den letzten drei Jahrzehnten außerordentlich verstärkt. Das Internet hat in jüngster Zeit den Veränderungsschub in den Kommunen noch einmal beschleunigt. Insgesamt fungieren die technologischen Veränderungen als Vehikel für eine umfassende Verwaltungsmodernisierung nicht nur im kommunalen Bereich. Traditionelle Zugangswege wie der telefonische Kontakt mit Kommunalverwaltungen sind vom „Reengineering" der Verwaltungsprozesse betroffen. So werden beispielsweise zentrale Call Center etabliert und Verwaltungsverfahren und Amtsgänge zu Call-Center-Dienstleistungen weiterentwickelt. Die Entwicklung von Anwendungen, die mit dem Mobiltelefon genutzt werden können, wird zukünftig eine zunehmend wichtige Rolle für die Entwicklung von Bürgerdienstleistungen der Kommunen spielen.

Der Einsatz von IuK-Technologien hat in doppelter Hinsicht Auswirkungen auf das kommunale Handeln:

Verwaltungsmodernisierung unter Rückgriff auf IuK-Technologien

Neue kommunale Aufgabenfelder und Neudefinition der Rolle der Kommune

Die kommunalen Aufgabenfelder verändern sich, weil die Anforderungen an kommunales Handeln sich in einer Umgebung wandeln, die durch neue Kosten- und Wertschöpfungsstrukturen, neue Wettbewerbs-, Vermarktungs- und Kommunikationsstrategien bestimmt wird. Traditionelle Aufgaben verändern sich (so bei der Entwicklung virtueller Rathäuser), neue Aufgaben entstehen (z. B. das Engagement von Kommunen beim Aufbau virtueller Marktplätze), wiederum andere Aufgaben werden privaten Akteuren übertragen oder zusammen mit privaten Akteuren wahrgenommen („Private-Public-Partnership"). Diese Veränderungen betreffen die unterschiedlichsten Aufgabenfelder wie etwa die kommunale Wirtschaftsförderung oder die Bereiche Verkehr, Freizeit, Kultur oder Umwelt.

Die Art und Weise des kommunalen Handelns verändert sich. Der Einsatz des Internet zur eigenen Aufgabenwahrnehmung ist mit administrativen, sozialen und ökonomischen Veränderungen verbunden. Die Rolle der Kommune als Dienstleister für Bürger und Wirtschaft wird im Sinne von E-Governance neu definiert. Dies betrifft unter anderem den Umgang kommunaler Gebietskörperschaften mit unterschiedlichen Akteursgruppen (Bürgern, Wirtschaft) oder die Kooperation innerhalb und zwischen den Verwaltungsebenen.

Städte im Netz – die „Pionierzeit"

Die Internetangebote der Städte und Gemeinden haben sich in den letzten zehn Jahren schnell entwickelt. Waren Mitte der 1990er Jahre noch mehr als zwei Drittel der deutschen Großstädte ohne „elektronische Adresse" (Floeting und Gaevert 1997: 4), haben heute selbst kleine Gemeinden ihr „Abbild" im Internet (Abb. 1).

Stadtmetaphern für das Netz

Die ersten Angebote gingen häufig auf Aktivitäten einzelner Akteure in den Stadtverwaltungen zurück oder wurden von Akteuren außerhalb der Stadtverwaltungen initiiert. Wesentliche Impulse gingen von Universitäten aus, die schon zu diesem frühen Zeitpunkt über den Zugang zu vergleichsweise leistungsfähiger Internetinfrastruktur verfügten, das kreative Milieu für die Entwicklung neuer Informationsangebote und tech-

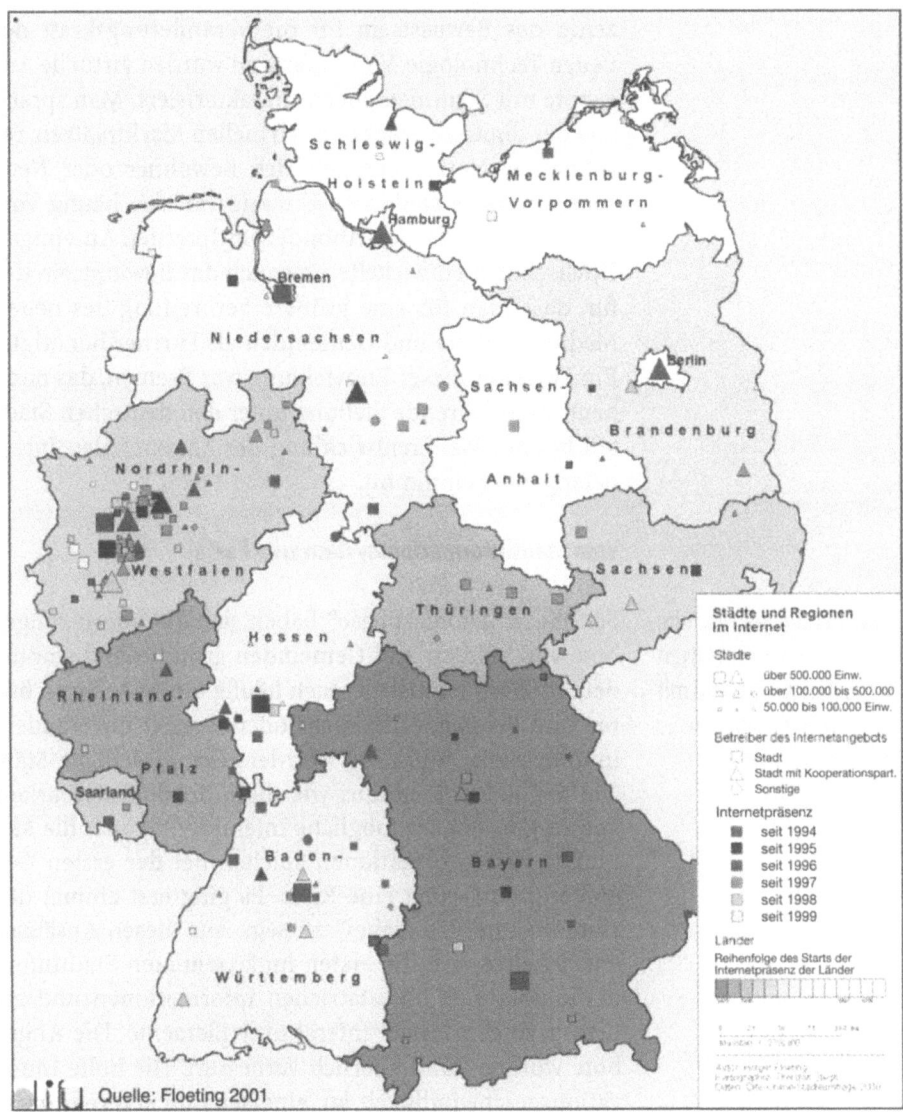

Abb. 1. Städte und Regionen im Internet 2000

nologischer Innovationen boten und mit Hochschulan-
gehörigen und Studierenden die Hauptnutzergruppen
der neuen Technologie stellten. Wurde dem „Normal-
bürger", auch vielen Verantwortlichen in den Städten,
die Bedeutung des Internet erst deutlich, als auch die
Tagesschau im Fernsehen eine www-Adresse einblen-

dete, herrschte im Umfeld der Hochschulen schon frühzeitig das Bewusstsein für die Veränderungskraft der
neuen Technologie. Von Anfang an wurden virtuelle Angebote mit Stadtmetaphern charakterisiert: Man sprach
von der digitalen Stadt oder virtuellen Marktplätzen, regelmäßige Nutzer nannten sich Bewohner oder Neti-
zens. Die reale städtische Umwelt war also häufig Vorbild für die virtuellen Abbilder im Internet. An einigen
Hochschulen entwickelte sich auch das Bewusstsein dafür, dass man für eine größere Verbreitung des neuen
Mediums Städte und Gemeinden als Partner benötigte.
Ein Vorreiter dieser Entwicklung war Bremen, das noch
heute eine führende Stellung unter den deutschen Städten bei der Weiterentwicklung der kommunalen Internetangebote einnimmt.

Vom Stadtinformationssystem zum Portal

Von der Imagebroschüre
zum interaktiven
Experimentierfeld mit
Medienbrüchen …

Seit dieser „Pionierphase" haben sich die Internetangebote von Städten und Gemeinden grundlegend gewandelt. Anfangs handelte es sich häufig um Imagebroschü-
ren und Prospekte, die mehr oder weniger unverändert
in Webseiten „gegossen" wurden. Grundsätzliche Stärken des neuen Mediums wie die Individualisierbarkeit
von Angeboten, die mögliche Interaktivität oder die Aktualität der Informationen spielten bei der ersten Gestaltung nur selten eine Rolle. Es ging erst einmal darum, im Internet „dabei" zu sein. Aus diesen Ansätzen
entwickelten sich die ersten umfassenderen Stadtinfor-
mationssysteme mit statischen Informationen und einem geringem Anteil interaktiver Elemente. Die Angebote wurden kontinuierlich verbessert. Die hohe Inno-
vationsgeschwindigkeit lag einerseits im starken Engagement einzelner Akteure begründet, andererseits gab
es kaum inhaltliche oder organisatorische Regelungen,
die Innovationen hätten behindern können. Die Internetangebote der Städte waren im positiven Sinne „Expe-
rimentierfelder" für einen neuen Umgang der Städte
und Gemeinden mit ihren Bürgern und der Öffentlichkeit. Nach kurzer Zeit wurden die Angebote in den „Vor-
reiterstädten" um Kommunikationselemente (in erster
Linie die Möglichkeit, über E-Mail zu kommunizieren)

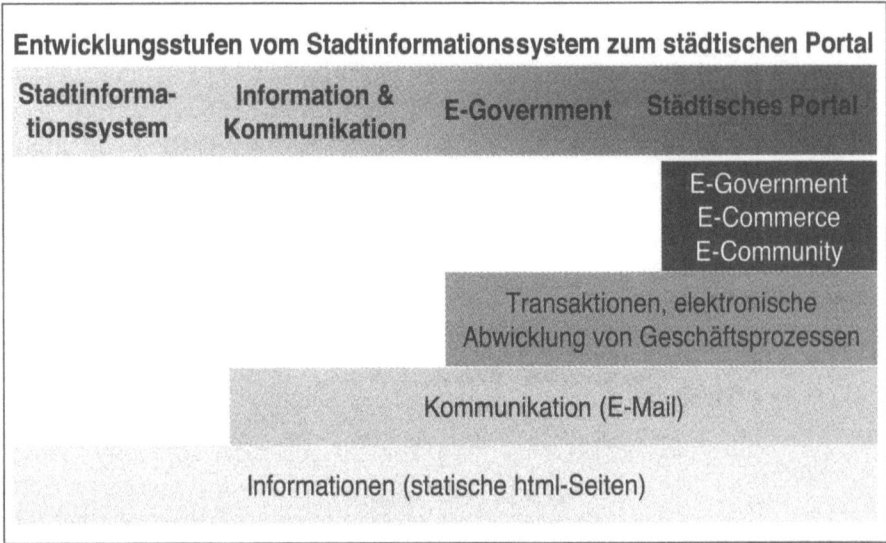

Abb. 2. Virtuelle Rathäuser und Marktplätze in Deutschland

erweitert. Dennoch bleiben bis heute Medienbrüche die
Regel in der Interaktion zwischen Stadt und Bürgern
(Abb. 2). So müssen etwa digitale Formulare nach wie
vor meist ausgedruckt, ausgefüllt und unterschrieben
werden, obwohl die technologischen Möglichkeiten zur
digitalen Bearbeitung, Unterzeichnung und Übermittlung der Formulare grundsätzlich bereits bestehen, sich
also der „Umweg" über die Papierform einsparen ließe.

Mit der Konzentration der kommunalen Internetan-   ... zu Großverfahren mit
strengungen auf das Thema Electronic Government (E-   Schnittstelle zum Bürger
Government) wandte man sich dann besonders der
Frage der medienbruchfreien Interaktion zu. Nun ging
und geht es darum, informationstechnisch unterstützte
Großverfahren der Verwaltungen mit Schnittstellen zum
Bürger zu versehen. Die Angebote des E-Government
werden zunehmend durch E-Commerce-Angebote und
Angebote zur Kommunikation innerhalb und zwischen
Akteursgruppen (E-Community) ergänzt. Es entstehen
umfassende städtische Portale. Insgesamt haben die In-
ternetangebote der Städte und Gemeinden erheblich an
Interaktivität gewonnen. Über die Möglichkeit der E-
Mail-Kommunikation verfügten 1997 knapp ein Drittel
der Angebote, im Jahr 2000 waren es bereits rund 96 %

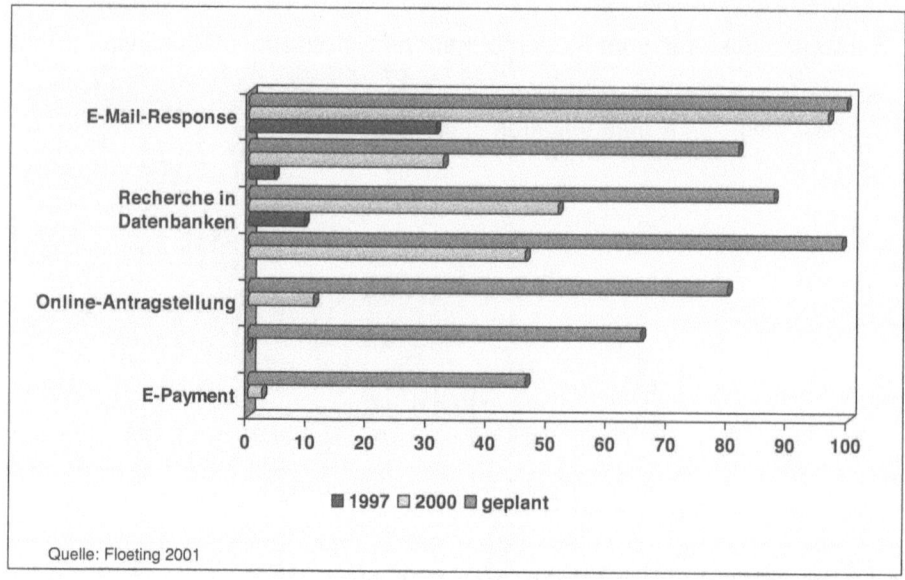

Abb. 3. Anteil interaktiver Elemente in Onlineangeboten deutscher Städte (in % der Städte)

und in Zukunft wird es kaum noch ein Angebot ohne diese Kommunikationsform geben. Ähnlich verhält es sich mit Datenbankrecherchen: 1997 boten nicht einmal ein Zehntel der wenigen überhaupt im Internet vertretenen Städte diesen Service an, drei Jahre später war er bereits Bestandteil von mehr als der Hälfte der Internetangebote. Einige interaktive Angebote haben sich seit 1997 zwar deutlich verbessert, ihren „Durchbruch" aber immer noch nicht erzielt. So konnte man 1997 in weniger als 5 % der Internetangebote von Städten und Gemeinden direkte Buchungen vornehmen. Trotz erheblicher Fortschritte war dies aber auch im Jahr 2000 erst in weniger als einem Drittel der Internetangebote möglich.

Formularabruf, Verwaltungskontakte, Antragstellung ...

An manche Möglichkeiten der interaktiven Nutzung von Internetangeboten wurde 1997 noch gar nicht gedacht. So etwa an den Formularabruf, der im Jahr 2000 dann bereits in 46 % der Städte möglich und von nahezu allen anderen Kommunen geplant war. Auch eine weitergehende Abwicklung von Verwaltungskontakten über das Internet, die Online-Antragstellung, 1997 noch kaum vorstellbar, war drei Jahre später bereits in mehr als 10 % der Städte realisiert. Andere Angebote entwi-

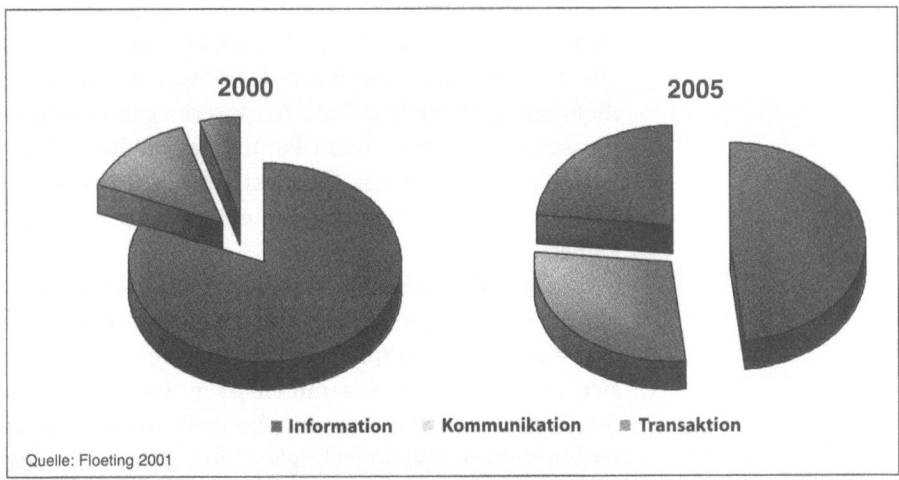

Abb. 4. Schwerpunkte der Onlineangebote deutscher Städte (in % des Angebots)

ckeln sich weiterhin eher zögerlich. So etwa E-Payment-Möglichkeiten oder der Einsatz von elektronischen Signaturen zur rechtssicheren Abwicklung von Transaktionen. Noch im Jahr 2000 wurden in keiner deutschen Stadt elektronische Signaturen eingesetzt, mittlerweile bieten zehn Städte diese Möglichkeit. Auch E-Payment ist nach wie vor nur in wenigen Angeboten möglich. Insgesamt zeichnet sich aber die Entwicklung zu immer größeren Anteilen von Kommunikations- und Transaktionsangeboten ab (Floeting 2001: 110f.).

Strategien und Ziele

Insgesamt hat sich auch der Umgang mit den Themen IuK-Technologien, „Neue Medien" und Internet erheblich gewandelt. Aus dem „Experimentierfeld" für einzelne engagierte Akteure und „Vorreiterstädte" hat sich ein umfassendes Handlungsfeld für Kommunen entwickelt.

40 % der deutschen Städte (mit mehr als 50.000 Einwohnern) haben mittlerweile ein Strategiekonzept für die Realisierung eines „virtuellen Rathauses" erarbeitet. Vor allem die großen Städte sind dabei schon weiter vorangeschritten.

Bleibt man beim Bild des virtuellen Rathauses, dann hatten 14 % der deutschen Städte mit 50.000 und mehr

Das „virtuelle Rathaus"

Einwohnern Anfang 2001 gerade die Pläne gezeichnet
und rund 17 % hatten den Grundstein bereits gelegt.
Die meisten Städte waren gerade im Begriff, das Funda-
ment fertig zu stellen. Erste Stockwerke gab es immerhin schon in knapp einem Fünftel der Städte und 5 %
hatten sogar schon das Richtfest gefeiert. In rund 2 %
der Städte und Gemeinden gab es aber auch weiterhin
keinerlei Pläne.

Städte und Gemeinden verbinden ganz unterschiedliche Ziele mit dem Aufbau von virtuellen Rathäusern
und virtuellen Marktplätzen. Die einzelnen Ziele lassen
sich zu Zielbündeln zusammenfassen. Danach geht es
den Kommunen vor allem um die Verbesserung der internen Kommunikationsfähigkeit, eine höhere Effizienz
des Verwaltungshandelns, die Förderung von Transparenz und Bürgerbeteiligung, eine höhere Mitarbeiter-
motivation sowie um Standortmarketing- und Image-

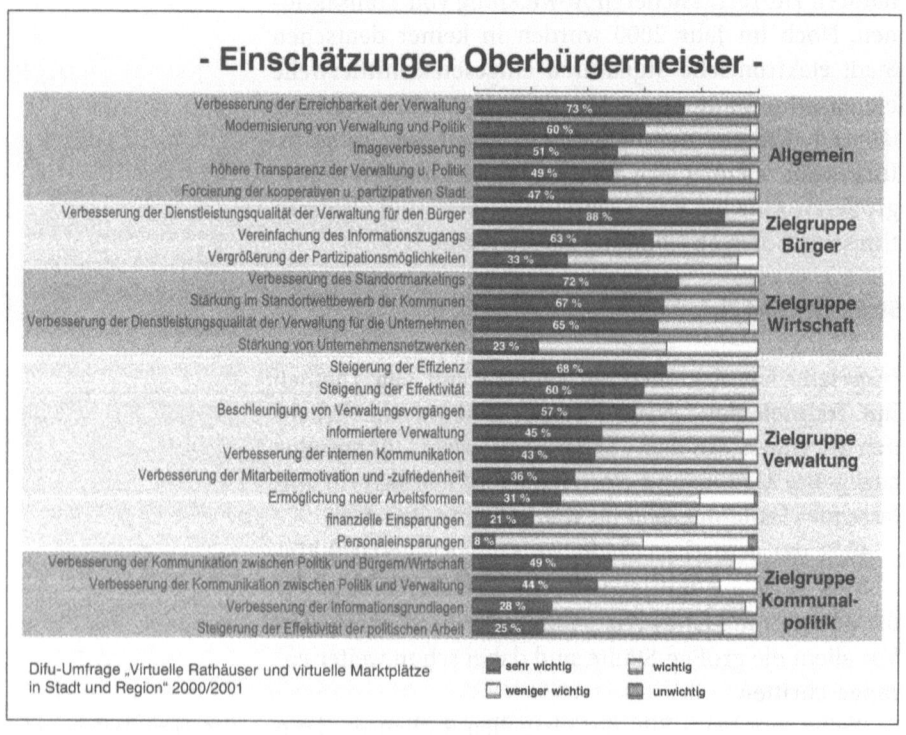

Abb. 5. Ziele beim Bau virtueller Rathäuser und Marktplätze

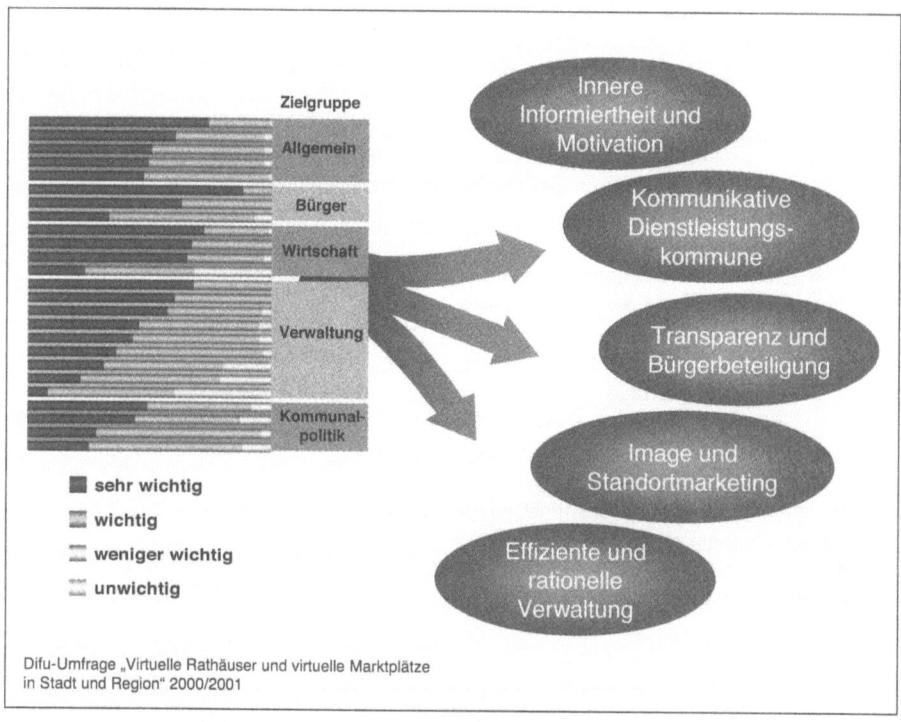

Zielgruppe

Allgemein

Bürger

Wirtschaft

Verwaltung

Kommunal-
politik

Innere
Informiertheit und
Motivation

Kommunikative
Dienstleistungs-
kommune

Transparenz und
Bürgerbeteiligung

Image und
Standortmarketing

Effiziente und
rationelle
Verwaltung

■ sehr wichtig

▨ wichtig

≈ weniger wichtig

≈ unwichtig

Difu-Umfrage „Virtuelle Rathäuser und virtuelle Marktplätze
in Stadt und Region" 2000/2001

Abb. 6. Zieldimensionen

aspekte. Auch in diesen Zielen zeigt sich ein deutlicher
Wandel hin zur „Kundenorientierung".

Elektronische Transaktionen sind vor allem in den
Bereichen Meldewesen, Verkehr, Kultur/Freizeit, Steuern und Bauwesen realisiert (Difu-Umfrage 2000/2001).
Dabei hat man sich bisher vor allem auf leicht umsetz-
bare Verfahren und Großverfahren mit hohen Zahlen
von Geschäftsvorfällen konzentriert. Das heißt aber
noch nicht, dass Verfahren im Internet zur Verfügung
stehen, die vom einzelnen Bürger besonders häufig genutzt werden. So werden etwa in einer großen Kommune jährlich Hunderttausende von Ummeldungen
vorgenommen – ein Großverfahren für die Kommune –,
der einzelne Bürger meldet sich aber nur selten um. Insgesamt ist die Zahl der Behördenkontakte, die der einzelne Bürger jährlich hat, mit durchschnittlich drei bis
vier vergleichsweise gering. Dies wird auch bei der Beurteilung der Potentiale des E-Government für die Ent-

Zahl der Behördenkon-
takte pro Bürger gering –
und damit das verkehr-
liche Einsparungs-
potential durch virtuelle
Mobilität

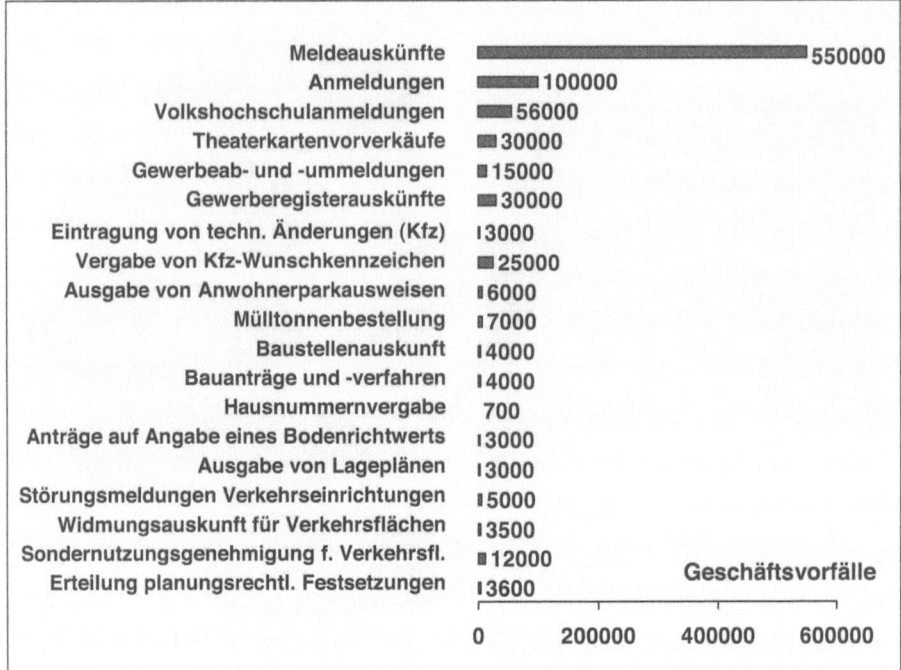

Abb. 7. Jährliche Geschäftsvorfälle in einer Kommune mit etwa 500.000 Einwohnern

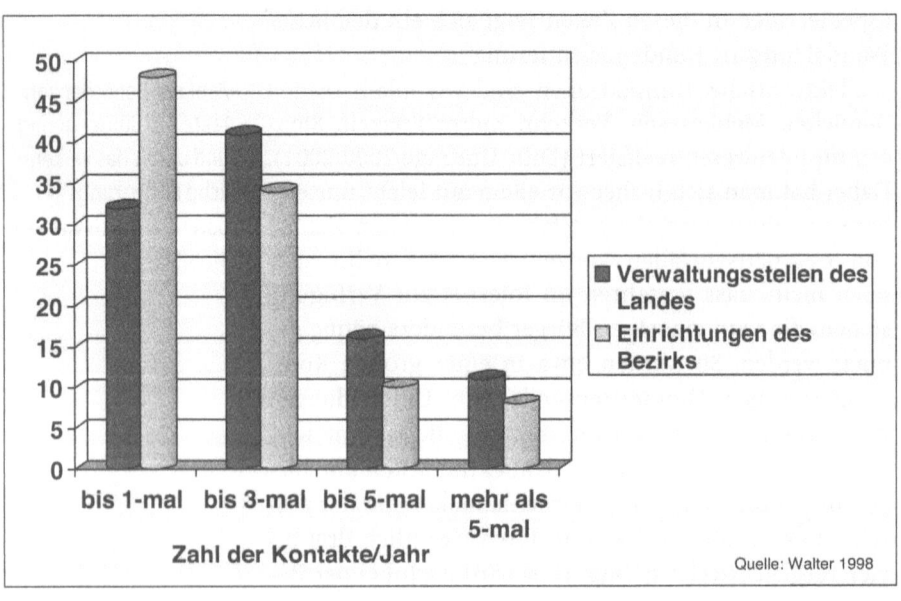

Abb. 8. Behördenkontakte von Bürgern

wicklung der virtuellen Mobilität auf Individualebene berücksichtigt werden müssen.

E-Government ist aber mehr als die Einführung neuer IuK-gestützter Anwendungen im Verwaltungsbereich. Es sollte eher als umfassende Modernisierungsstrategie des öffentlichen Sektors verstanden werden, auch wenn diese bisher nicht überall erfolgreich realisiert wird. Der IuK-Technik kommt dabei die Rolle eines Katalysators und eines Instruments zur Umsetzung des strategischen Ansatzes zu. E-Government ist also kein Technikprojekt, sondern ein Projekt zur Entwicklung einer neuen „Verwaltungskultur". Das wird beispielsweise auch daran deutlich, dass gerade die Schnittstelle zwischen Verwaltungen und Bürgern sowie zwischen Verwaltungen und Unternehmen im Mittelpunkt der E-Government-Aktivitäten steht. Im Gegensatz zu früheren EDV-Anwendungen in der Verwaltung geht es nicht nur um die Modernisierung und Technikunterstützung von internen Verwaltungsverfahren, um Information und Kommunikation, sondern um elektronische Transaktion und Partizipation.

E-Government: Projekt zur Entwicklung einer neuen „Verwaltungskultur"

E-Government umfasst „alle Aspekte des Regierens und Verwaltens (öffentliche Willensbildung, Entscheidungsfindung, Leistungserstellung, und -erbringung, Partizipation), sofern sie durch die Nutzung von Informations- und Kommunikationstechnologien unterstützt und verbessert werden können" (Difu 2002: 10).

Virtuelle Mobilität und E-Government

Die Entwicklung und Umsetzung der beschriebenen Angebote – wie die Entwicklung von Angeboten in anderen Bereichen – verbessert prinzipiell „die Option des Menschen, sich mit Hilfe von Informations- und Kommunikationssystemen virtuell [...] Mobilität zu erschließen" (Zoche, Kimpeler, Joepgen 2002: 17), also die „virtuelle Mobilität". Die Potentiale für den Zusammenhang zwischen E-Government und virtueller Mobilität sind bislang noch nicht detailliert untersucht worden; noch weniger die Folgen daraus für die Entwicklung der physischen Mobilität.

Folgen von E-Government für physische Mobilität noch weitgehend unerforscht

E-Government als
spezifische Form der
virtuellen Mobilität mit
Besonderheiten und
Einschränkungen ...

Grundsätzlich lassen sich die spezifischen Eigenschaften virtueller Mobilität auch im E-Government
wiederfinden. Im Vergleich etwa mit der Kommunikation in E-Communities oder der Nutzung von E-Commerce-Anwendungen bestehen aber in diesem Bereich
einige Einschränkungen und Besonderheiten. So können etwa „raumüberwindende Optionen der zeitsynchronen Kommunikation mit Partnern, die sich an entfernten Orten aufhalten" (Zoche, Kimpeler, Joepgen
2002: 18), im E-Government nur eingeschränkt genutzt
werden. Das geltende Subsidiaritätsprinzip weist den
Gemeinden Aufgaben zu, die nicht ohne Not zu zentrali-
sieren sind. Auch erscheint es kaum möglich, bestimmte
hoheitliche Funktionen oder Zuständigkeiten wettbewerblich zu organisieren oder der freien Wahl des Bür-
gers zu überlassen: Obschon es technisch möglich erscheint, wird man sich als Bürger auch zukünftig beispielsweise nicht aussuchen können, welche Verwaltung
einen Ausweis ausstellt oder wo Steuern zu bezahlen
sind. Das Wohnortprinzip bleibt bei bestimmten Verfahren und Verantwortlichkeiten auch zukünftig sinnvoll. Hingegen sind Bündelungen von Aufgaben, sofern
sie das Subsidiaritätsprinzip nicht verletzen, durchaus
vorstellbar. So wäre etwa über die gemeinsame Aufgabenwahrnehmung in bestimmten Regionen nachzuden-
ken. Eine verbesserte virtuelle Mobilität kann solche Re-
gionalisierungsbestrebungen durchaus unterstützen.
Der virtuelle Raum bildet Gegebenheiten im physischen
Raum häufig nach oder nutzt Metaphern aus der Welt
der physischen Räume zur Strukturierung. So entstehen
komplexe Verflechtungen zwischen virtuellem und physischem Raum. Es gibt daneben aber auch „eine eigenständige Qualität des virtuellen Erlebens" (Zoche, Kim-

peler, Joepgen 2002: 18). Im Bereich des E-Government
setzt die Formgebundenheit von Rechtsgeschäften diesem „virtuellen Erleben" allerdings häufig enge Grenzen. Manchmal werden diese Grenzen jedoch auch vor-
sätzlich zu eng gezogen: Nur durch die elektronische
Nachbildung komplizierter Formulare erhält man etwa
gewiss noch kein E-Government, d. h. es bestehen
durchaus Potentiale für ein „virtuelles Erleben". Vielleicht nicht im Ausmaß von intelligenten Agenten und

Avataren (die auch unter diesen Begriff fallen), aber ein kleines Beispiel ist die Ausrichtung von Bürgerdienstleistungen am Lebenslagenprinzip: Der Bürger muss zur Erledigung seiner Verwaltungsgeschäfte nicht mehr umfassende Kenntnisse von Geschäftsverteilungsplänen der Kommune haben, sondern erhält die notwendigen Verfahrensschritte für sein Anliegen gebündelt bereitgestellt, etwa alle Vorgänge, die mit einem Umzug zusammenhängen. Ein weiteres Beispiel ist der Einsatz von 3-D-Simulationstechniken im Rahmen der Bürgerbeteiligung in Planungsverfahren von Kommunen. Der Bürger muss sich nicht mehr auf die „Kunst des Plänelesens" verstehen und sich durch meterlange Aktenbestände „wühlen", um sich zu beteiligen, sondern kann etwa Neubauprojekte bereits vor dem Bau in konkreten Raumsituationen virtuell erleben.

„Der virtuelle Erlebnisraum setzt mit Unterstützung technischer Möglichkeiten auf neue Sinnesreaktionen" (Zoche, Kimpeler, Joepgen 2002: 18). Die technologischen Potentiale werden beim E-Government kaum ausgereizt werden, aber sinnvolle Einsatzbereiche gibt es dennoch auch in diesem Bereich. So ist etwa in diesem Zusammenhang die Forderung nach barrierefreier Informationstechnik sehr wichtig. Den Kommunen bietet sich dadurch die Möglichkeit, auch solche Bürger mit Informationen zu versorgen und in Verfahren einzubeziehen, die traditionelle Informationskanäle nur unzureichend nutzen können. Selbst ohne technologisch spektakuläre Anwendungen liegen hier erhebliche Integrations- und Partizipationspotentiale. Bis E-Government „vermehrt sensorische und auch olfaktorische Fähigkeiten im virtuellen Raum entfalten" kann (ebda.), wird allerdings wohl noch eine Weile vergehen. Auf die olfaktorische Simulation der einen oder anderen Amtsstube lässt sich auch sicherlich getrost warten.

Sinnvoller Einsatz von barrierefreier Informationstechnik

Welche Potentiale lassen sich aus den vorgenannten Entwicklungen für die Entwicklung der virtuellen Mobilität hypothetisch ableiten?

Für den einzelnen Bürger ergeben sich allein aus dem E-Government kaum Veränderungen, weil die Zahl der Behördenkontakte jedes Einzelnen gering ist. Die kumulierten Fallzahlen bei bestimmten Geschäftsvorgän-

Verringerter Verkehrsaufwand bei der Geschäftsabwicklung und beim „Dokumentenverkehr"

gen können aber auf städtischer Ebene durchaus relevant verkehrswirksam werden. Betrachtet man die
Bedeutung elektronischer Anwendungen an der Schnittstelle zwischen Verwaltungen und Wirtschaftsbürgern
(Steuerberatern, Rechtsanwälten, Architekten, Unter-
nehmensgründern usw.), erhöhen sich die Potentiale
von E-Government für die Entwicklung von Optionen
der virtuellen Mobilität jedoch erheblich. Dies könnte
auch mit einem verringerten Verkehrsaufwand bei der
Geschäftsabwicklung verbunden sein. Auch wenn man
sich die engere Einbindung von Bürgern in den Willens-
bildungsprozess im Rahmen des E-Government ansieht,
trifft man auf erhebliche Potentiale für die virtuelle Mobilität. Betroffen erscheint insgesamt weniger der Personenverkehr als der „Dokumentenverkehr", also eine
Substitution des bisher notwendigen physischen Infor-
mationstransports durch immaterielle „Informations-
ströme". Erhebliche strukturelle Veränderungen können
von der grundlegenden Reorganisation von Verwal-
tungsprozessen im Rahmen des E-Government ausgehen. Gemeint sind auch indirekte Effekte wie Veränderungen im Personalbestand, in der Lokalisation von
Verwaltungsstandorten usw. Diese Veränderungen wiederum könnten Rückwirkungen auf die Entwicklung
der Mobilität haben. Indirekte Wirkungen – vermittelt
über veränderte Zeitbudgets, räumliche Strukturen und
alternative Aktivitätsmuster – können auch auf der Individualebene mit erheblichen Veränderungen verbunden sein.

Nicht zuletzt muss E-Government – anders als andere „Dienstleistungsbereiche" – immer auch die „Non-
liner" berücksichtigen, also Menschen, die dauerhaft
nicht mit dem Internet umgehen können oder wollen.
Bürgerdienstleistungen müssen also nach wie vor in
nennenswertem Umfang auch auf traditionellen Wegen
angeboten werden. Dies begrenzt sowohl die Potentiale
der virtuellen Mobilität als auch die Substitutionspoten-
tiale gegenüber dem physischen Verkehr.

Literatur

Floeting, *H.* (2001): Städte und Regionen im Internet. In: Institut für Länderkunde, Leipzig (Hrsg.): National-atlas Bundesrepublik Deutschland. Verkehr und Kommunikation. Heidelberg.

Floeting, H. und Gaevert, S. (1997): Städte im Netz. Elektronische Bürger-, Stadt- und Wirtschaftsinformations-systeme der Kommunen – Ergebnisse einer Difu-Städteumfrage. Deutsches Institut für Urbanistik (Difu). Aktuelle Information. Berlin.

Deutsches Institut für Urbanistik (Difu) (Hrsg.) (2002): Erfolgsmodell kommunales E-Government. Berlin.

Deutsches Institut für Urbanistik (Difu) (2000/2001): Umfrage „Virtuelle Rathäuser und virtuelle Marktplätze in Stadt und Region". Unveröffentlichte Studie.

Zoche, P., Kimpeler, S. und Joepgen, M. (2002): Virtuelle Mobilität: Ein Phänomen mit physischen Konsequenzen? Zur Wirkung von Chat, Online-Banking und On-line-Reiseangeboten auf das physische Mobilitätsverhalten. Hrsg.: ifmo – Institut für Mobilitätsforschung. Berlin.

22 Auswirkungen der Telearbeit auf das Verkehrsverhalten

Wilhelm R. Glaser
Psychologisches Institut, Universität Tübingen[1]

Walter Vogt
Institut für Straßen- und Verkehrswesen, Universität Stuttgart[2]

Im Folgenden wird über die wichtigsten Ergebnisse einer Wegebuchuntersuchung berichtet, die im Rahmen des Forschungs- und Entwicklungsvorhabens „Auswirkungen neuer Arbeitskonzepte und insbesondere von Telearbeit auf das Verkehrsverhalten"[3] des Bundesministeriums für Verkehr, Bau- und Wohnungswesen (BMVBW) in den Jahren 1998 und 1999 zu gleichen Teilen vom Psychologischen Institut der Universität Tübingen und dem Institut für Straßen- und Verkehrswesen der Universität Stuttgart durchgeführt wurde. Die vollständige Studie ist zugänglich (Vogt et al. 2001).

Hypothesen

In diesem Projekt wurde untersucht, welche Veränderungen im Verkehrsverhalten die Telearbeit zur Folge hat, insbesondere bei der Länge der Wege, der Anzahl der Wege, deren Gesamtlänge pro Tag und schließlich bei der Wahl der Verkehrsmittel. Seit den Anfängen der Telearbeit gibt es einfache Hochrechnungen, die auf der Annahme basieren, dass etwa proportional zum Anteil

Einsparungen von Pendlerfahrten proportional zur Zahl der Telearbeitstage?

---

1   Unter Mitarbeit des Projektteams Prof. Dr. W. R. Glaser, Dr. M. O. Glaser, Dipl.-Psych. T. Kuder.
2   Unter Mitarbeit des Projektteams Dr.-Ing. W. Vogt, Dipl.-Ing. S. Denzinger.
3   Forschungs- und Entwicklungsvorhaben FE-Nr. 77 415/1997.

der Arbeitszeit, der zu Hause abgeleistet wird, Pendlerfahrten eingespart werden. Dabei wird der Anteil
häuslicher Arbeitszeit mit zweimal der durchschnittlichen Entfernung zwischen Wohnung und Arbeitsplatz
und dem Anteil der Pkw-Fahrten beim Weg zur Arbeit
multipliziert und auf das Jahr und die Anzahl der Telearbeiter[4] hochgerechnet, um einen Zahlenwert für die
Entlastung von Straßen und Umwelt durch Telearbeit zu
erhalten.

Realistische Näherungen für die Durchschnittswerte
in dieser Ersparnisrechnung sind in Deutschland heute
17 km Entfernung zwischen Wohnung und Arbeitsplatz,
40 % Arbeitszeit zu Hause und 80 % der Fahrten zur Arbeit mit dem Pkw als Fahrer. Das Resultat lautet auf 2 ×
17 km × 0,4 × 0,8 × 5 Tage pro Woche = 54,4 km pro
Woche. Bei 44 Arbeitswochen bedeutet das 54,4 × 44 =
2.393,6 pro Jahr und Telearbeiter ersparte Pkw-Kilometer.

Substitutions- und Verlagerungshypothese Diese Berechnung unterstellt allerdings, dass sich
durch Telearbeit an der übrigen Lebensweise nichts än-
dert und nur proportional zur Zahl der Telearbeitstage
Arbeitswege eingespart werden. Sie resultiert aus der
Substitutionshypothese, wonach genau die Pendlerwege
an den Telearbeitstagen wegfallen, also durch Telekommunikation zwischen Wohnung und Betrieb ersetzt
werden, ohne dass weitere Wege entstehen, wegfallen
oder sich ändern. Nach allen Erfahrungen mit der Telearbeit kann diese Annahme jedoch nicht selbstverständ-
lich getroffen werden. Deshalb wurden für die tatsächlichen Veränderungen im Verkehrsverhalten weitere Hypothesen aufgestellt. Die *Verlagerungshypothese* besagt,
dass an die Stelle der entfallenden Wege zwischen Wohnung und Arbeit unter Telearbeit zusätzliche Wege des
Telearbeiters treten, weil Erledigungen, die bisher mit
dem Weg zur Arbeit verbunden waren, wie beispielsweise Einkäufe oder das Bringen und Abholen von Kindern, jetzt eigene Fahrten erfordern. Dazu gehört auch,
dass das Fahrzeug des Telearbeiters seinen Haushalts-
mitgliedern zu anderen Zwecken zur Verfügung steht,

---

4   Das semantisch unmarkierte Wort steht hier und im gesamten Text
     selbstverständlich für Frauen und Männer.

wenn er es für den Weg zur Arbeit nicht benötigt. Darüber hinaus verdient die Vermutung eine ernsthafte Prüfung, ausgedehnte Telearbeit könnte zu so starken Bedürfnissen, „aus dem Haus zu kommen", führen, dass mehr private Fahrten unternommen werden. Nicht unrealistisch erscheint schließlich, dass Telearbeiter nach einer gewissen Zeit einen vom Büro weiter entfernten Wohnort wählen und dabei an den verbleibenden Bürotagen ebenso viele oder gar mehr Kilometer fahren als vorher an allen Werktagen zusammen. Diesen Hypothesen einer kompensatorisch geschmälerten Ersparnis an Verkehrsleistung steht die so genannte *Kontraktionshypothese* gegenüber. Sie besagt, dass die Telearbeiter nicht nur an den Telearbeitstagen die Wege zwischen Wohnung und Büro sparen, sondern auch in ihrer Lebensweise Gefallen daran finden, weniger zu fahren. Sie zentrieren ihr gesamtes Privatleben stärker um den Wohnort und wählen – beispielsweise für Einkäufe, soziale Kontakte und Freizeitaktivitäten – räumlich nähere Ziele, so dass eine noch größere Ersparnis entsteht, als allein aus den vermiedenen Wegen in das Büro. Für diese zunächst überraschend anmutende Hypothese wurden in Kalifornien empirische Belege beigebracht. Dabei zeigte sich, dass selbst die Haushaltsangehörigen der Telearbeiter weniger fuhren (Kitamura, Goulias, Pendyala 1991; Pendyala, Goulias, Kitamura 1991). Ein weiterer, nicht zu vernachlässigender Effekt liegt darin, dass die höhere Zeitsouveränität bei Telearbeit es erlaubt, privat und beruflich notwendige Fahrten aus den Hauptverkehrszeiten des Tages herauszuverlagern und damit zur Abflachung der Verkehrsspitzen beizutragen.

Kontraktionshypothese

Methode

Um alle diese denkbaren Effekte zu untersuchen, genügt es nicht, nur Erinnerungen oder Selbsteinschätzungen abzufragen. Stattdessen sind verhaltensnahe Erhebungen notwendig. In der Verkehrswissenschaft hat sich dafür in den letzten Jahren die Methode der Wegebücher etabliert. Die Befragten zeichnen für einen bestimmten Zeitraum, meistens zwischen einem Tag und einer Woche, alle ihre Wege sofort oder spätestens am Abend

Wegebücher vor und nach Telearbeit ergänzt durch sozio-ökonomische und verkehrsrelevante Variablen

schriftlich auf. Unter einem Weg wird dabei jede Ortsveränderung außerhalb von Gebäuden verstanden, an
deren Ende eine an den Zielort gebundene Handlung
steht (z. B. Arbeit, Einkauf, jemanden bringen oder abholen, nach Hause kommen). Für jeden einzelnen Weg
werden die wichtigsten Parameter, also Startzeit, An-
kunftszeit, Ausgangsort, Zielort, Entfernung, Verkehrsmittel und Zweck notiert. Als Aufzeichnungszeitraum
wurde eine vollständige Woche gewählt, um auch die
Freizeitwege ohne Lücken zu erfassen. Der Fragestellung gemäß führten die Telearbeiter dieses Wegebuch
zweimal, vor Aufnahme der Telearbeit und danach. Es
wurde zu beiden Zeitpunkten durch einen Fragebogen
zu allgemeinen sozio-ökonomischen und verkehrsrele-
vanten Variablen ergänzt. Da die Hypothesen zu den
Auswirkungen der Telearbeit auf den Verkehr Aussagen
über die Haushaltsmitglieder der Telearbeiter einschlie-
ßen, wurden die befragten Telearbeiter gebeten, auch
ihre Haushaltsmitglieder zum zweimaligen Führen der
Wegebücher zu motivieren.

Die erste Welle der Befragung, „vor Telearbeit", lief
von Januar 1998 bis Oktober 1998, die zweite Welle,
„nach Beginn der Telearbeit", von Juli 1998 bis Juni
1999. In der ersten Welle gingen von künftigen Telearbeitern 108 vollständig ausgefüllte Wegebücher ein, in
der zweiten Welle 80. Von den 80 Befragten, die sich an
beiden Wellen beteiligt haben, gehörten 57 verschiedenen kleinen und mittleren Unternehmen aus ganz
Deutschland[5] an, 23 der IBM Deutschland GmbH[6] in
Stuttgart. Die Zahl der Wegebücher von Haushaltsangehörigen betrug zunächst 86, später 63. Bei der hier dargestellten Auswertung wurden nur die Teilnehmer berücksichtigt, die ihr Wegebuch in beiden Wellen geführt
haben.

5 Wir danken dem Bundesministerium für Wirtschaft und Technologie
   (BMWi) und der Deutschen Telekom AG dafür, dass wir diese Telearbeiter bei den Firmen, die sich an ihrem Förderprojekt „Telearbeit im
   Mittelstand" beteiligten, für die Befragung anwerben durften.
6 Wir danken der IBM Deutschland GmbH dafür, dass wir diese Telearbeiter in ihrem Hause für die Befragung anwerben durften.

Resultate

Von allen berichteten Wegen hatten 95 % eine Länge von 50 km oder weniger. Diese Wege repräsentieren das eigentliche Alltagsverhalten, bei dem sich die beiden Zeiträume „vorher" und „nachher" auch statistisch gut vergleichen lassen. Die 5 % der langen Wege über 50 km sind für die Aufzeichnungsdauer von einer Woche so seltene Ereignisse, dass sie keine gesicherten Schlüsse auf ihren Einfluss auf die Unterschiede zwischen den beiden Zeitpunkten zulassen. Diese langen Wege lassen sich nur mit Erhebungszeiträumen von einigen Monaten bei den einzelnen Befragten repräsentativ erfassen. Die zufallskritische Auswertung wurde daher auf die 95 % der Wege mit einer Länge bis zu 50 km beschränkt.

Die wesentlichen Resultate zeigen Abb. 1 bis Abb. 6. Zur Kennzeichnung des Verkehrsverhaltens wurden drei wichtige Variablen ausgewählt:

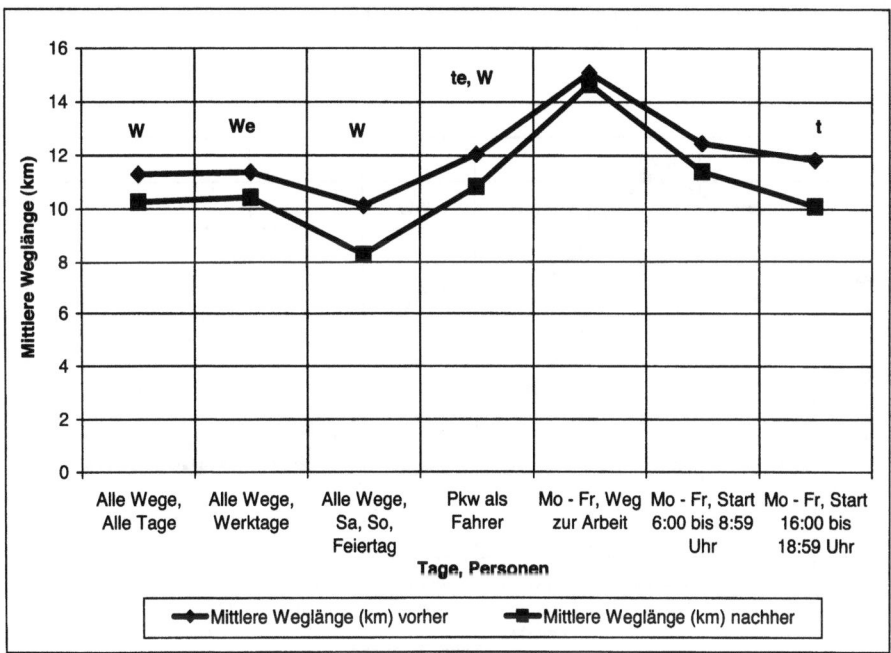

Abb. 1. Durchschnittliche Länge (km) der einzelnen Wege, Telearbeiter, vorher und nachher. Statistische Signifikanz der Differenz nachher – vorher: te = p < 5 %, einseitig, t-Test; We = p < 5 %, einseitig, Wilcoxon-Test; t = p < 5 %, zweiseitig, t-Test; W = p < 5 %, zweiseitig, Wilcoxon-Test; tt = p < 1 %, zweiseitig, t-Test; WW = p < 1 %, zweiseitig, Wilcoxon-Test

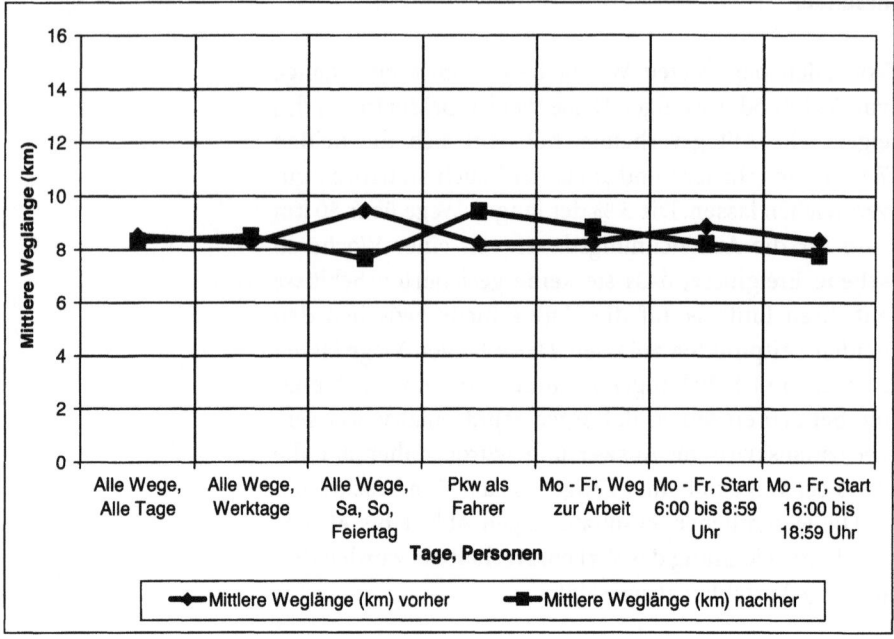

Abb. 2. Durchschnittliche Länge der einzelnen Wege (km), Haushaltsangehörige, vorher und nachher. Signifikanzen: siehe Legende zu Abb. 1

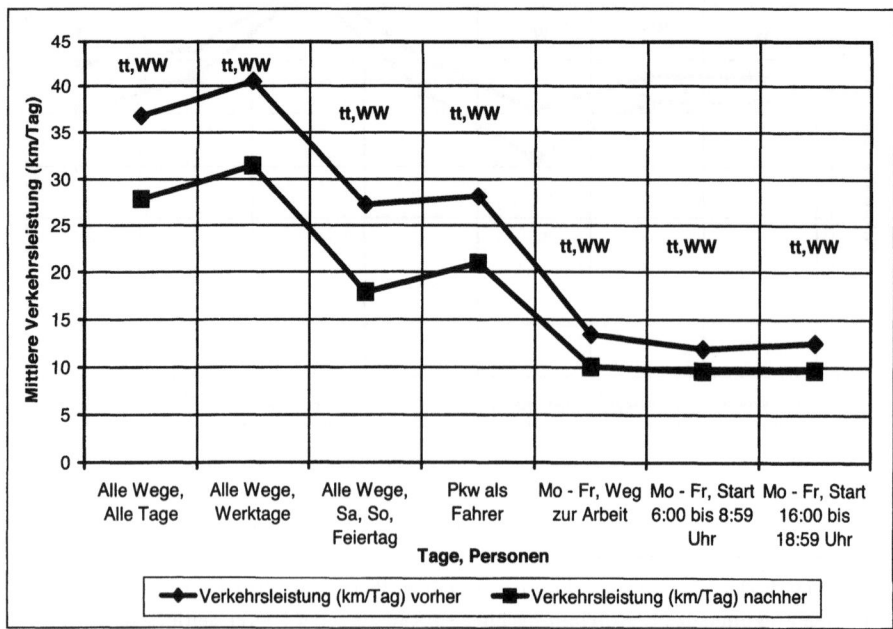

Abb. 3. Mittlere Verkehrsleistung pro Person und Tag, Telearbeiter, vorher und nachher. Signifikanzen: siehe Legende zu Abb. 1

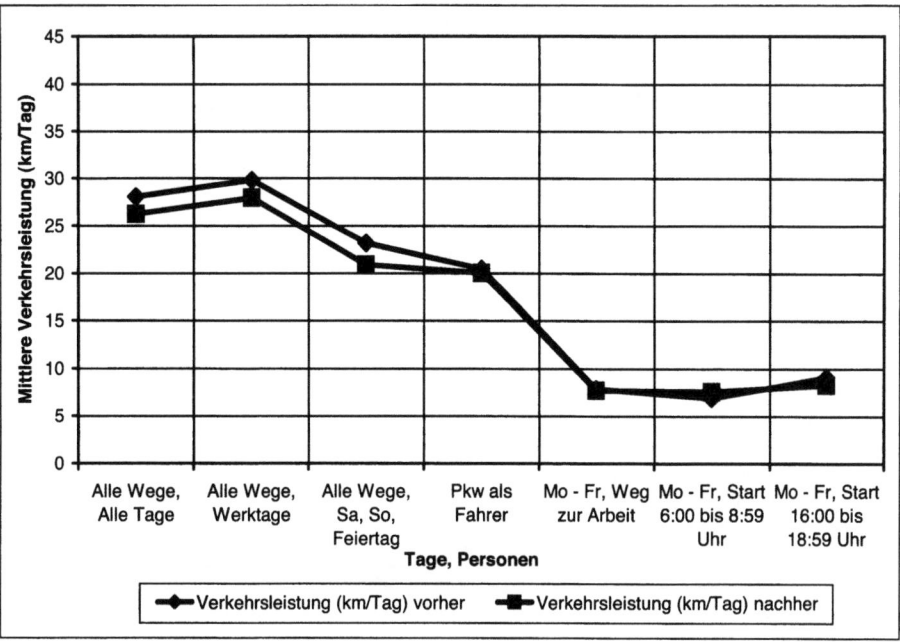

Abb. 4. Mittlere Verkehrsleistung pro Person und Tag, Haushaltsangehörige, vorher und nachher. Signifikanzen: siehe Legende zu Abb. 1

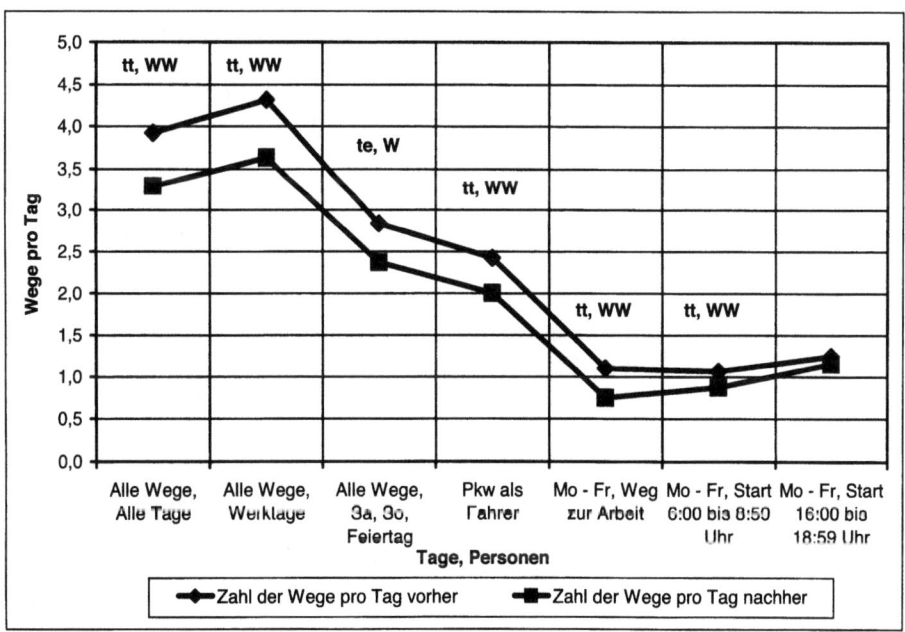

Abb. 5. Anzahl der Wege pro Tag, Telearbeiter, vorher und nachher. Signifikanzen: siehe Legende zu Abb. 1

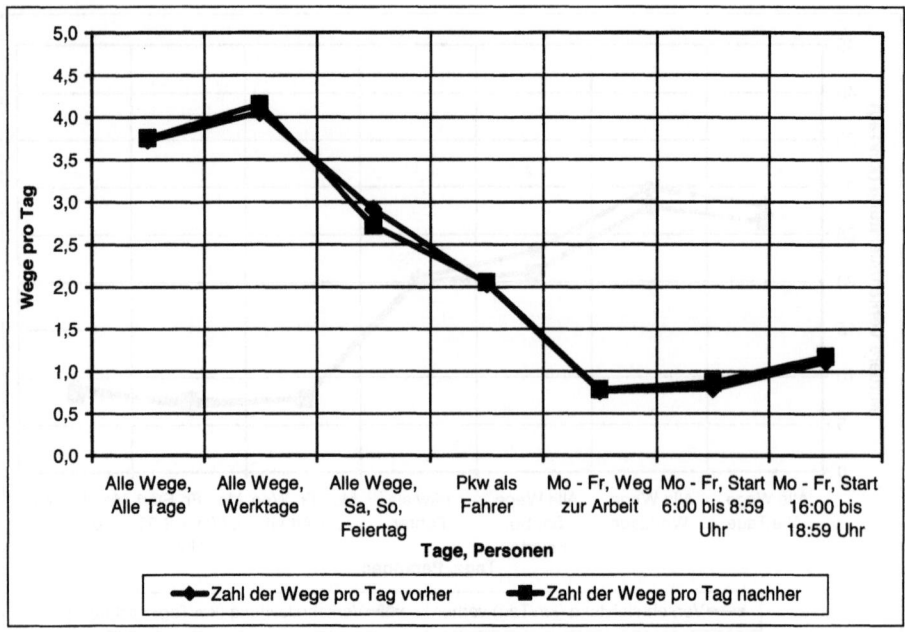

Abb. 6. Anzahl der Wege pro Tag, Haushaltsangehörige, vorher und nachher. Signifikanzen: siehe Legende zu Abb. 1

- Die durchschnittliche *Länge des einzelnen* protokollierten *Weges* in Kilometern
- Die durchschnittliche *Verkehrsleistung* pro Person und Tag, also die Gesamtlänge aller Wege pro Person und Tag in Kilometern
- Die durchschnittliche Zahl der Wege pro Person und Tag

Zwischen diesen drei Größen bestehen physikalische Abhängigkeiten; die durchschnittliche Zahl der Wege pro Tag, multipliziert mit der durchschnittlichen Länge der einzelnen Wege, ergibt die durchschnittliche Verkehrsleistung pro Tag. Trotzdem sind sie als Verhaltensaspekte alle drei interessant. Für die Entlastungseffekte von Verkehr und Umwelt ist die *Fahrleistung* in Pkw-Kilometern maßgebend. Sie kann den Abbildungen in der Spalte *Pkw als Fahrer* entnommen werden.

Die wichtigsten Befunde bei den Telearbeitern

Die wichtigsten, den Abbildungen zu entnehmenden Befunde lauten wie folgt: Die Telearbeiter berichten durchgängig unter Telearbeit kürzere Wege als vor der Telearbeit (Abb. 1). Dieser Effekt ist samstags, sonntags und an Feiertagen besonders ausgeprägt. Bei den Wegen zur Arbeitsstätte zeigt er sich nicht, deren Länge wird praktisch als unverändert berichtet. Das spricht für die Qualität der Aufzeichnungen. Die durchschnittliche Verkürzung der Wege unter Telearbeit ist ein Beleg für die Kontraktionshypothese: Die Befragten machen unter Telearbeit die Erfahrung, nicht mehr täglich zur Arbeit fahren zu müssen, und wählen für ihre übrigen Aktivitäten kürzere Wege. Sie wählen aber nicht nur weniger entfernte Ziele, sondern vermindern auch generell die Anzahl ihrer Wege (Abb. 5). Offensichtlich wird auch samstags, sonntags und an Feiertagen weniger gefahren oder aus dem Haus gegangen. Das spricht klar für die Kontraktionshypothese. Die Befragung widerlegt also die Kompensationshypothese, wonach die beim Weg zur Arbeit eingesparten Wege durch mehr private Wege wieder ausgeglichen werden. Eine Tendenz zu weniger und kürzeren Wegen breitet sich auf die gesamte Lebensgestaltung aus. Wie oben dargelegt, gilt das nach den vorliegenden Resultaten nur für die häufigen Alltagswege mit einer Länge unter 50 km. Bei den 5 % langen Wegen über 50 km zeigten sich keine statistisch signifikanten Unterschiede. Wie Abb.2 und Abb. 6 zeigen, gilt dies nur für die Telearbeiter. Die Haushaltsangehörigen zeigen praktisch keine Veränderungen infolge der Telearbeit eines anderen Haushaltsmitglieds. Anders als in Kalifornien (Kitamura, Goulias, Pendyala 1991; Pendyala, Goulias, Kitamura 1991) konnte die Kontraktionshypothese für die Haushaltsangehörigen hier nicht bestätigt werden.

Sehr ausgeprägt sind die Veränderungen bei der Verkehrsleistung der Telearbeiter, der Gesamtlänge aller Wege pro Tag und Person (Abb. 3). Für die Wege, die mit dem Pkw als Fahrer zurückgelegt werden, ergab sich eine durchschnittliche Fahrleistung von 28,3 km pro Person und Tag vor und von 20,6 km pro Person

Beleg für Kontraktionshypothese: kürzere und weniger Wege für Aktivitäten außerhalb der Arbeit für Telearbeiter …

… aber nicht für die Haushaltsangehörigen

Jahresersparnis von 2.579,5 km bei der Verkehrsleistung der Telearbeiter

und Tag nach Aufnahme der Telearbeit. Das ist eine Verminderung der gesamten Fahrleistung dieser Personen
mit dem Pkw um 27,2 %. Da sie einen Mittelwert über
alle Telearbeiter und bei diesen über alle privaten
ebenso wie beruflich bedingten Fahrten und über alle
sieben Wochentage darstellt, darf sie auf alle Telearbeiter und auf alle Tage des Jahres, ausgenommen Krank-
heits- und Urlaubstage, hochgerechnet werden. Die
Hochrechnung auf 335 Tage ergibt eine Jahresersparnis
bei den Telearbeitern von 2.579,5 km. Diese Zahl, die
auf den sehr aufwendigen Aufzeichnungen der Telearbeiter in den Wegebüchern basiert, liegt 7,8 % oberhalb
der Zahl, die sich bei der oben angestellten Nähe-
rungsrechnung auf der Basis relativ grober Grundan-
nahmen ergeben hat (2.393,6 km pro Jahr). Natürlich ist
sie methodisch wesentlich verlässlicher. Die allein für
die Verkehrsleistung für den Weg von der Wohnung zur
Arbeitsstätte entstandene Ersparnis ergibt sich zu
23,5 %; sie ist etwas geringer als die Ersparnis bei allen
Wegen mit dem Pkw als Fahrer. Bei der Interpretation
der Spalte „Mo – Fr, Weg zur Arbeit" ist in allen sechs
Abbildungen zu beachten, dass es sich bei dieser Kategorie nur um den einfachen Weg von der Wohnung zur
Arbeitsstätte handelt. Nur diese Wege wurden von den
Befragten mit dem Zweck „Arbeit" codiert. Die zugehö-
rigen Heimwege wurden mit dem Zweck „Nach Hause"
codiert und sind deshalb in der Kategorie „Alle Wege"
enthalten. Auch die letztgenannte Zahl spricht für die
Kontraktionshypothese. Es gibt einige Gründe, diese
Zahlen eher als zu knappe denn als zu hohe Schätzung
der tatsächlich eingesparten Pkw-Kilometer anzusehen.
Der wichtigste liegt darin, dass der Übergang zur Telearbeit sich oft sehr fließend vollzieht. Den Änderungen
des individuellen Arbeitsvertrages geht dann informelle
Telearbeit voraus, die von der gelegentlichen Mitnahme
von Akten für abendliches Nacharbeiten bis zu einzelnen häuslichen Arbeitstagen in Absprache mit dem
Vorgesetzten reicht. Im Begleitbogen haben rund zwei
Drittel der Befragten in der ersten Welle informelle Telearbeit mit bis zu 10 % der Arbeitszeit angegeben. Die
dabei schon erzielte Wegeersparnis ist im Vergleich zwischen beiden Wellen nicht enthalten. Deshalb liegen die

Zahlen unter der tatsächlichen Ersparnis durch Telearbeit.

Die wichtigsten Befunde bei den Haushaltsangehörigen

Die Haushaltsangehörigen zeigen ein völlig anderes Bild als die Telearbeiter. Unterschiede zwischen beiden Zeitpunkten blieben hier komplett aus. Einzelne in Abb. 2 und Abb. 4 sichtbare Abweichungen zwischen beiden Kurvenzügen sind statistisch nicht signifikant. Es lässt sich also sowohl ausschließen, dass die Haushaltsangehörigen mehr fahren, weil die Telearbeiter weniger fahren, als auch, dass sie mit diesen zusammen Häufigkeit und Länge ihrer Wege verringern. Im Vergleich mit den Telearbeitern haben die Haushaltsangehörigen etwas kürzere Wege, vor allem zur Arbeit. Die Häufigkeiten der Wege und die durchschnittliche tägliche Fahrleistung entsprechen etwa den Werten der Telearbeiter nachher.

Allgemeine Befunde zur Telearbeit

Zur Beurteilung dieser Resultate sollen noch einige Daten aus den Haushaltsfragebögen angeführt werden. Unter den Telearbeitern der Stichprobe befanden sich je zur Hälfte Männer und Frauen. Von den Männern arbeiteten 92,3 % Vollzeit, von den Frauen 47,5 %, der Rest arbeitete jeweils Teilzeit. In der zweiten Welle betrug der Anteil der zu Hause abgeleisteten Arbeitszeit im Mittel über alle Befragten 37,6 %. Die Wohnorte teilen sich wie folgt nach Wohnlage bzw. Siedlungsform auf: Großstadt einschließlich Randbereich und Vororte 25 %, mittlere Stadt einschließlich Vororte 23,6 %, Kleinstadt 21,3 % und Land 30,0 %. Bei den Haushaltsgrößen ergab sich die Verteilung: 1 Person 13,9 %, 2 Personen 19,0 %, 3 Personen 29,1 %, 4 Personen 27,8 % und 5 oder mehr Personen 10,2 %. Die Veränderungen zwischen beiden Zeiträumen waren gering; sie bestanden in der Zunahme um eine Person bei insgesamt fünf Haushalten. Die Ein- und Zweipersonenhaushalte sind gegenüber der Gesamtbevölkerung stark unter-, die Haushalte mit drei, vier und mehr Personen stark über-

Daten aus den Haushaltsfragebögen

repräsentiert (vgl. Chlond, Lipps, Zumkeller 1996). Das hängt damit zusammen, dass die Vereinbarkeit von Beruf und Familie ein wesentliches Motiv für Telearbeit darstellt. Bei der Zahl der im Haushalt verfügbaren Pkw wurde „0" in 2,5 %, „1" in 46,8 %, „2" in 49,4 % und „3" in 1,3% der Fälle genannt. Das bedeutet einen Durchschnitt von 1,49 Pkw pro Haushalt, der erheblich über dem Durchschnitt der Gesamtbevölkerung liegt. Von den Haushalten mit zwei und mehr Personen verfügten demnach 61,8 % über zwei oder mehr Pkw. Von daher ist kaum zu erwarten, dass an Tagen, an denen der Telearbeiter zu Hause arbeitet, für andere Haushaltsmitglieder ein nennenswerter Bedarf entsteht, dessen Pkw zu nutzen. Auswirkungen der Telearbeit auf den Pkw-Besitz wurden nur von einem Befragten genannt, der angab, unter Telearbeit genüge künftig ein Pkw für seinen Haushalt.

Zusammenfassung

Deutliche Verringerung der Entfernung und Anzahl der Wege durch Telearbeit

Der Gesamteindruck der Studie ist, dass die Befragten den Übergang zur Telearbeit mit langsamen, gleitenden Übergängen vollziehen. Sie bauen die Telearbeit in ihre alltägliche Lebensgestaltung nach einer Art Prinzip der kleinsten Veränderungen ein. Telearbeit bedeutet eine erhebliche Verbesserung der Lebensqualität, die aber ohne große Sprünge und Umstellungen stattfindet. Im Verkehrsverhalten der Telearbeiter zeigt sich eine durchgängige Verringerung der Entfernung und der Anzahl der Wege. Bei der Nutzung des eigenen Pkw als Fahrer ergibt sich eine gesicherte durchschnittliche Ersparnis von gut 2.500 km im Jahr pro Telearbeiter, verbunden mit einer Abflachung der Verkehrsspitzen. Bei den Haushaltsangehörigen bleiben die Fahrgewohnheiten erstaunlich konstant. Hier konnten keine Ersparnisse, aber auch keine telearbeitsbedingt erhöhten Fahrleistungen gefunden werden.

Literatur

Chlond, B., Lipps, O. und Zumkeller, D. (1996): Auswertung der Paneluntersuchung zum Verkehrsverhalten. Schlussbericht. Institut für Verkehrswesen Universität Karlsruhe (TH).

Kitamura, R., Goulias, K. G. und Pendyala, R. M. (1991): Telecommuting and Travel Demand: An Impact Assessment for the State of California Telecommute Pilot Project Participants. University of California Research Report UCD-TRG-RR-90-8. Davis. CA, U.S.A.

Pendyala, R. M., Goulias, K. G. und Kitamura, R. (1991): Impact of Telecommuting on Spatial and Temporal Patterns of Household Travel. In: *Transportation*, 18, S. 383–409.

Vogt, W., Denzinger, S., Glaser, W. R., Glaser, M. O. und Kuder, T. (2001): Auswirkungen neuer Arbeitskonzepte und insbesondere von Telearbeit auf das Verkehrsverhalten, Berichte der Bundesanstalt für Straßenwesen Bergisch Gladbach, Mensch und Sicherheit M 128, ISBN 3 89701 664 8. Bremerhaven.

23 Neue Herausforderungen und Chancen für die Mobilitätsforschung (Podiumsdiskussion)

23.1 E-Economy, Mobilität und deren Auswirkungen auf die Logistik

Helmut Baumgarten und Christian Michael Butz
Institut für Technologie und Management, Technische Universität Berlin

Die Bedingungen für erfolgreiches unternehmerisches Handeln sind heute insbesondere durch stagnierende Märkte, Ressourcenverknappung und Umweltbelastung, durch neue Technologien, den Wertewandel sowie durch steigende Kundenanforderungen an Qualität und Flexibilität geprägt. Unternehmen kommen dabei nicht umhin, in stärkerem Maße wechselnde Kundenbedürfnisse zu berücksichtigen und sich darüber hinaus mit zunehmender Geschwindigkeit auf die Verkürzung von Produktlebenszyklen, die Dynamik des technologischen Wandels und ein verändertes wirtschaftliches Umfeld einzustellen. Das für die interorganisationale Koordination geeignete Logistikkonzept des Supply Chain Managements (SCM) hat in den letzten Jahren erfolgreich Einzug in die Managementebenen von Unternehmen gehalten. Das Erkennen und die Ausschöpfung der Potentiale neuer Informationstechnologien stellen in diesem Zusammenhang den Schlüssel zum Erfolg dar.

Voraussetzung für unternehmerischen Erfolg

Für den Handel und die Konsumgüterindustrie sinkt die Zahl der Märkte, die mit Massenprodukten bedient werden können, kontinuierlich. Die größere Heterogenität der Bedürfnisse, das in wachsendem Maße wechselnde und situationsabhängige Verhalten der Verbraucher sowie die zunehmende Verlagerung der Initiative

Neue Logistikstrategien werden erforderlich

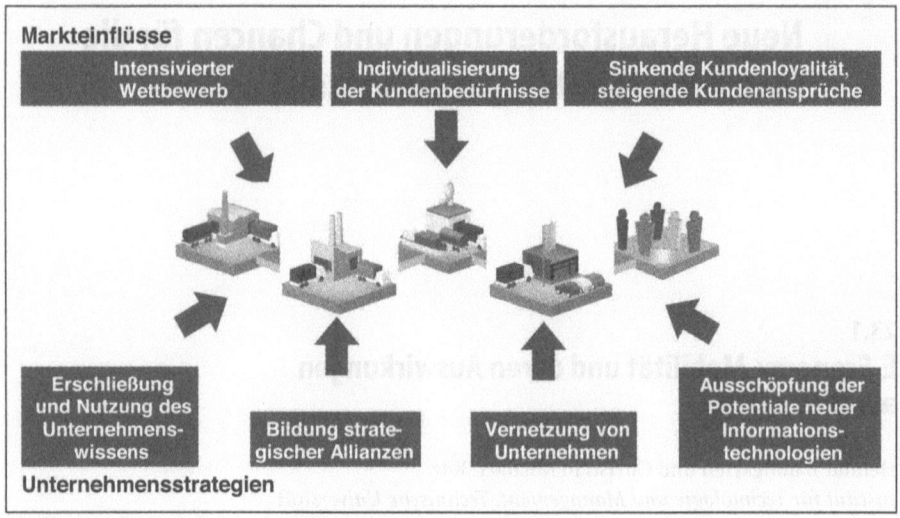

Abb. 1. Einfluss-Szenario auf Logistik, Verkehr und Mobilität

in den Wertschöpfungsnetzen hin zum Endkunden verlangen nach neuen Logistikstrategien (vgl. Abb. 1). Die wachsenden Anforderungen an Kundeninteraktion und Kundenintegration erfordern hohe Investitionen in neue Technologien, deren Amortisationsdauer zunächst häufig schwer bestimmbar ist. Dabei gilt es, dem Kunden nicht nur so viele Kanäle wie möglich anzubieten, sondern diese auch effizient miteinander zu vernetzen.

Das Ende des E-Economy-Zeitalters?

Internet weiterhin wichtiger Bestandteil der Distributionsstrategien

Trotz des vordergründigen Bedeutungsverlusts des E-Business in den Medien ist das Internet nach wie vor wichtiger Bestandteil der Distributionsstrategien der großen Unternehmen, die im Wettbewerb zunehmend auf Multichannel-Konzepte setzen, d. h. auf die Distribution über mehrere Absatzkanäle wie Filialen, Versand und eben das Internet. In den Monaten November 2001 bis April 2002 haben laut einer Untersuchung der Gesellschaft für Konsum-, Markt- und Absatzforschung (GfK) 58,5 Mio. Personen in Belgien, Deutschland, Frankreich, Großbritannien, den Niederlanden und Spanien im Internet eingekauft. Gegenüber dem Sommerhalbjahr 2001 bedeutet das ein Plus von 13 % und verdeutlicht, dass der Distributionskanal Internet keineswegs aus den strategischen Überlegungen der Unternehmen verschwunden ist. Gerade diese Multichannel-Strategien erfordern jedoch eine funktionierende Logistik – sie ist notwendige Voraussetzung für deren wirtschaftliche Ausgestaltung. Bisher hat die Logistik bei der physischen Abwicklung der Geschäftsprozesse die Informations- und Kommunikationssysteme zur Effizienzsteigerung und Optimierung genutzt und weiterentwickelt. Darüber hinaus führten in den zurückliegenden Jahren vorrangig zwei Entwicklungen zu einer erheblich gewachsenen Bedeutung der Logistik: Sowohl die fortschreitende Globalisierung der Wirtschaft als auch die abnehmende Leistungstiefe des einzelnen Unternehmens infolge der Konzentration auf Kernkompetenzen bewirkten eine zunehmende Verflechtung der Güter- und Informationsflüsse zwischen den Unternehmen. Insbesondere das Internet dient dabei der Verknüpfung aller an der Wertschöpfung beteiligten Partner zur Kommunikation und Abwicklung von Transaktionen.

Mobilitätsveränderungen von Gütern und Menschen durch das Internet

Die rasante Entwicklung der Informationstechnologien hat die nahezu unbegrenzte Vernetzung von Unternehmen in Wertschöpfungsketten ermöglicht und begünstigt. Informationen über Einzelereignisse stehen aktuell und weltweit zu geringen Kosten zur Verfügung. Dadurch wurde aber auch die Dynamik des Wirtschaftsgeschehens erheblich beschleunigt und ein Anspruch der Akteure auf schnelle Reaktion ihrer Partner begründet, d. h. Güter müssen mobiler werden. Der erwartete starke Verkehrszuwachs durch E-Commerce blieb in dieser Deutlichkeit bisher allerdings aus. Vielmehr führte der E-Commerce tendenziell zu einer Umkehr der Verkehrsflüsse: Zunehmend lassen sich Kunden ihre Waren anliefern, statt sie selbst abzuholen. Die Logistik nimmt in diesem Zusammenhang eine zentrale Funktion ein. Die innovative Entwicklung von Unternehmen, Produkten, Märkten und Qualifikationen ist ohne Mobi-

E-Commerce führt nicht so sehr zu Verkehrszuwachs, als vielmehr zur Umkehr der Verkehrsflüsse

lität nicht vorstellbar. Auch wenn die Techniken der Information und Kommunikation inzwischen immer aus-
gereifter und schneller geworden sind, müssen Menschen und Güter nach wie vor von einem Ort zum
anderen befördert werden. Die Erwartungen der Kunden, die das Internet nutzen, sind hoch: Die Produkte
müssen schnell verfügbar sein, die Lieferung muss binnen kürzester Zeit erfolgen und die Rechnungsbeglei-
chung sicher sein. Die Sendungsstruktur verändert sich
durch ein gewandeltes Kundenverhalten – Bestellungen
führen rund um die Uhr zu kleinen und kleinsten Ver-
sandgrößen. Generell gilt für den Erfolg des E-Commerce, dass die Akzeptanz des neuen Geschäftsfeldes
maßgeblich von der Kundenzufriedenheit mit der Wa-
renlieferung abhängt. Die Gewährleistung eines besonders schnellen, flexiblen und vor allem zuverlässigen
Lieferservices – und damit einer steigenden Gütermobilität – ist daher vorrangiges Ziel innovativer Logistik-
dienstleister.

Verkehrsrelevante Folgen der steigenden Gütermobilität

**Wahrscheinliches
Verkehrswachstum im
Bereich der KEP-Dienste**

Aus der steigenden elektronischen Verknüpfung sowohl
zwischen Unternehmen als auch zwischen Unternehmen und ihren Kunden resultieren Verkehrswirkungen,
deren Richtung und Intensität heute nicht sicher prognostiziert werden kann. Die vertikale elektronische Verknüpfung in Wertschöpfungsketten führt dabei zu einer
Veränderung der Produktions- und Austauschbeziehun-
gen im Gesamtnetzwerk und resultiert in zeitkritischen
Lieferprozessen, sinkenden Sendungsgrößen und engeren Zeitfenstern. E-Commerce und die zunehmende
Konvergenz im Handel – d. h. die Überschneidung von
Aufgaben zwischen Hersteller und Handel – verschärfen
sowohl die Vereinzelung der Warenströme bei steigenden Anforderungen an den Lieferservice als auch das
„Problem der letzten Meile". Die verkehrlichen Wirkungen des E-Commerce (vgl. Abb. 2) hängen dabei im Wesentlichen von der Höhe der Lieferkosten für den Kunden und seinem Einkaufsverhalten ab. Insbesondere die
Zahlungsbereitschaft des Endkunden und die Veränderung des Freizeit- und Einkaufsverhaltens legen die Ver-

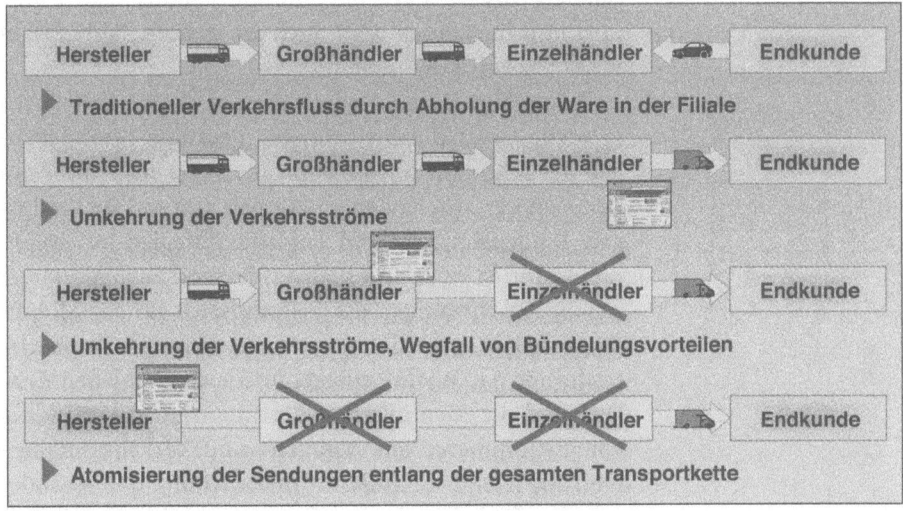

Abb. 2. Mögliche Auswirkungen des E-Commerce auf den Verkehr

änderung der Verkehrsströme in Menge, Zeit und Weg-
führung fest. Dabei kann es bedingt durch zusätzliche
Lieferverkehre und die Abnahme individueller Einkaufsfahrten unter anderem zu einer Umkehrung der
Verkehrsströme kommen. Bedingt durch ein verändertes Einkaufsverhalten der Kunden – den so genannten
„Erlebniseinkäufen" – kann zusätzlicher Verkehr entstehen. Das daraus resultierende wahrscheinliche Verkehrswachstum wird überwiegend die Verkehrsträger
Straße und Luft – insbesondere die flexiblen Kurier-, Ex-
press- und Kurierdienstleister (KEP) – betreffen, so dass
sich Stau- und Umweltprobleme verschärfen werden.

Herausforderungen für die Logistik und vordringlicher Forschungsbedarf

Die Dienstleistungs- und Informationsgesellschaft stellt
zugleich neuartige wie höhere Anforderungen an Mobilität und Logistik. Die Nutzung des Internet als Vertriebskanal ist keine garantierte Erfolgsstrategie – es
reicht nicht aus, Produkte bzw. Teile des Unternehmens
zu virtualisieren. Damit sich neue Geschäftsmodelle
durchsetzen können, muss insbesondere das Fulfillment
von Internetgeschäften, also die Abwicklung der logisti-

Intensität der Wirkung
von E-Commerce auf das
Verkehrsaufkommen
und Veränderung der
Verkehrsleistung

schen Prozesse Lagerung, Kommissionierung, Transport und Zustellung, aber auch die sichere Zahlungsabwicklung zufrieden stellend gelöst sein.

Zukünftige Herausforderung wird es also sein, durch virtuelle Geschäftsabwicklungen bedingte Veränderungen der Mobilität sowohl von Gütern als auch von Kunden sicherer abschätzen zu können, um mit den richtigen Unternehmens- und Logistikstrategien zu reagieren. Dafür ist es erforderlich, umfassend zu analysieren, welche Auswirkungen der E-Commerce auf das Mobilitätsverhalten und die daraus resultierende Verkehrsnachfrage hat. Wichtige Bestandteile einer solchen Analyse sind die Identifikation der Intensität der Wirkung von E-Commerce auf Mobilität und Verkehrsaufkommen sowie eine detaillierte Untersuchung der Veränderung der Verkehrsleistung.

Beides bildet die Grundlage für eine Ermittlung der Auswirkungen des E-Commerce auf die Logistik. Dabei ist unter anderem zu berücksichtigen, in welcher Richtung und mit welchem Ausmaß die E-Economy auf Produktions- und Distributionsstrukturen wirkt. Darüber hinaus muss untersucht werden, inwieweit Methoden und Instrumente des SCM als Steuerungsinstrument des Verkehrswachstums geeignet sind und wie die Entwicklung eines vernetzten Verkehrssystems durch neue Logistiktechnologien und Logistik-Managementkonzepte vorangetrieben werden kann.

23.2
Instrumente der virtuellen Mobilität

Peter Cerwenka
Institut für Verkehrssystemplanung, Technische Universität Wien

Definition von virtueller
Mobilität

Vorbemerkung: Unter virtueller Mobilität verstehe ich im Gegensatz zur (verkehrsverursachenden) physischen Mobilität ausschließlich die Übertragung von nicht massebehafteten Informationen (Texten, Zahlen, Zeichen, Bildern, bewegten Bilderfolgen, Tönen, Tonfolgen, Sprache usw.) auf elektromagnetischem Wege, sei es zu Produktions- oder zu Konsumzwecken. Diese Informationsübertragung kann

- in den Bereich des physischen Verkehrs integriert werden und dort zu einer Effizienzsteigerung des physischen Transportvorganges führen oder
- in den übrigen menschlichen Aktivitätsbereichen (Arbeit, Ausbildung, Einkauf, Freizeitgestaltung, Wohnen usw.) eingesetzt werden und dort entweder zu neuen Aktivitätsfacetten führen oder bestehende Aktivitäten angenehmer, billiger, attraktiver usw. gestalten.

Speicherung, zielgerichtete Selektion und Vervielfältigung der Informationen vor oder nach ihrer Übertragung können deren Wirkungsspektrum erheblich ausweiten.

Frei von der Leber weg, ohne Benutzung einer Goldwaage für meine folgenden Worte, möchte ich aus meiner Erfahrung im Umgang mit diesem Thema folgende sieben Thesen aufstellen:

These 1: Zu Themenstellungen wie dieser könnte ich – wenn ich es darauf anlegen wollte – mittlerweile etwa alle 14 Tage irgendwo in der Öffentlichkeit eine Wortspende absondern. Das Thema ist „in" und erweckt medienträchtige Visionen zu ungeahnten neuen Selbstverwirklichungen und zur Lösung von alten lästigen Problemen (Marke: „Paradies auf Erden, und zwar sofort und zum Nulltarif" nach dem Motto: „Genieße jetzt und lasse es später von jemand anderem bezahlen").

These 2: Die Politik greift dieses Thema geradezu süchtig als neuen Hoffnungsanker zur Profilierung mit Modernitäts- und Fortschrittsimage auf. So wie mit dem Nebelwort „Nachhaltigkeit" kann man heute mit den Schlagworten „Virtuelle Mobilität" oder „Verkehrsmanagement" oder „High-Tech-Logistik" locker an nationale und internationale Forschungsfleischtöpfe gelangen. Der Output derartiger Forschungsprojekte ist in der Regel so unscheinbar, dass er nahezu unbemerkt bleibt. Zweifellos aber wird damit eine reiseintensive Beschäftigungstherapie für Drittmittelbedienstete an Universitä-

Kritische Bemerkungen zum Modethema

ten geleistet. Dagegen ist an sich nichts einzuwenden, man sollte derartige Aktivitäten nur ehrlich als solche etikettieren.

These 3: Im Bereiche der virtuellen Mobilität kommt es zu einer geradezu explosionsartigen Ausdifferenzierung von rasch veraltenden Endgeräten und vergänglichen Dienste-Spezifikationen für irgendwelche neu entdeckten Nischenanwender, die das Zeug nach kurzer Zeit satt haben oder Verbesserungen erwarten und nach der nächsten Modewelle gieren, mit der sie sich unter Umständen zusätzlich verschulden. Das Ganze wirkt wie eine Sucht.

These 4: Von den Entwicklern und Herstellern, die durch Zusammenbruch, Fusionierung oder Neugründung immer schwieriger dingfest zu machen sind, wird immer mehr Ankündigungseuphorie betrieben. Stabile Wirkungsnachweise werden immer kümmerlicher. Nach Ablauf der Anschubfinanzierung durch Forschungssubventionen breitet sich oft sehr rasch wieder der Mantel des Vergessens über diese Euphorie und die verbratenen Forschungsgelder aus den Taschen der Steuerzahler.

These 5: Nach meiner Auffassung werden sich für die Instrumente der virtuellen Mobilität *innerhalb* des Bereiches des physischen Verkehrs vor allem vier Haupt-Einsatzbereiche herauskristallisieren, nämlich:

1. Navigations-, Zielführungs- und Leitsysteme

2. Ortungssysteme (etwa für ein Flottenmanagement oder zur automatischen Notfalldetektion bei Unfall oder Diebstahl)

3. Systeme zur Verkehrsflussüberwachung und -steuerung (etwa mittels Wechselverkehrszeichen und Abstandsregelung)

4. Systeme zur vollautomatischen Erfassung, Berechnung und Verrechnung eines fahrleistungsabhängigen Road Pricing für alle Kraftfahrzeuge, die sich irgendwo auf öf-

fentlichen Straßen bewegen oder darauf herumstehen, entsprechend ihrer tatsächlichen Ressourcen-Inanspruchnahme. (Die Finanzminister wittern bereits ihre Chance, rüsten sich aber schon jetzt argumentativ gegen eine Zweckbindung des Geldregens)

These 6: Der verstärkte (und wohl auch sich unabwendbar abzeichnende) Einsatz von Instrumenten der virtuellen Mobilität *außerhalb* des Bereiches des physischen Verkehrs (z. B. durch Homeworking, E-Shopping, E-Learning usw.) wird zu keiner gesamthaften Reduktion von physischen Verkehrsleistungen (also von realen Verkehrsbelastungen) führen, sondern zu einer Verschiebung der Fahrtzweck- und Verkehrsartenstruktur (z. B. bei E-Shopping vom Personenverkehr hin zum Güterverkehr) sowie zu einer Verschiebung der zeitlichen und örtlichen Nachfragestruktur.

These 7: Der Einsatz der Instrumente der virtuellen Mobilität im Bereiche des physischen Verkehrs selbst ist kein Ersatz für fehlende Verkehrsinfrastruktur. Er kann allenfalls die Leistungsfähigkeit bestehender Verkehrsinfrastruktur um etwa 5 bis 10 % steigern, dann steht alles wie vorher im Stau, allerdings mit dem kleinen Unterschied, dass man dann auch gleich weiß, warum.

23.3
E-Learning: Die Nutzung von Informations- und Kommunikationstechnologien im Bildungswesen

Wilfried Hendricks
Institut für berufliche Bildung und Arbeitslehre,
Technische Universität Berlin

1. Auf einem Mobilitätskongress muss die Frage gestellt werden: Wohin geht die Reise mit E-Learning? Die Frage ist noch offen. Ich muss einräumen, dass ich nicht unparteiisch bin, denn ich trete seit zwei Jahrzehnten für

die Nutzung von Informations- und Kommunikationstechnologien (IuK-Technologien) im Bildungswesen ein.
Ich weiß, dass wir in Zeiten des gesellschaftlichen Wandels hin zur Informationsgesellschaft offen sein müssen
für viele neue Wege und Lösungen. Wir sollten uns dieser Herausforderung mit Sorgfalt, aber auch mit Mut
stellen und die Stärken und Schwächen der neuen Lernformen im Kontext von Bildungseinrichtungen und von
persönlichen Lernsituationen bedenken.

Zuwachsmarkt
E-Learning – die Öffnung
der Bildungsmärkte

2. Die Auffassung, dass E-Learning eine Zukunft hat,
lässt sich zunächst ökonomisch begründen, wenn man
bedenkt, dass der weltweite Bildungsmarkt einen Wert
von 2 Bio. Euro hat. Die großen Zuwachsraten einiger
nordamerikanischer E-Learning-Anbieter, die auch außerhalb der Vereinigten Staaten aktiv sind, weisen darauf hin, dass dort das Marktpotential für Lernen mit digitalen Medien frühzeitig erkannt und konsequenter als
in Deutschland genutzt wurde.

Bildungsmärkte waren bislang eher national geprägt.
Die Globalisierung hat aber zur breiten Öffnung der Bildungsmärkte geführt. Diese Internationalisierung ist
heute nicht mehr nur verbunden mit Reisen zu den Bil-
dungsanbietern; sie ist jetzt für jeden über das Internet
im Lebensumfeld des Lernenden herstellbar. Es geht dabei nicht nur um inhaltliche Interessen, sondern auch
um formale Abschlüsse. Die Zertifizierung durch international agierende Bildungsanbieter über das Internet
wird zukünftig zur Normalität.

Lebenslanges Lernen als
primäres Bedürfnis

Es gibt neben dem ökonomischen noch ein zweites
Argument für positive Zukunftserwartungen für das E-
Learning: Bildung ist nicht nur ein wichtiger Faktor in
Produktion und Dienstleistung, sondern spielt auch für
die erfüllte Gestaltung der privaten Lebenswelt eine wesentliche Rolle. Lebenslanges Lernen ist somit ein primäres individuelles und gesellschaftliches Bedürfnis,
für das zielgruppenspezifisch entwickelte E-Learning-
Angebote das Mittel der Wahl und eine Alternative gegenüber anderen Medien, aber auch anderen Lernformen darstellen können.

3. E-Learning boomt und ist weltweit betrachtet bereits jetzt teilweise ein profitabler Zweig des Bildungs-
marktes. Auch in Deutschland beobachten wir zuneh-

mend E-Learning-Aktivitäten in den unterschiedlichen Bildungssektoren. Trotzdem beschleicht einen beim Lesen der vielfältigen Einschätzungen über die Marktwirksamkeit dieser neuen Lernform der Eindruck, es werde über Phantasien oder Phantome diskutiert.

Während unserer Arbeiten an der Machbarkeitsstudie „Stiftung Bildungstest" (Stiftung Warentest, Dezember 2001) haben wir bei der Befragung der Personalverantwortlichen der Top-100-Unternehmen den trockenen Satz gehört: „Die Diskussion über E-Learning ist aus der Sicht unseres Unternehmens eine reine Phantom-Diskussion. Es kommt bei uns nicht vor und wir kennen kein Unternehmen, das E-Learning erfolgreich im großen Stil betreibt." Anders urteilen die Euphoriker: Sie versprechen den Lernenden das Ende der Mühsal des Lernens und den Unternehmen positive Rationalisierungseffekte durch die Einsparung von Trainern und durch den Rückbau von Lernzentren.

Es gibt aber auch die Realisten mit längerer Erfahrung, die die Vorzüge des E-Learning in ihrem Unternehmen schätzen, ohne die negativen Effekte zu übersehen.

4. E-Learning ist mehr als individuelle Aneignung von Inhalten; es ist auch der Austausch mit anderen Lernenden oder mit Lehrenden: Kommunikation und Kooperation über weite Distanzen oder im nahen Umfeld mit Bekannten oder Unbekannten, Austausch über Gelerntes, Kennenlernen anderer Standpunkte, kontroverse Diskussionen, arbeitsteiliges Erarbeiten. Alles das wird beim E-Learning ohne „Face-to-Face-Kontakte" orts- und zeitunabhängig möglich und weist positive Resultate auf, wenn die Rahmenbedingungen stimmen: Die Hardware-Ausstattung muss den Anforderungen der digitalen Lernsysteme entsprechen; die räumlichen Bedingungen müssen das Lernen mit digitalen Medien erleichtern (und auf die verschiedenen Möglichkeiten Lernen am Arbeitsplatz, in separaten, arbeitsplatznahen Räumen, in Lernzentren oder daheim zugeschnitten sein); Lehrende sollten als Lernwegbegleiter zur Verfügung stehen, sei es als Tele-Tutor, sei es als Trainer oder Kursleiter direkt am Lernort.

Nutzerfreundliche
Lernerberatung und
Qualitätssicherung als
Desiderat

5. Die potentiellen Nutzer könnten ihrem Interesse an Weiterbildung durch E-Learning besser nachkommen, wenn ihnen der Weg durch den Dschungel der unübersehbaren E-Learning-Angebote erleichtert würde. Sowohl den Planern von Bildungsmaßnahmen als auch den individuellen Lernern fällt es schwer, sich eine Überblick über das E-Learning-Angebot zu verschaffen. Allerorten bieten zwar Weiterbildungs-Datenbanken ihre Dienste an, aber nur allzu oft ist deren Service defizitär, sei es aus mangelnder Aktualität oder wegen unpräziser Erschließung der elektronischen Bildungsangebote.

Glaubt der Nachfrager schließlich, ein für sich passendes E-Learning-Angebot gefunden zu haben, so steht er vor einer weiteren Hürde: Für Fragen nach der Qualität des Produkts und nach der Eignung für die individuellen Bedürfnisse fehlt durchweg eine nutzerfreundliche Lernerberatung.

So berechtigt dieser kritische Hinweis auch sein mag, er darf nicht als spezifisches Manko des E-Learning betrachtet werden. Denn diese neue Lernform lässt nur ein Problem offen zutage treten, an das sich zuvor jeder gewöhnt zu haben schien. Von der Schule an nimmt der lernende Mensch hin, die Katze im Sack kaufen zu müssen: Lehrer kann man sich kaum aussuchen, auch an den Hochschulen nur bedingt, und auf die Qualität des Lernangebotes hat man in der Schule und an der Universität (so gut wie) keinen Einfluss. Die Qualitätsfrage ist allerdings nicht nur in Bezug auf die Anbieter relevant; auch die Nachfrager selbst müssen sich über ihre Lernvoraussetzungen und ihr persönliches Lernengagement selbstkritisch befragen.

6. Als wichtige Voraussetzungen für die dauerhafte Etablierung von E-Learning am Bildungsmarkt betrachten wir folgende Faktoren:
- Hohe Qualität der Produkte, gesichert durch die Beachtung des „state of the art" in didaktischer, technischer und grafischer Hinsicht.
- Hinreichend großes Angebot innerhalb eines breiten Themenspektrums.
- Nutzerfreundliche Organisation der E-Learning-Maßnahmen.

- E-Learning in Verbindung mit sozialer Interaktion (online und/oder in Präsenzlernformen).
- Fähigkeit zum selbst organisierten Lernen, zur Kommunikation und Kooperation.
- Technische Kompetenz bei Lernenden und Lehrenden als Basisvoraussetzung zur Teilnahme an E-Learning-Aktivitäten.
- Niedrige Preise bei Telekommunikationsunternehmen und bei den Inhalte-Anbietern.

7. Folgende Konsequenzen sehen wir für die Mobilität:

Auswirkungen auf physische Mobilität

- Die Lernenden entwickeln sowohl auf der sachlichen als auch auf der persönlichen Ebene das Interesse an einer personalen Begegnung. Dieses Interesse wächst bei einem intensiven telekommunikativen oder telekooperativen Austausch, z. B. über Lernpartnerschaften, Chats, Foren oder Newsgroups, die Bestandteile von komplexeren E-Learning-Kursen sind.
- Der Umgang im virtuellen Raum ist informeller als sonst üblich. Die dort erworbenen Kommunikationsformen werden auch in der realen Begegnung beibehalten: Man sucht und findet leichter Zugang zueinander. Vom E-Learner wird größere Spontaneität im mobilen Verhalten erwartet; Fahrten müssen nicht zum Ort des E-Learning-Anbieters führen, sondern werden zwischen den Lerngruppenteilnehmern frei vereinbart.
- Die realen Begegnungen „face to face" sind im E-Learning-Kontext gezielter und intensiver: Wenn die Sache es erfordert oder wenn die sachlich gut funktionierende Kooperation Anreize zu persönlicher Begegnung schafft, werden auch längere oder häufigere Fahrten durchgeführt, um sich in den Lerngruppen oder mit den Lehrenden zu treffen.
- Auf Reisen zu den Lernstätten kann verzichtet werden: Man kommt nicht einfach mehr „nach Terminlage" zusammen, sondern die Treffen werden vom Arbeits- und Lernfortschritt abhängig gemacht. Zusammenkünfte der Lernenden sind nach vorbereiteten virtuellen Arbeitsphasen ergiebiger, weil zielorientierter.
- Wie alle „E-Tätigkeiten" tendiert auch das E-Learning zu einem schnelleren Pulsieren: der Rhythmus

des Austauschs wird schneller, die Arbeit verdichteter. Damit wird aber auch mehr Zeit auf den „Datenautobahnen" verbracht, d. h. die frei verfügbare Zeit wird knapper, so dass sich damit auch das Deputat für sonstige Reisen im Freizeitbereich reduziert.

Wer heute nicht an der „E-Welt" teilhat, fühlt sich schnell deprivilegiert. Daraus folgt, dass bei den Lernenden – in welchem Bildungssektor auch immer – der Anschluss an das Internet zur Selbstverständlichkeit wird – und die virtuelle Mobilität zur Normalität im Alltag.

Forschungsbedarf 8. Befragt nach dem Forschungsbedarf und nach Handlungsoptionen/-chancen, sehen wir folgende Notwendigkeiten:

- Die Erforschung von „best practices" im Bereich des E-Learning ist zu intensivieren. Weltweit sind exemplarische Lösungen zu ermitteln und auf ihre Erfolgsfaktoren hin zu analysieren.
- E-Learning-Entwickler und -Anbieter müssen besser qualifiziert werden, um das Zusammenwirken der didaktischen, informatischen, gestalterischen und ökonomischen Faktoren für die erfolgreiche Produktion und Distribution von E-Learning-Produkten realisieren zu können. Hierfür sind spezielle Qualifizierungskonzepte zu entwickeln.
- Die Lernforschung muss sich auf spezifische Fragen konzentrieren: Was kann unter welchen Bedingungen und für welche Zielgruppen am besten virtuell, was real vermittelt/angeeignet werden? Welche positiven/ negativen Einflussfaktoren im Lernprozess sind in der Großgruppe, in der Kleingruppe, bei den Lehrenden feststellbar? Welche individuellen Voraussetzungen muss der einzelne Lerner mitbringen, um im E-Learning erfolgreicher abzuschneiden als in konventionellen Lernformen? Was müssen E-Learning-Anbieter tun, damit ein nachhaltiger Lernerfolg gewährleistet werden kann? Welche Anlässe verursachen den Wunsch zur personalen Begegnung mit anderen Lernenden oder mit den Lehrenden? Von welchen Faktoren hängt die Mobilitätsintensität ab?
- Die Möglichkeiten und Probleme bei der Nutzung von UMTS für das mobile Lernen sind in Modellpro-

jekten auszuloten: UMTS kann für das „Anytime-anywhere-Learning" neue Dimensionen im Lernverhalten erschließen und komplexere Formen der Darbietung von Inhalten möglich machen.

• Die Einführung neuer Technologien erfordert eine Analyse ihrer Ökobilanz: Wo liegen die Chancen und Risiken, die positiven und negativen Nebenwirkungen von E-Learning, wenn es um die diversen Aspekte der Schonung von Ressourcen geht? Wie kann sichergestellt werden, dass sich die enormen Aufwendungen für E-Learning für Anbieter und Nachfrager sowie für die mittelbar Marktbeteiligten „rechnen"?

23.4
Gütermobilität

Peter Klaus
Fraunhofer-Arbeitsgruppe für Technologien der Logistik-Dienst-leistungswirtschaft (ATL) und Universität Erlangen-Nürnberg

Um die Frage nach „neuen Herausforderungen und Chancen für die Mobilitätsforschung" zu beantworten, sollten wir, so denke ich, zuerst einen kritischen Blick zurückwerfen. Welche Herausforderungen haben wir im vergangenen Jahrzehnt gesehen? Und wie erfolgreich sind wir mit deren Bewältigung gewesen?

Aus meiner Sicht als Betriebswirt und Logistiker, der sich hauptsächlich mit Fragen der Gütermobilität und den Wechselwirkungen zwischen den Notwendigkeiten der Gütermobilität und den Wünschen der individuellen Mobilität der Bürger befasst, fällt dieser Rückblick nicht ermutigend aus. Wir blicken – um es recht drastisch zu sagen – auf eine Historie von Flops und Frustrationen. Das möchte ich anhand einiger Projekte und Erfahrungen illustrieren, an denen unser Institut unmittelbar beteiligt war.

Zu den großen Themen der 1990er Jahre gehörten „City-Logistik" und „Güterverkehrszentren". Eine damit verbundene Erwartung war, dass man mit innovativen Ideen der Belieferung von Innenstädten mit Waren und eventuell weitergehenden neuen Organisationsformen für den innerstädtischen Kraftfahrzeug-Güterverkehr

City-Logistik: Eine Historie von Flops und Frustrationen

nachhaltige und spürbare Entlastung der Straßen und
der Umwelt in diesem besonders problematischen Bereich schaffen könnte. Damit einhergehend erhoffte
man sich mehr Sicherheit und indirekt mehr Attraktivität für den Einkaufs- und Erlebnisraum „City", um die –
aus vielerlei Sicht – problematische Verlagerung von
Einkaufsaktivitäten auf die Zentren der „grünen Wiese"
zu bremsen. Dieses Ziel haben wir in Nürnberg mit einem anspruchsvollen und viel beachteten Projekt namens ISOLDE konzipiert und umgesetzt, das unserer
Einschätzung nach mit einer ganzen Reihe guter, neuer
Ideen gestützt war. Wir müssen heute allerdings feststel-
len, dass dieses Projekt – ebenso wie die rund hundert
weiteren City-Logistik-Projekte, die allein in Deutschland nachzuweisen sind – keinen Durchbruch erzielt
hat.

**Hohe Kosten und
mangelnde Akzeptanz
bei den Bürgern**
Die Gründe liegen in betriebswirtschaftlichen Fehl-
kalkulationen wie der Unterschätzung der sehr hohen
„Transaktionskosten", die mit der Initiierung und permanenten Pflege gut gemeinter kooperativer Verkehrs-
aktivitäten einhergehen, und den Aufwendungen für die
Bündelung heterogener Güterströme, die sich als größer
erweisen als die Ersparnis durch stärker gebündelte An-
lieferungen. Schließlich konnten wir auch bei den Bürgern keine nennenswerte Akzeptanz für angebotene
Hol-, Bring- und Aufbewahrungsdienste für Einkäufe
gewinnen, mit deren Hilfe wir einen Anreiz zur stärkeren Nutzung des ÖPNV zu geben hofften.

Ich gehe heute auch nicht mehr davon aus, dass sich
in der Zukunft die Ideen der „City-Logistik" auf der Basis kooperativer Initiativen und wirtschaftlicher Selbst-
tragfähigkeit noch durchsetzen können. Wenn überhaupt, würde das nur mit harten Zwängen und Verboten
gelingen, die nicht in unser marktwirtschaftliches System passen und keine politische Akzeptanz finden.

Güterverkehrszentren
Ganz ähnlich verhält es sich mit dem Konzept der
Güterverkehrszentren (GVZ). Ursprünglich waren damit viele optimistische Erwartungen verbunden bezüglich der Bildung neuer, integrierter Logistikkooperatio-
nen mit leichten „Umsteigemöglichkeiten" für Güter
vom straßengebundenen Flächenverkehr auf die als um-
weltfreundlicher eingeschätzten Verkehrsträger Schiene

und Binnenschiff auf langen Strecken. Natürlich haben wir eine Reihe von GVZ, die auch eine sinnvolle Funktion ausüben bei der konzentrierten Bereitstellung von Flächen für verkehrsintensive Gewerbeansiedlungen. In sehr bescheidenem Maße wirken sie damit auch tatsächlich verkehrsentlastend, weil sie gewisse „Querverkehre" zwischen anderweitig verstreuten Verkehrs- und Logistikstandorten im Ballungsraum ersparen. Aber diese Effekte sind nicht mehr als der sprichwörtliche „Tropfen auf dem heißen Stein" der allgemeinen Verkehrs- und Mobilitätsproblematik und alles andere als ein Königsweg zu deren Lösung, wie man dies euphorisch erwartet hatte.

Schließlich möchte ich noch ein besonders ehrgeiziges Projekt namens „Starmobil" erwähnen, das wir 1998/99 im Raum Erlangen mit Hilfe von Fördermitteln der bayerischen Forschungsstiftung durchgeführt haben. Das Ziel bestand darin, die maßlose Ineffizienz des individuellen Berufspendlerverkehrs einmal mit Ideen der modernen industriellen Logistik anzugehen. In Erlangen, einer Stadt mit 70.000 Arbeitsplätzen, pendeln täglich ca. 35.000 Menschen ein und aus – und zwar von und nach den gleichen, relativ wenigen „Quellen" (den peripheren Wohngebieten und Nachbarschaften) und „Senken" (den größeren Arbeits- und Ausbildungsstätten). Dafür bewegen sie ca. 30.000 private Pkws morgens und abends zu den am stärksten belasteten Verkehrszeiten auf den meist belasteten Strecken. Jeder Pkw mit einer Kapazität von vier bis fünf Sitzen ist im Mittel mit 1,1 Personen „ausgelastet".

Unser Konzept setzte (und setzt) dabei an, dass bereits mit einer Erhöhung dieses Auslastungsfaktors auf zwei eine Halbierung der Verkehrsbelastung zu erreichen wäre. Ich kann die vielen Ideen und Maßnahmen, die wir in diesem Zusammenhang kombiniert und ausprobiert haben, hier nicht aufzählen. Das ernüchternde Ergebnis des Modellversuches war, dass die Attraktivität der privaten Einzelfahrt des Pendlers mit keinem wie auch immer gearteten Anreiz zu kompensieren ist: weder Komfort-, Fahrplandichte- und Individiualisierungsanreize noch direkte finanzielle Anreize erwiesen sich als wirkungsvoll.

Ideen der industriellen Logistik auf den Berufspendlerverkehr übertragbar?

Ich könnte mühelos noch zahlreiche andere Beispiele für gut gemeinte, aber gescheiterte Bemühungen um die Realisierung intelligenterer, schonenderer Formen der Mobilität benennen, etwa aus dem modischen Bereich der E-Commerce-Haushaltsversorgung. Deshalb spreche ich auch von einer „Historie der Flops und Frustrationen".

Ausblick auf die Zukunft

Aber das darf uns natürlich nicht davon abhalten, trotzdem weiter nach Lösungen zu suchen. Aus der Sicht unseres heutigen Erfahrungsstandes ergeben sich dafür folgende Ansätze:

1. Wir müssen unsere Erwartungen an schnelle, durchschlagende Verbesserungen weit nach unten schrauben.

2. Wir müssen den Fokus von den technik- und informatikgetriebenen Lösungsideen auf die Suche nach neuen Wegen der Verhaltensbeeinflussung von Verkehrsakteuren verlagern. Anders gesagt: Wir müssen die Motivationen der Menschen – sowohl im privaten Bereich wie in der Wirtschaft – noch viel besser verstehen und berücksichtigen.

3. Das bedeutet konkret, dass wir für die Beeinflussung von Berufspendlermobilität die Kooperation der Arbeitgeber suchen und gewinnen, für die Beeinflussung der Einkaufs- und Besorgungsmobilität die Kooperation des Einzelhandels und der Bürgerinstitutionen und für die Beeinflussung der Güterflussmobilitäten die der Logistiker.

4. Damit einher geht wahrscheinlich auch, dass wir hier und da nicht umhin kommen, an den besonders sensiblen Punkten mit intelligenten Reglementierungsmaßnahmen nachzuhelfen. Die Forschung über Optionen dazu muss kreativer und mutiger werden.

Die Autoren

Carsten Ascheberg
Gründer und geschäftsführender Gesellschafter des
SIGMA-Instituts in Mannheim. Er ist Mitautor des glo-
balen SIGMA Trendsystems und hat gemeinsam mit
Jörg Ueltzhöffer in den 1990er Jahren die Internationali-
sierung des Modells der Sozialen Milieus in Europa,
USA und Asien durchgeführt.

Helmut Baumgarten
Prof. Dr.-Ing., Leiter des Bereichs Logistik und Geschäftsführender Direktor des Instituts für Technologie
und Management an der Technischen Universität (TU)
Berlin und Gründungsmitglied der Bundesvereinigung
Logistik e. V. (BVL), deren stellvertretender Vorsitzen-
der er bis 2000 war. Mitinitiator des jährlich in Berlin
stattfindenden Deutschen Logistik-Kongresses der BVL.
Forschungstätigkeit in Kooperation mit der Wirtschaft,
im Auftrag des Bundesministeriums für Bildung, Wissenschaft, Forschung und Technologie (BMBF) sowie
der Deutschen Forschungsgemeinschaft (DFG) im Bereich Angewandte Logistik. Gründer der Beratungsun-
ternehmen Logplan, Zentrum für Logistik und Unternehmensplanung (ZLU) und LMC Logistics & Management Consulting. Berater von führenden Unternehmen
der internationalen Wirtschaft für die Bereiche Logistik
und Unternehmensplanung.

Christian M. Butz
Dr.-Ing., Ausbildung und Berufstätigkeit als Industrie-
kaufmann bei der DaimlerChrysler AG von 1988 bis
1992. Anschließend Studium der Betriebswirtschaftslehre an der Technischen Universität (TU) Berlin von
1992 bis 1998. Von April 1998 bis November 2002 Wis-

senschaftlicher Mitarbeiter am Bereich Logistik der TU Berlin. Seit November 2002 Wissenschaftlicher Assistent mit den Schwerpunkten Verkehrslogistik, Logistik-Management, Logistik-Technologien und Mobilität. Kommissarischer Teilprojektleiter des Sonderforschungsbereichs 281 „Demontagefabriken" und Mitarbeit in den Gremien der TU Berlin.

Peter Cerwenka
Prof. Dr., Dipl.-Ing., Dr. techn., ordentlicher Univ.-Prof. für Verkehrssystemplanung an der Technischen Universität Wien. Studium des Bau- und Wirtschaftsingenieurwesens an der Technischen Universität Graz, Promotion dortselbst 1968, Habilitation für das Fach Verkehrsplanung und Verkehrstechnik 1974 an der Technischen Hochschule Darmstadt, vieljährige Tätigkeit bei der Prognos AG in Basel insbesondere im verkehrswirtschaftlichen Bereich.

Jeffrey Cole
Prof., lehrt seit 27 Jahren an der University of California in Los Angeles (UCLA) und ist Direktor des dortigen „Center for Communication Policy". Er leitet das UCLA World Internet Project, eine Langzeitstudie über die sozialen Auswirkungen der Computer- und Internettechnologie in den Vereinigten Staaten und in über zwanzig anderen Ländern.

Ruby Roy Dholakia
Ph.D., Professorin für Marketing und E-Commerce am College of Business Administration, University of Rhode Island, wo sie eine Forschungsgruppe über Telekommunikation und Informationstechnologien leitet. Ihr Forschungsschwerpunkt ist die Untersuchung des Internet und des World Wide Web als Medien der Absatzmarktes und deren Auswirkungen auf verschiedene Aspekte des Alltagslebens.

Dietrich Dörner
Professor für Psychologie, Direktor des Instituts für Theoretische Psychologie der Universität Bamberg. Studium (Psychologie, Neurophysiologie, Logik, Mathematik) in Kiel, dort auch Promotion und Habilitation. Professor in Düsseldorf, Giessen und Bamberg. Wissen-

schaftliche Arbeiten über „Denken", „Handeln in Unbestimmtheit und Komplexität", „Organisation psychischen Geschehens" („Künstliche Seele").

Florian Eck
Diplom-Volkswirt sozialwissenschaftlicher Richtung, Promotion an der Universität zu Köln. Nach freiberuflicher Tätigkeit als Berater im Bereich Informations- und Kommunikationstechnologien sowie als Wissenschaftlicher Mitarbeiter an der Universität zu Köln seit 1998 Leiter der Abteilung Projekte beim Deutschen Verkehrsforum und in dieser Funktion auch Mitglied der „Monitoring-Gruppe e-Business" beim Bundesministerium für Verkehr, Bau- und Wohnungswesen (BMVBW).

Klaus Fichter
Dr. rer. pol., Studium der Wirtschaftswissenschaft an der Universität Bremen; Promotion 1998 zum Thema „Umweltkommunikation und Wettbewerbsfähigkeit". 1993 bis 2000 Leiter der Forschungsgruppe „Ökologische Unternehmenspolitik" am Institut für ökologische Wirtschaftsforschung (IÖW), Berlin; seit 2000 Gründer und Geschäftsführer des Borderstep Instituts für Innovation und Nachhaltigkeit, Berlin. Forschungsschwerpunkte: Strategisches Management, Innovation und Nachhaltigkeit, Internetökonomie und Umwelt.

Holger Floeting
Dipl.-Geogr., Studium der Geografie an der Freien Universität Berlin, der Stadt- und Regionalplanung und der Verkehrswissenschaften an der Technischen Universität Berlin. Seit 1991 wissenschaftlicher Angestellter und Projektleiter beim Deutschen Institut für Urbanistik, der Stadtforschungs- und Beratungseinrichtung der deutschen Städte. Forschungsschwerpunkte: Informations- und Kommunikationstechnologie, Informationswirtschaft, Bürostandortforschung, kommunale Wirtschaftsförderung.

Wilhelm Rudolf Glaser
Dipl.-Ing. für Elektrotechnik (TH Stuttgart), Dr. phil. habil., apl. Professor für Allgemeine Psychologie und Methodenlehre am Psychologischen Institut der Universität Tübingen. Promotion im Hauptfach Philosophie

mit einer Arbeit über philosophische Probleme der
Technik bei Arnold Gehlen und Jürgen Habermas.
Experimentalpsychologische Habilitation über die kognitive Verarbeitung von Wörtern und Bildern beim
Menschen. Forschungsschwerpunkte in der Kognitionspsychologie, vor allem in der menschlichen Informationsverarbeitung. Eingeschlossen sind praktische Anwendungen der Kognitionspsychologie in der Arbeitswelt, insbesondere im Bereich Telekommunikation.

Thomas Heilmann
Prof., Gründer und geschäftsführender Gesellschafter
von Scholz & Friends Berlin. Während seines Studiums
der Rechtswissenschaften in Bonn und München (2.
Staatsexamen) arbeitete Thomas Heilmann als freier
Journalist unter anderem für die Frankfurter Allgemeine Zeitung und die Tagesthemen. Nach Abschluss
seines Studiums startete Thomas Heilmann bei der Unternehmensberatung McKinsey & Company und wech-
selte dann in die Marketing-Abteilung der Lufthansa
nach New York. Er lehrt an der Berliner Hochschule der
Künste als Gastprofessor für audiovisuelle Kommunikation und Kommunikationsplanung und ist Sprecher der
Medienunternehmen in der IHK Berlin. Heilmann ist
außerdem Mitgründer und Aufsichtsratsvorsitzender
von Aperto Multimedia GmbH, ampere AG (Energie-
Broker), Market Lab AG (Unternehmensberatung) sowie der Econa AG (Venture Capitalist).

Wilfried Hendricks
Professor, Technische Universität Berlin, Institut für Berufliche Bildung und Arbeitslehre sowie Mitgründer
und Wissenschaftlicher Direktor des IBI-Institut für Bildung in der Informationsgesellschaft e. V., Berlin. Forschungsschwerpunkte: Informations- und Kommunikationstechnologien in allen Sektoren des Bildungswe-
sens. Fach- und Mediendidaktik. Im Themenkomplex
E-Learning ist Hendricks seit Anfang der 1980er Jahre
als wissenschaftlicher Berater in verschiedenen Bundes-
ländern tätig; er berät Unternehmen und leitet mehrere
Modellprojekte der EU, des Bundes und der Länder. Er
ist Initiator und Organisator des Deutschen Bildungs-
softwarepreises digita.

Simone Kimpeler

Dr. phil., seit 2000 Projektleiterin und seit 2001 stellvertretende Leiterin der Abteilung Informations- und Kommunikationssysteme am Fraunhofer-Institut Systemtechnik und Innovationsforschung ISI, Karlsruhe. Die Schwerpunkte ihrer Arbeit liegen in der Analyse von Akzeptanz- und Nachfragedeterminanten innovativer Informations- und Kommunikationstechnologien sowie den sozialen und wirtschaftlichen Auswirkungen, unter anderem hinsichtlich der Veränderungen des Mobilitätsverhaltens.

Peter Klaus

D.B.A./Boston Univ., Prof. Klaus ist Leiter der Fraunhofer-Arbeitsgruppe für Technologien der Logistik-Dienstleistungswirtschaft, Ordinarius am Lehrstuhl für Logistik der Friedrich-Alexander-Universität Erlangen-Nürnberg und Vorstand des FORVERTS Forschungsverbundes. Seine Interessensschwerpunkte und Spezialgebiete sind: Anwendungen der Logistik im Verkehr, betriebswirtschaftliche Aufgabenstellungen des Transports und Verkehrs, insbesondere Führungsprobleme von Unternehmen der öffentlichen und privaten Dienstleistungswirtschaft, Organisations- und verhaltenswissenschaftliche Ansätze zur Betriebswirtschaftslehre, Fragen des strategischen Marketings und des strategischen Managements, Organisationsentwicklung.

Peter Kreilkamp

Dipl.-Kaufmann, seit 1989 Mitarbeiter bei der bpu Unternehmensberatung GmbH, München, deren Aufbau er maßgeblich mitgestaltete. Kernkompetenzen: Telearbeit, Einführung neuer Organisations- und Arbeitsformen, Reorganisation von Prozessen innerhalb von Industrie- und Handelskammern

Barbara Lenz

PD Dr., Leiterin der Forschungsgruppe „Raum, Kommunikation, Verkehr" am Institut für Verkehrsforschung des Deutschen Zentrums für Luft- und Raumfahrt in Berlin-Adlershof, bis 2001 Wissenschaftlerin am Institut für Geographie der Universität Stuttgart. Sie arbeitet seit 1994 – vor allem im Rahmen empirischer For-

schung – zu den Auswirkungen der Nutzung neuer In-
formations- und Kommunikationstechnologien auf das
Kommunikationsverhalten und die räumliche Mobilität
in Privathaushalten, aber auch auf Veränderungen in
der Organisation der Güterproduktion und daraus resultierenden Veränderungen des Verkehrs.

H. Scott Matthews
Ph.D, ist Forschungsleiter am Green Design Institute
und lehrt am Department of Civil and Environmental
Engineering and Engineering & Public Policy an der
Carnegie Mellon University in Pittsburgh, PA, USA.
Seine Forschungsschwerpunkte sind die sozio-ökonomischen Implikationen von IuK-Technologien und deren möglicher Einsatz zur Reduktion von unerwünschten Folgen. Sein besonderes Interesse gilt Themen wie
internetgestütztem Life Cycle Assessment von Produkten und Prozessen und Supply Chain Management in
der Elektroindustrie.

Miriam Meckel
Prof. Dr., Staatssekretärin für Europa, Internationales
und Medien und Regierungssprecherin des Landes
Nordrhein-Westfalen. Ordentliche Professorin für Pu-
blizistik- und Kommunikationswissenschaft am Institut
für Kommunikationswissenschaft der Universität
Münster. Arbeitsschwerpunkte: Internet und Informationsgesellschaft, Redaktionsorganisation und -manage-
ment, Internationale Kommunikation, Medienökono-
mie, Unternehmenskommunikation.

Patricia L. Mokhtarian
Professorin für Civil and Environmental Engineering
und Associate Director am Institute of Transportation
Studies an der University of California, Davis. Ihr besonderes Interesse gilt der Mobilitätsforschung und insbesondere der Untersuchung der Auswirkungen von
IuK-Technologien auf das Reiseverhalten.

Norbert Mundorf
Professor am Department of Communication Studies an
der University of Rhode Island, Kingston. Zu seinen
Forschungsschwerpunkten gehören die Auswirkungen
von Medien und die Erforschung des Zuschauerverhal-

tens, digitale Kommunikation, E-Commerce, die Kommunikationsglobalisierung durch das Internet und der Bereich Multimedia. Er ist Mitherausgeber von „New Infotainment Technologies in the Home: Demand-Side Perspectives" (Erlbaum, 1996) und „Online Marketing: Watching the Evolution" (Quorum Books, 2002).

Marcus Niggl
Dr., geschäftsführender Gesellschafter der bpu Unternehmensberatung GmbH, München. Seine Kernkompetenzen sind Telearbeit und Telekooperation in neuen Arbeitsstrukturen, Führung und Personalentwicklung und Veränderungsmanagement. Als Projektleiter betreut er schwerpunktmäßig die Einführung und Ausbreitung von alternierender Telearbeit bei der BMW AG.

Thomas Pauschert
Geschäftsführer bei ENIGMA GfK in Wiesbaden. Frühere berufliche Stationen waren die Geschäftsführung bei Jupiter MMXI und davor die Leitung der New Business Division bei der GfK Fernsehforschung. In seine berufliche Laufbahn fallen zahlreiche Vorträge zu einer Vielzahl von Aspekten der Fernseh- und Onlinenutzung.

Alexander Pflaum
Doktor der Wirtschaftswissenschaften, Abteilungsleiter an der Fraunhofer Arbeitsgruppe für Technologien der Logistik-Dienstleistungswirtschaft (ATL); seit 1998 Unterstützung der Lehrveranstaltungen der Deutschen Logistik Akademie (DLA) Bremen; Vorlesung zum Thema „elektronische Transponder". Seine Schwerpunktthemen sind Innovationsmanagement, IT-Systeme und IuK-Technologien in der Logistik.

Florian Rötzer
hat nach dem Studium der Philosophie als freier Autor und Publizist mit dem Schwerpunkt Medientheorie- und ästhetik in München gearbeitet. Seit 1996 Chefredakteur des Online-Magazins Telepolis (http://www.telepolis.de). Veröffentlichungen unter anderem: Ästhetik des Immateriellen, Kunstforum International Bd. 97 (1988) und Bd. 98 (1989); Digitaler Schein, Frankfurt a.M. 1991; Cyberspace. Auf dem Weg zum di-

gitalen Gesamtkunstwerk (Hg. mit Peter Weibel), München 1993; Die Telepolis. Urbanität im digitalen Zeitalter, Mannheim 1995; Digitale Weltentwürfe, München 1998; Cyberhypes (Hg. zusammen mit Rudolf Maresch), Frankfurt a.M. 2001; Medien der Gewalt (Hg.), Heidelberg 2002.

Rainer Thome
Professor für Betriebswirtschaftslehre und Wirtschaftsinformatik an der Universität Würzburg. Seine Schwerpunkte in Lehre und Forschung sind alle anwendungsorientiert und werden im Rahmen von Kooperationen mit großen und mittleren Unternehmen praktiziert. Genannt seien hier nur einige: Anwendung der Informationsverarbeitung als integrierte Gesamtlösung in den Bereichen Produktion, Handel, Dienstleistung und Verwaltung; Entwicklung von kommunalen Zugangssystemen von Bürgern; Electronic Commerce; E-Government als integrative Aufgabe, Multimediaintegration und Entwicklung von Hypermedia Lernsystemen zur Betriebswirtschaft und Wirtschaftsinformatik sowie Einsatz von Verfahren der Optimierungsrechnung und Simulation für logistische Problemstellungen.

Christina Ulbricht
baute seit der Gründung der Hermes General Service GmbH 1999 in Hamburg den Vertrieb mit auf und war für Marketing und PR verantwortlich. Als Abteilungsleiterin Marketing ist sie zudem verantwortlich für die zentralen Marketingaktivitäten der Hermes-Gruppe. Zuvor beriet sie als Projektmanagerin einer Multimedia-Agentur große nationale und internationale Etats im Aufbau und der Entwicklung von Internet- und Intranet-Lösungen.

Walter Vogt
Dr.-Ing., stellvertretender Lehrstuhlleiter für Straßenplanung und Straßenbau am Institut für Straßen- und Verkehrswesen der Universität Stuttgart. Seine Forschungsschwerpunkte sind Stadt und Verkehr, Mobilität Wirkungsanalysen, Telekommunikation (Neue Medien) und physischer Verkehr.

Peter Weibel
Professor, Vorstand des Zentrums für Kunst und Medientechnologie Karlsruhe (ZKM). Studium der Medizin, Literatur, Film, Philosophie und Mathematik (Modallogik) in Wien und Paris. Neben seinen Tätigkeiten als Künstler und Kurator machten ihn seine Schriften zur Kunst- und Medientheorie international bekannt. Weibel lehrte an zahlreichen Hochschulen in Österreich, Deutschland und den USA und gründete 1989 das Institut für Neue Medien in Frankfurt a. M.

Dirk Wölfing
ist seit 1994 zunächst im debis Systemhaus und jetzt bei T-Systems im Business Development des Branchenzentrums Banken tätig. Sein aktuelles Aufgabengebiet ist die Erarbeitung von Marktpositionierungen der T-Systems in den Themen: E-Banking, CRM bei Banken, Bankvertrieb und Zahlungsverkehrslösungen.

Peter Zimmermann
Dr., freiberuflicher unabhängiger Unternehmensberater aus Ottobrunn mit dem Schwerpunkt Verkehr und Telematik. Als Mitglied von ZVEI-Ausschüssen (Zentralverband Elektrotechnik- und Elektronikindustrie) ist er am Dialog zwischen Industrie und der öffentlichen Hand zur Einführung der Telematik im Straßenverkehr beteiligt. Er ist außerdem Mitglied der Lenkungsgruppe des Wirtschaftsforums Verkehrstelematik des Bundesministeriums für Verkehr, Bau- und Wohnungswesen. Für das Bundesministerium für Bildung und Forschung hat er Abstimmungsaufgaben zwischen den fünf Leitprojekten Mobilität in Ballungsräumen wahrgenommen.

Peter Zoche
M.A., seit 1986 am Fraunhofer-Institut für Systemtechnik und Innovationsforschung ISI, Karlsruhe. Leiter der interdisziplinären Abteilung Informations- und Kommunikationssysteme. Die Schwerpunkte liegen in der Evaluations- und Diffusionsforschung, auf den Gebieten der Wirkungs- und Gestaltungsanalysen sowie der Technikfolgen-Abschätzung neuer Informations- und Kommunikationstechniken. Effekte der Nutzung moderner Informations- und Kommunikationsmedien wie

Internet, Handy und mobiles Computing auf das Mobilitätsverhalten bilden einen Interessensschwerpunkt seiner Arbeit. Als Kollegiat des Alcatel SEL Stiftungskollegs für Interdisziplinäre Verkehrsforschung an der TU Dresden verantwortet er die Workshopreihe „Kommunikation für Mobilität".